Moderne Biowissenschaften **Band 8**

HANS DRISCHEL

EINFÜHRUNG IN DIE BIOKYBERNETIK

unter Mitarbeit von
P. Elze, G. Isenberg, W. Kirmse, P. Lässig, P. Schwartze, R. Sinz,
J. Stebel, F. Thoss, N. Tiedt, S. Waurick und D. Wirth

Mit 137 Abbildungen und 2 Tabellen

AKADEMIE-VERLAG · BERLIN
1973

Erschienen im Akademie-Verlag, 108 Berlin, Leipziger Str. 3—4

Lizenznummer: 202 · 100/580/73
Gesamtherstellung: VEB Druckhaus „Maxim Gorki“, 74 Altenburg
Einband und Schutzumschlag: Rolf Kunze
Bestellnummer: 2148/8 · ES 18 G 1, 20 C 3, 20 K 3
EDV-Nummer: 761 623 2
Printed in the German Democratic Republic

INHALT

1

EINFÜHRUNG

Die „Biokybernetik“ oder „biologische Kybernetik“ — ein angewandter Zweig der Kybernetik — ist eine noch junge Wissenschaftsdisziplin; sie ist kaum älter als 20 Jahre. Wenn man eine Definition der biologischen Kybernetik versuchen will, so müßte man zunächst wissen, was „Kybernetik“ eigentlich ist. Die Fachleute wissen das im allgemeinen recht gut und können sich darüber auch ziemlich leicht verständigen. Es hat angesichts der stürmischen Entwicklung, welche die Kybernetik als „Brücke zwischen den Wissenschaften“ — Mathematik, Technik, Biologie, Psychologie, Ökonomie, Soziologie, Leitungswissenschaft usw. — und des Interesses wegen, welches die Öffentlichkeit an ihr derzeit nimmt, nicht an Bemühungen gefehlt, zu einer einigermaßen präzisen Begriffsbestimmung zu gelangen. KORTUM (1963) hat die weit über 100 heute angebotenen Definitionen für Kybernetik einmal gesammelt und kritisch gesichtet. Es ließ sich zeigen, daß sie in einem hohen Prozentsatz (70% oder mehr) in ihrer Essenz auf die Formulierung zurückzuführen sind, die Norbert WIENER mit bewundernswertem Weitblick im Untertitel seines epochemachenden Buches bereits 1948 gab: „Cybernetics — or Control and Communication in the Animal and the Machine“. Hier waren von vornherein enthalten: 1. der regelungs- und steuerungstheoretische Aspekt (control) und 2. der informationstheoretische Aspekt (communication). Programmatisch wurde ferner die Gemeinsamkeit gewisser Struktur- und Funktionsprinzipien in Technik und Biologie angekündigt. WIENER selbst hat sich zusammen mit dem amerikanischen Physiologen ROSENBLUETH sehr frühzeitig biologischen Fragen der Kybernetik gewidmet. Auch wenn STEINBUCH 1962 schreibt, das Kennzeichen der Kybernetik sei „die Anwendung der Regelungstheorie, der Informationstheorie und der Theorie der Nachrichtenverarbeitung bei der Untersuchung von Artefakten, Organismen und Gruppen derselben“, so geht dies im wesentlichen nicht über die WIENERsche Formulierung hinaus.

Wohl stehen bisher der regelungs- und der informationstheoretische Aspekt bei der Anwendung kybernetischer Denk- und Untersuchungsweisen auf die Biologie im Vordergrund. Wir werden diese beiden Konzeptionen deshalb in unseren Ausführungen in erster Linie behandeln und entsprechende theoretische Grundlagen und Beispiele vermitteln.

Es gibt jedoch eine Reihe weiterer Teildisziplinen, deren potentielle Anwendungschancen in der Zukunft sehr hoch zu bewerten sind. Dazu gehören: 1. die Theorie der abstrakten Automaten, die insbesondere die Lern-, Adaptations- und Optimierungsprozesse bei höheren Tieren unserem Verständnis näher bringen könnte; 2. die Graphentheorie, welche relationale Verhältnisse berücksichtigt, d. h. funktionale Beziehungen, die sich nur unzulänglich oder gar nicht metrisch-quantitativ fassen lassen, und durch topologische Abbildung geeignet erscheint, komplexe große Systeme zu behandeln (z. B. Drüsen des endokrinen Systems, hierarchische Struktur des Zentralnervensystems usw.); 3. die Compartmenttheorie zur Erfassung von Verteilungskinetiken, Eliminations- und Dilutionsprozessen bei Anwendung von Pharmaka und Isotopen, vielleicht auch der schwierigen Verhältnisse der Enzymsysteme im Zellstoffwechsel; 4. die Spieltheorie, welche die Möglichkeit bietet, optimale Strategien (Verhaltensweisen) von Lebewesen in Konfliktsituationen zu bestimmen, und Beziehungen auch zur Populationsdynamik in ökologischen Systemen aufweist; 5. die Service- (oder Warteschlangen-)theorie, welche Probleme der Abfertigung durch zahlenmäßig begrenzte Bedienungskanäle und ihre Optimierung mathematisch zu fassen gestattet; sie erscheint geeignet, Geburts- und Absterberelationen in Populationen von Lebewesen, aber auch z. B. in Gewebsverbänden, von enzymgesteuerten und pharmakodynamischen Prozessen usw. quantitativ durchdringen zu können.

Einer der hervorstechendsten Wesenszüge der kybernetischen Denkweise ist, daß hier die Dinge — auch z. B. längst bekannte biologische Sachverhalte — von einem neuen, ungewohnten Blickpunkt aus gesehen werden. Die Kybernetik untersucht mit den modernsten Mitteln der höheren Mathematik und von einem verallgemeinernden Standpunkt aus die gesetzmäßigen dynamischen Verhaltensweisen sich selbst regulierender, sich selbst anpassender sowie sich selbst organisierender und optimierender Systeme aus der technischen und der belebten Welt. Dabei fragt sie nicht nach dem Material und der Energetik der Bauelemente. Für sie ist es nicht interessant, ob diese elektrischer, elektronischer, pneumatischer, mechanischer oder aber organischer Natur sind, ob es sich um tote Gebilde und Geräte oder um lebende Systeme handelt. Von der besonderen Bewegungsform der Materie wird abstrahiert; es werden „bewegungsformindifferente“ Gesetzmäßigkeiten gesucht, die schließlich auf das funktionale, dynamische Verhalten der betrachteten Systeme abzielen, also die mathematischen Verknüpfungen, denen diese in der Zeit gehorchen, im besonderen die Art und Weise, wie ein bestimmtes Eingangssignal in das Ausgangssignal verwandelt wird. Systeme, die in dieser Hinsicht übereinstimmen, werden als „iso-“ oder „homomorph“ bezeichnet und können formal — obschon u. U. von gänzlich unterschiedlicher Natur — nach denselben Gleichungen behandelt und durchgerechnet werden.

Nicht die Begriffe der klassischen Physik wie Masse, Kraft, Reibung, Energie, Arbeit usw. spielen bei der kybernetischen Betrachtungsweise die entscheidende Rolle, sondern solche wie Information, Kommunikation, Koordination, Organisation, Ordnung, Regulation, Adaptation, Optimierung usw. — Begriffe, die bislang kaum quantitativ-naturwissenschaftlich faßbar erschienen, die aber gerade in der Biologie eine große Rolle spielen. Dabei verhält sich die Kybernetik zum realen System — einem elektronischen, mechanischen, neuronalen oder ökonomi-

schen — etwa ebenso wie die Geometrie zu einem wirklichen Objekt im terrestrischen Raum.
Der bekannte Satz KANTS „Ich behaupte aber, daß in jeder besonderen Naturlehre nur so viel eigentliche Wissenschaft angetroffen werden könne, als darin Mathematik anzutreffen ist" kennzeichnet die Entwicklungsgeschichte der Naturwissenschaften überhaupt. Das vorige Jahrhundert erlebte das sieghafte Eindringen der Mathematik in die Physik und die Entstehung der machtvollen theoretischen Physik in der ersten Hälfte dieses Jahrhunderts. In der zweiten Hälfte desselben und im nächsten Jahrhundert wird sich die Mathematisierung auch der biologischen Wissenschaften vollziehen und zu einer umfassenden „theoretischen Biologie" der Zukunft führen. Eine ähnliche Prognose stellte PAWLOW, als er in seinem Beitrag „Naturwissenschaften und Gehirn" folgende prophetische Worte schrieb: „Das ganze Leben von den einfachsten bis zu den kompliziertesten Organismen, eingeschlossen natürlich auch den Menschen, ist eine lange Reihe sich immer mehr bis zur höchsten Stufe komplizierender Angleichungen an die Umwelt. Es wird eine Zeit kommen, und mag sie noch so entfernt sein, in der die mathematische Analyse, die sich auf naturwissenschaftliche Analyse stützt, mit imposanten Gleichungsformeln alle diese Angleichungen erfassen wird, einschließlich auch sich selbst."
Die Mathematisierung der Biologie und der Medizin steht explizit auf dem Programm der Kybernetik, und man geht kaum fehl in der Prognose, daß die von ihr bereitgestellten Denk- und methodischen Werkzeuge adäquate Wege zu diesem noch fernen Ziel darstellen.
Die Biologie hat bisher vorzugsweise einfachere Systeme bzw. solche untersucht, die in einfache Komponenten aufgelöst werden können; sie hat sich dabei des aus der klassischen Physik übernommenen Forschungsprinzips bedient, in einem Experiment jeweils nur eine der Variablen zu verändern und die übrigen bis auf die interessierende Größe konstant zu halten. Dieses Vorgehen ist in seiner linearen Kausalität zwar einfach und übersichtlich, hat aber in der Biologie seine Grenzen und ist bei vielen komplexen Systemen grundsätzlich nicht anwendbar. Im Organismus liegen multiparametrige, hierarchisch aufgebaute, große Systeme vor, die so dynamisch und interkorreliert sind, daß Änderungen eines Faktors sofort Änderungen in anderen, u. U. sehr vielen hervorrufen (netzförmige Kausalität). Für die erforderliche „multidimensionale" Analyse liefert die Kybernetik wirkungsvolle Hilfsmittel. Es gibt ganz offensichtlich biologische Probleme, die nur mit Hilfe eines kybernetischen Ansatzes und nicht den traditionellen Mitteln gelöst werden können. Man muß HASSENSTEIN ohne weiteres recht geben, wenn er behauptet: „Wir müssen in einem echten biologischen Arbeitsfeld, bei der Analyse der Tätigkeit im Nervensystem damit rechnen, daß für manche von dessen Leistungen eine unmittelbar anschauliche Interpretation nicht möglich ist, und daß nur eine rein mathematisch-funktionelle Denkweise die biologischen Zusammenhänge verständlich machen kann."
Manche Gegner und Kritiker der Biokybernetik — von denen es nicht wenige gibt — behaupten, sie „fülle lediglich alten Wein in neue Schläuche", schaffe

zwar eine „neue Nomenklatur für längst bekannte Dinge“, könne aber zur eigentlichen „Erklärung“ der Naturprozesse wenig beitragen. Dazu ist zunächst einmal zu sagen, daß selbst die im Hinblick auf theoretische Durchdringung am weitesten fortgeschrittene Naturwissenschaft, die Physik, sich nicht selten mit der Herstellung quantitativer Relationen zwischen den Erscheinungen begnügen muß und sich z. B. mit einer wirklichen „Erklärung“ der Schwerkraft immer noch herumschlägt; trotzdem hat die theoretische Physik ihre unbestreitbar großen, sich auch praktisch in der Beherrschbarkeit der Naturprozesse auswirkenden Erfolge errungen.

Tatsächlich fällt eine gewisse Zurückhaltung, ja teilweise Ablehnung vieler traditioneller Experimentalbiologen gegenüber der Anwendung der Kybernetik in ihrem Bereich auf. Fragt man hier nach den Gründen, so läßt sich einmal die ziemlich tief eingewurzelte, historisch durch noch nicht überwundene Reste des Vitalismus bedingte Scheu anführen, Lebewesen oder gar den Menschen mit Maschinen vergleichen zu wollen. Dies aber tut ja gerade die Kybernetik, wenn auch nicht in der klassisch-mechanizistischen Art wie beispielsweise Descartes. Aber immerhin gibt es heute Kybernetiker wie W. R. Ashby, die zutiefst davon überzeugt sind, daß gerade das menschliche Gehirn als etwas „Begrenztes“ zu gelten hat und sich in den nächsten tausend Jahren wohl kaum wesentlich weiter entwickeln wird und daß demgegenüber die möglichen Leistungen der Computer der Zukunft heute noch gar nicht abzusehen sind.

Schwerwiegender sind grundsätzliche erkenntnistheoretische Bedenken, mit welcher manche Biologen ihre skeptische Haltung gegenüber der Biokybernetik begründen. Handelt es sich doch bei der Anwendung kybernetischer Denkweisen und Methoden auf biologische Systeme im wesentlichen um die Benutzung des Analogieschlusses, einer logischen Operation, die im wissenschaftlichen Erkenntnisprozeß neben die reine Induktion und Deduktion, neben Analyse und Synthese tritt. Man schließt im Falle der Analogiebildung von einer durch sorgfältigen Vergleich nachgewiesenen partikulären Ähnlichkeit zweier Systeme auf eine tiefere und vielseitige, u. U. totale Ähnlichkeit zwischen diesen. Der Analogieschluß als „Schluß vom Besonderen aufs Besondere“ — Induktion: Schluß vom Besonderen aufs Allgemeine — ist ein ausgeprägter Wahrscheinlichkeitsschluß; die Wahrscheinlichkeit seines Zutreffens steigt, je mehr wichtige Merkmale gleich, je weniger verschieden sind, d. h. je größer die Ähnlichkeit zwischen den verglichenen Systemen ist. Daher ist bei der Anwendung des Analogieschlusses besondere Vorsicht geboten, die zudem noch teilweise im Ermessen und der Verantwortung des jeweiligen Wissenschaftlers liegt, da uns bisher eine geschlossene Theorie der Modellbildung noch nicht zur Verfügung steht, die uns allgemein verbindliche Regeln bzw. für alle anwendbare Rezepte für das Modellieren geben könnte. Trotzdem ist zu sagen, daß nicht ein einziges der umfassenden Gesetze der unbelebten und belebten Welt entdeckt worden wäre, wenn sich die großen Naturforscher aller Zeiten ausschließlich der induktiven Forschungsmethodik im strengsten Sinne bedient hätten. Vielmehr werden Analogieschlüsse von jedem Forscher ständig und freizügig benutzt — nur spricht er nicht gern davon.

Wir haben bereits erwähnt, daß das Vorgehen der Analogiebildung offenbar etwas zu tun hat mit der Auffindung bzw. Herstellung von sogen. „Iso-“ oder „Homomorphien“ zwischen Systemen, dem Entwurf von Blockschaltbildern oder Signalflußdiagrammen für solche bzw. der Konstruktion von Modellen; alle diese Bemühungen laufen in ihrer Endkonsequenz auf die Mathematisierung und theoretische Durchdringung der Biologie hinaus.

„Modellierung“ soll hier im weitesten Sinne verstanden werden. Es ist prinzipiell gleichgültig, ob es sich um eine rein mathematische Erfassung komplexer Systemgesetzmäßigkeiten durch Differentialgleichungen oder Systeme von solchen, durch Transfer-Funktionen oder ähnliches handelt, oder um den Entwurf von Signalflußdiagrammen, um den Aufbau einfacher mechanischer, physikochemischer, elektrischer oder elektronischer Anordnungen eigens für einen speziellen Zweck oder schließlich um die Modellierung durch Schaffung eines Programms für Analog-, Digital- oder Hybridrechner. Es handelt sich dabei meistens um verschieden weit fortgeschrittene Stadien der biokybernetischen Analyse.

Da die Modellbildung eines der zentralen Kennzeichen des kybernetischen Vorgehens darstellt, werden wir im Laufe unserer Ausführungen anhand von geeigneten Beispielen und bei der Darstellung besonders erfolgreich gelungener biokybernetischer Analysen noch häufig darauf zu sprechen kommen. Zum Schluß werden wir dann kurz eine zusammenfassende und verallgemeinernde Betrachtung der Modellmethode und ihrer Bedeutung für die biologische Forschung zu geben versuchen.

Für den historisch Interessierten seien in Form einer kleinen Tabelle einige wichtige Daten der Entwicklung der biokybernetischen Forschung unter besonderer Berücksichtigung der Informations- und Regelungstheorie gegeben:

1784 J. Watt: Fliehkraftregler der Dampfmaschine
1826 Ch. Bell: „circles of nerves“ bei der Willkürbewegung des Menschen (s. S. 90)
1861 J. Lüders: Anfänge der technischen Regelungslehre
1877 J. Wischnegradki: Anfänge der technischen Regelungslehre
1905 M. Tolle: Anfänge der technischen Regelungslehre
1925 R. Wagner: Rückwirkung der motorischen Vorderhornzellen des Rückenmarks auf sich selbst; Muskelkraft„regelung“ durch „Rückkoppelung“ (s. S. 89)
1935 W. R. Hess, W. McCulloch: Funktionsschemata (Rezeptoren, Zentralnervensystem und Motorik) mit Kreiszusammenhang
1935 P. K. Anochin: Funktionelles System (s. S. 91)
1935 N. Bernstein: Über den Aufbau der Bewegung, Moskau
1940 H. Schmidt: Tagung des wissenschaftlichen Beirates des VDI, Berlin; Analogien zwischen technischer und biologischer Regelung — mit physiologischen Beiträgen von W. Trendelenburg, K. Kramer
1948 N. Wiener: Cybernetics — or Control and Communication in the Animal and the Machine

1949 C. E. SHANNON und W. WEAVER: The Mathematical Theory of Communication
1950 E. v. HOLST und H. MITTELSTAEDT: Reafferenzprinzip (s. S. 90)
1954 Tagung „Regelungsvorgänge in der Biologie", Darmstadt (initiiert von W. OPPELT, herausgegeben von H. MITTELSTAEDT, München 1956)
1958 Tagung „Regelungsvorgänge in lebenden Wesen; Nachrichtenverarbeitung, Steuerung und Regelung in Organismen", Essen (herausgegeben von H. MITTELSTAEDT, München 1961)
1960 101. Versammlung Deutscher Naturforscher und Ärzte in Hannover (Vorträge veröffentlicht in der Zeitschrift Naturwissenschaften 1961)
1962 DAW-Tagung „Kybernetik in Wissenschaft, Technik und Wirtschaft der DDR", Berlin (erschienen im Akademie-Verlag Berlin 1963)

Periodisch stattfindende Tagungen und Symposien, die auch im Druck erschienen sind:

— Congrès Internationale de Cybernétique (Association International de Cybernétique, G. R. BOULANGER)

Congrès No. 1 Namur 1956
Congrès No. 2 Namur 1958
Congrès No. 3 Namur 1961
Congrès No. 4 Namur 1964
Congrès No. 5 Namur 1967
Congrès No. 6 Namur 1970

— International Congress on Cybernetic Medicine (International Society for Cybernetic Medicine, A. MASTURZO)

Congress No. 1 Neapel 1960
Congress No. 2 Amsterdam 1962
Congress No. 3 Neapel 1964
Congress No. 4 Neapel 1966
Congress No. 5 Neapel 1968

— Tagungen der Deutschen Gesellschaft für Kybernetik (vormals: Deutsche Arbeitsgemeinschaft für Kybernetik)

Tagung Nr. 1 Stuttgart 1961
Tagung Nr. 2 Karlsruhe 1963
Tagung Nr. 3 Kiel 1965
Tagung Nr. 4 München 1968
Tagung Nr. 5 Berlin-West 1970

— Wissenschaftliche Allunions-Konferenz über Neurokybernetik (A. B. KOGAN, Rostov/Don, A. W. NAPALKOW, Moskau)

Konferenz Nr. 1 Rostov/Don 1963
Konferenz Nr. 2 Rostov/Don 1965
Konferenz Nr. 3 Rostov/Don 1967
Konferenz Nr. 4 Rostov/Don 1970

— Jahresversammlungen der Deutschen Akademie der Naturforscher LEOPOLDINA zu Halle (K. MOTHES)

Jahresversammlung Halle 1963: Die Nervenphysiologie in gegenwärtiger Sicht

Jahresversammlung Halle 1967: Biologische Modelle

Jahresversammlung Halle 1971: Informatik

— Internationales Symposium „Biokybernetik" in Leipzig (H. DRISCHEL)

Symposium Nr. 1 Leipzig 1967 (2 Bände, erschienen 1968)
Symposium Nr. 2 Leipzig 1969 (1 Band, erschienen 1971)
Symposium Nr. 3 Leipzig 1971 (1 Band, erscheint Anfang 1973)

Wir werden in unserer kleinen Einführung in die Biokybernetik, die aus Vorlesungsreihen vor Medizinern, Biologen und Ingenieuren entstanden ist und sich in erster Linie an biologisch Interessierte ohne sonderliche mathematische Vorbildung wendet, zunächst einige theoretische Grundlagen erörtern. Grundkenntnisse der Informationstheorie (mit besonderer Blickrichtung auf die Informationsverarbeitung in Organismen) sowie einige wichtige Tatsachen aus der Regelungstheorie und allgemeinen Systemtheorie werden in den ersten beiden Kapiteln vermittelt.

Danach beginnen wir mit der niedersten Systemebene, auf welcher vorwiegend biochemische Prozesse ihre Wirksamkeit entfalten; wir betrachten den genetischen Code, d. h. die Verschlüsselung erblicher Informationen durch Desoxyribosenucleinsäuren, Ribosenucleinsäuren bis zur Proteinsynthese als informationstheoretisches Problem, sowie anschließend die Regulierung des normalen Zellstoffwechsels. Die Zelle stellt mit ihren auf engstem Raum zusammengedrängten, aber reibungslos und differenziert funktionierenden Enzymsystemen als imponierendes Soffwechsellaboratorium ein „großes System" im Sinne des Technikers dar. Das Verständnis seiner Funktionsweise ist uns durch die moderne biochemische Forschung heute in erregender Weise näher gebracht worden; sie hat den Zellstoffwechsel als ein ungeheuer kompliziertes System vieler Wechsel- und Rückwirkungen enthüllt.

Es folgt eine kurze Einblendung über kybernetische Aspekte der individuellen Entwicklung (Ontogenese), von der wir heute noch viel zu wenig wissen, die aber für das Verständnis der Entwicklung, Reifung und Optimierung der organismischen Regelungssysteme eine große Bedeutung besitzt.

Das Kapitel „Regelungssysteme des Organismus, ihre Struktur und Dynamik" leitet durch die Besprechung allgemeiner Gesetzmäßigkeiten und Analogien die Behandlung einer Reihe teils besonders wichtiger, teils kybernetisch besonders gut untersuchter Regelungssysteme des menschlichen Körpers ein:

1. des Pupillarapparates, eines biologischen Lichtstärkereglers im menschlichen Auge, dessen mathematische Behandlung und biokybernetische Modellierung besonders weit fortgeschritten ist;

2. der Herz- und Kreislaufregulation des Menschen, die bei Funktionsumstellungen und Belastungen des Organismus eine bedeutende Rolle spielen, wobei dem besonders gut untersuchten Blutdruckregelkreis hervorragende Aufmerksamkeit gewidmet wird;
3. der Regulierung der menschlichen Atmung, d. h. der Versorgung mit Sauerstoff und der Abfuhr der entstehenden Kohlensäure, eines Mechanismus, der gleichfalls quantitativ-kybernetisch erfolgreich untersucht und für den ein befriedigendes Modell aufgestellt worden ist;
4. der wichtigen Wechselbeziehungen zwischen Herz-Kreislauf-System u. Atmung, wobei die atmungsbedingte Herzfrequenzänderung (respiratorische Arrhythmie) und ihre Modellierung besonders besprochen wird.

Ein wichtiges Kapitel „Sensomotorische Systeme des Organismus" bringt den Versuch einer Synthese informations- und regelungstheoretischer Betrachtungen für entscheidende Leistungen des Körpers, die dessen Auseinandersetzung mit der Umwelt ermöglichen: der Aufnahme von Informationen aus der Außenwelt über Rezeptoren oder Sensoren (Netzhaut des Auges, Gleichgewichtsapparat, Eigenrezeption der Muskeln), der zentralen Verarbeitung derselben und der zweckmäßigen Koordinierung der Motorik zur Erzielung einer für den Organismus wichtigen und an die Umweltbedingungen angepaßten Reaktion (Folge-, Fixations-, Ortungs- und Zielbewegungen der Lebewesen, Orientierung und Navigation im Raum, Konstanzphänomene und dergl.).
Das Kapitel „Rezeptorfunktionen" hätte eigentlich etwa in die Mitte unserer Darstellungen gehört; sie wäre dem Verständnis der Kapitel 8 und 9 gut zustatten gekommen. Wenn wir es dennoch an das Ende gesetzt haben, so deshalb, weil 1. die Kenntnis der Funktionsweise der Rezeptoren als biologischer Transducer und Meßorgane durch die Experimentalforschung besonders weit vorangetrieben ist, 2. die Entsprechungen biologischer und technischer Bauglieder hier besonders klar zum Ausdruck gelangen, und 3. an diesem Beispiel einleuchtend gezeigt werden kann, wie die zunehmenden biologischen Kenntnisse auf diesem Gebiet ihrerseits der Technik und der Konstruktion von Meßgeräten im Sinne der „Bionik" zugute kommen.

2

EINIGE GRUNDLAGEN DER INFORMATIONSTHEORIE UND DER INFORMATIONSVERARBEITUNG IN ORGANISMEN

2.1. Problem und biologische Entsprechung

Die Informationstheorie stellt einen der bedeutendsten Zweige der Kybernetik dar; sie ist eine relativ junge, wenn auch schon weitgehend gereifte mathematische Methode zur Analyse von informationserzeugenden, -übertragenden, -aufnehmenden und -verarbeitenden Systemen, wobei weder auf deren Feinstruktur eingegangen wird noch energetische Betrachtungen angestellt werden. Sie ist ursprünglich aus der Nachrichtentheorie entwickelt worden, wo sich in zunehmendem Maße die Notwendigkeit ergab, zunächst für Rundfunk, Telegraphie und später besonders für das Fernsehen, das Wesen des aus der Alltagssprache entliehenen Begriffs „Nachricht“ inhaltlich zu fassen, um Nachrichtenübertragungskanäle, -Quellen (Sender) und -Empfänger wissenschaftlich exakt erfassen und optimal gestalten zu können. So bezeichnet man jetzt im allgemeinen eine naturwissenschaftlich definierte Nachricht als Information, die Lehre von der meßbaren Nachricht — wobei deren semantischer Aspekt (Bedeutung) zunächst unberücksichtigt bleibt — als Informationstheorie.
Wenn eine Nachricht einem Empfänger zugeleitet werden soll, so müssen beide — Sender und Empfänger — sich auf eine beiden Teilen verständliche „Sprache“ einigen; beide müssen über eine „Liste“ von Zeichen (oder Symbolen) verfügen, die zumindest teilweise übereinstimmen. Das können z. B. Worte, Buchstaben, Zahlen, Bilder oder auch irgendwelche Klänge sein. Die Übertragung solcher Mitteilungen geschieht in einem Übertragungskanal. Je nachdem, welche Zwecke beabsichtigt werden und welche Möglichkeiten zur Verfügung stehen, muß man sich entscheiden, welches Medium bzw. welche technischen Hilfsmittel in Frage kommen. So kann die Nachrichtenübermittlung durch die Luft (oder bei kosmischen Übertragungen durch den luftleeren Raum), über Drähte, über pneumatische oder hydraulische Anlagen u. a. m. erfolgen.
Im Organismus höherstehender Tiere und des Menschen sind uns zwei Arten von Nachrichtenkanälen bekannt: die Nerven und die Blutbahn. Als Sender haben wir hier einerseits das Gehirn, die Rezeptoren und andererseits die innersekretorischen Drüsen. Die Nachrichtenempfänger sind dann die Erfolgsorgane, und es ergeben sich beispielsweise folgende Zuordnungen:
Gehirn → Muskel, Rezeptor → Gehirn, innersekretorische Drüse → Einwirkung auf bestimmte Organe (bzw. deren Steuerung) und — durch Rückkopplungsmechanismen — Einfluß auf die Konstanthaltung des inneren Milieus des Organismus.

Bevor eine Nachricht übertragen werden kann, muß sie zunächst im Sender in eine dem Kanal angepaßte Form umgewandelt („codiert") werden. Eine solche codierte Nachricht wird dem Empfänger durch Signale zugeleitet. Sie besitzen die Dimension des (Signal-) Trägers, z. B. elektrische Spannung, Druck usw. Der Empfänger muß so eingerichtet sein, daß er die Signale aufnehmen und weiterverarbeiten (decodieren) kann, um aus ihnen die Nachricht zu entnehmen (vgl. Abb. 1). Bei der Übertragung sind die Störungen zu berücksichtigen, welche meist im Kanal sich den Signalen überlagern, d. h. der Empfänger muß in der Lage sein, die „Nutzsignale" vom Rauschen zu trennen.

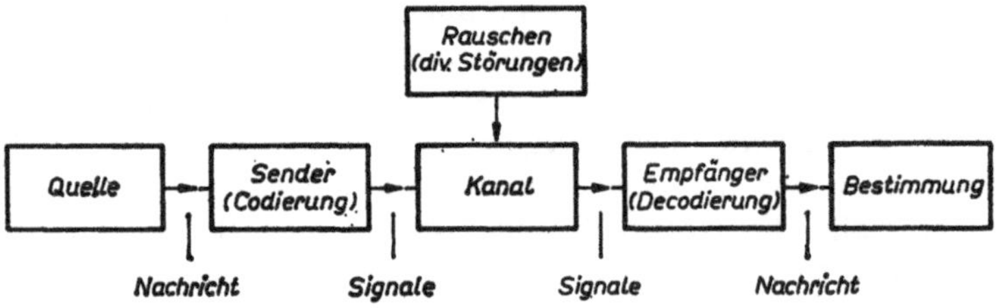

Abb. 1. Nachrichtenübertragungskette.

Im biologischen Bereich haben wir entsprechend den zwei Möglichkeiten der Nachrichtenübermittlung zwei Arten der Codierung. Eine innersekretorische Drüse scheidet in die Blutbahn spezifische Hormone aus, die mit dem Blutstrom mitgenommen werden. Sie erreichen somit alle Teile des Organismus, werden aber nur in den Organen wirksam, welche den Code „verstehen", d. h., für die das entsprechende Hormon adäquat ist. Die Wirkung ist der Konzentration proportional; die Beeinflussung des betreffenden Organs geschieht in analoger Weise, da beliebig kleine Konzentrationsdifferenzen eine entsprechende Feinregulation veranlassen. Dieser Form der Nachricht bedient sich der tierische bzw. menschliche Körper, wenn es auf schnelle Reaktionen nicht ankommt, wo also langdauernde Prozesse gesteuert werden sollen. — Über die Nervenstränge laufen ständig elektrische Impulse (Aktionspotentiale) vom Sender zum Empfänger. Die Natur hat in diesem Falle diese Signalart als die günstigste gewählt. Die Codierung geschieht so, daß vom Sender die Zahl der Impulse in der Zeiteinheit variiert werden kann (Impulsfrequenzmodulation). An jeder Rezeptorzelle entsteht ein — in Abhängigkeit von der Reizstärke mehr oder weniger hohes — „Generatorpotential", wodurch, wenn ein kritischer Wert erreicht ist, Impulse in bestimmter zeitlicher Folge über die zugehörige Nervenfaser dem Gehirn zugeleitet werden. Der Rezeptor dient also einmal als Empfänger für die Umweltreize und zum anderen als Sender innerhalb des Organismus. Durch entsprechende Weiterverarbeitung kommt es schließlich zur bewußten Wahrnehmung der dem Gehirnbezirk zugehörigen Sinnesqualität (Ton, Farbe, Schmerz, Kälte, Wärme usw.).

Im Falle der Temperaturregulation z. B. kennen wir zwei in der Haut vorhandene Empfangsorgane: die Kalt- und die Warmrezeptoren. Bei einer bestimmten (nicht zu hohen) Temperatur ϑ_1 (Abb. 2) sendet ein Kaltrezeptor in regelmäßigen Abständen Impulse mit der Frequenz f_1 über die zugehörige Nervenfaser. Wird die Temperatur sprungartig gesenkt, so kommt es zu einer sofortigen starken Er-

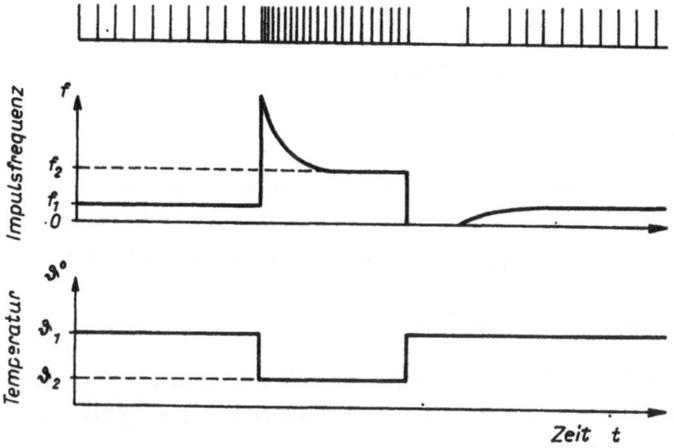

Abb. 2. Schematische Darstellung einer Impuls-Codierung durch eine Rezeptorzelle (Kaltrezeptor) (nach Hensel).
Unten: Temperatur.
Oben u. Mitte: Impulsaussendung (Aktionspotentiale) über eine ableitende Nervenfaser.

höhung der Impulsfrequenz, welche nach einer gewissen Zeit wieder einen konstanten Wert — entsprechend der (niedrigeren) Temperatur ϑ_2 — annimmt. Bei plötzlicher Wiedererwärmung auf die ursprüngliche Temperatur ϑ_1 geschieht das Umgekehrte. Es findet zunächst wieder eine überschießende Reaktion des Rezeptors statt. Die Aussendung der Impulse kann zunächst sistieren, um dann den Wert f_1 wieder anzunehmen. Ein Warmrezeptor würde sich bei einem Kältesprung gerade umgekehrt verhalten. Jeder Rezeptor (das gilt nicht nur für die Temperaturrezeptoren) besitzt also ein Proportional-Differential-Verhalten (vgl. Kap. 10): es wird nicht nur der Absolutwert des Reizparameters wahrgenommen und signalisiert, sondern auch dessen Änderung.

In der Technik wie in der Biologie muß man zwei große Gruppen von Signalformen hinsichtlich ihres Zeitverlaufs unterscheiden: die kontinuierlichen (z. B. Sprachübertragung per Telefon; Hormone) und die diskontinuierlichen (z. B. Übertragung einzelner Buchstaben, elektrische Impulse; Nervenimpulse) [1]. Statt „diskontinuierlich" wird in der Informationstheorie häufig auch der Begriff „diskret" verwendet, und man spricht von kontinuierlicher und diskreter Information. Letzteres müßte eigentlich genauer heißen: diskret + diskontinuierlich, d. h. analog-diskontinuierliche Signale werden nicht betrachtet. Gerade in diese Gruppe gehören aber die Nervenimpulse, denn die Impulsfrequenzmodulation geschieht so, daß von einer gewissen unteren Grenze ab, die der Refraktärzeit der Nervenfaser entspricht (Zeit, in welcher eine elektrische Erregung nicht möglich ist), die Aussendung von Impulsen in beliebig feinen Abständen erfolgen kann — die Impulszahl pro Zeiteinheit ist der Reizgröße analog.

2.2. Diskontinuierliche Information

2.2.1. Klassifizierung der Nachricht

Man könnte eine Zahl ausdrücken einfach durch Abzählen. Es könnte z. B. die Zahl 31 dargestellt werden, indem man 31 Striche setzt. Wesentlich günstiger aber ist die Einteilung in Gruppen. So ist 1970 eine Abkürzung für:

$$1 \cdot 10^3 + 9 \cdot 10^2 + 7 \cdot 10^1 + 0 \cdot 10^0.$$

Eine solche vierstellige Ziffernanordnung umfaßt insgesamt $10^4 = 10000$ Zahlen (von 0 bis 9999). Wir sprechen von einem Elementar- (= Symbol-) Vorrat (N) von 10^4 Zeichen, oder allgemein:

$$N = B^n \qquad \text{oder} \qquad n = \log_B N \tag{1}$$

B ist die verwendete Basis des Zahlensystems, n die Zahl der Entscheidungen bzw. Stellen.

Wir sind gewohnt, im Dezimalsystem (Basis 10) zu rechnen. Prinzipiell kann aber jede Zahl als Basis verwendet werden. Mathematische und technische Überlegungen haben ergeben, daß die Zahl 2 am günstigsten ist. In der Technik (z. B. Computer-Technik) ist die Verwendung der 2 insofern optimal, als es nur eine Alternativentscheidung gibt (ja—nein, 0 oder 1, elektrischer Schalter offen oder geschlossen).

Wenn $B = 2$ gewählt wird, wie es in der Informationstheorie ausschließlich der Fall ist, so erhalten wir aus den Gln. (1):

$$N = 2^n \text{ bzw. } n = \mathrm{EG} = \mathrm{ld}\, \mathrm{N}\ [\mathrm{bit}] \tag{2}$$

Die Anzahl der Zweierentscheidungen wird als „Entscheidungsgehalt" (EG), der Logarithmus zur Basis 2 mit „ld" bezeichnet.

Der Entscheidungsgehalt wird in „bit" (Abkürzung für binary digit) angegeben. Die Binärlogarithmen sind tabelliert (z. B. [13]), es besteht zudem die Umrechnungsbeziehung:

$$\mathrm{ld}_2 x = 3{,}32 \log_{10} x .$$

Beispiel 1:

Anhand eines „graphischen Baumes“ (Abb. 3) soll die Codierung für einen Elementarvorrat von N Symbolen s_i ($i = 1, \ldots, 16$) veranschaulicht werden. Wir benötigen nach Gl. (2) ld 16 = 4 ($2^4 = 16$) binäre Entscheidungen.

Beispiel 2:

Es sollen 24 + 7 im Zweiersystem addiert werden. Dazu ermitteln wir zunächst von der größeren der beiden Zahlen den Entscheidungsgehalt:

$$\mathrm{N} = 16 = 2^4$$

$$\mathrm{N} = 32 = 2^5$$

$$\mathrm{N} = 24 = 2^{4,58} \rightarrow [\mathrm{EG}] = [\mathrm{ld}\ 24] = 5 \text{ bit}$$

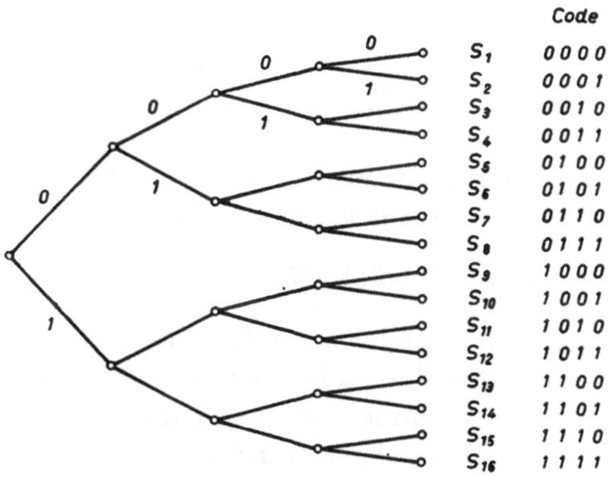

Abb. 3. Graphischer Baum für 16 Symbole s_i.

Da wir für den Entscheidungsgehalt in diesem Falle einen ganzzahligen binären Logarithmus benötigen, werden als Hinweis auf die verwendete nächstfolgende ganze Zahl eckige Klammern gesetzt. Es sind zur Darstellung der 24 also 5 Zweierpotenzen = 5 bit — die gleiche Bitzahl, die für die Binärcodierung des deutschen Alphabets benötigt wird — erforderlich:

	2^4	2^3	2^2	2^1	2^0
24:	1	1	0	0	0
+ 7:	0	0	1	1	1
31:	1	1	1	1	1

Zur Übertragung eines Binärcodes gibt es zwei Möglichkeiten: die Elementarzeichen lassen sich räumlich nebeneinander — wozu mehrere parallele Kanäle,

Sender- und Empfangseinrichtungen notwendig sind — oder zeitlich hintereinander anordnen, z. B. die Codes der drei ersten Symbole (s_1, s_2, s_3) von Abb. 3:

0	0	0	0	
0	0	0	1	oder 0000 0001 0010
0	0	1	0	

Zeit
⟶

Das Nervensystem macht von der ersten Möglichkeit nur bedingt Gebrauch. In einem Nerv sind zwar sehr viele, gut gegeneinander isolierte Fasern enthalten, so daß die Informationen durch die elektrischen Impulse (Aktionspotentiale) räumlich und zeitlich übermittelt werden können, es wird aber häufig in einer Einzelfaser nur die Information aus einer Nervenzelle (bzw. Rezeptor) weitergeleitet, es werden sozusagen viele Nachrichten gleichzeitig über viele Kanäle gesandt (s. u.).

2.2.2. *Zum Begriff des Informationsgehaltes und der Entropie*

Bei den bisherigen Betrachtungen ist angenommen worden, daß jedes Symbol gleich häufig auftritt. In Abb. 3 z. B. besitzt jedes Symbol die Wahrscheinlichkeit $p_i = \frac{1}{N} = \frac{1}{16}$, der Entscheidungsgehalt beträgt $EG = ld\, N = ld\, 16 = 4$ [bit]. Es ist leicht einzusehen, daß man mit weniger als 4 Entscheidungen nicht auskommt. Anders verhält es sich, wenn die Wahrscheinlichkeit des Eintretens eines Ereignisses (Symboles) im statistischen Sinne berücksichtigt wird. Dann kann die Codierung eines Symbols nach einer relativen Häufigkeit p_i erfolgen, der Entscheidungsgehalt geht über in den Informationsgehalt

$$IG = ld \frac{1}{p_i} = -ld\, p_i \text{ [bit]}, \tag{3}$$

d. h., je seltener ein Ereignis eintritt, um so größer ist sein Informationsgehalt, desto mehr Binärzeichen werden benötigt. Diese Überlegung wurde z. B. bei der Aufstellung des Morsealphabetes berücksichtigt. Der im Deutschen häufigste Buchstabe „e" besitzt eine kürzere Codegruppe (·) als etwa das „k" (-·-). Würde nur immer wieder das gleiche Ereignis eintreten, so wäre dessen Informationsgehalt gleich Null ($p_i = 1$, $ld\, 1 = 0$).
Haben wir 7 Symbole mit den Wahrscheinlichkeiten 1/4 bis 1/16 zur Verfügung, wobei stets die Summe aller Einzelhäufigkeiten = 1 sein muß:

$$\sum_{i=1}^{N} p_i = 1, \tag{4}$$

so läßt sich die Codierung nach dem Schema der Abb. 4 auffinden.

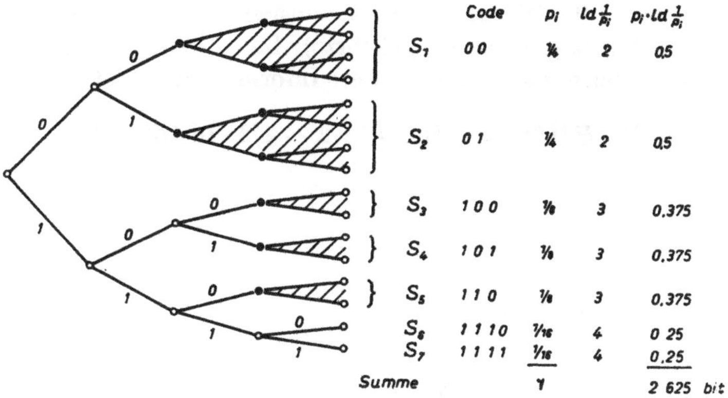

Abb. 4. Graphischer Baum für 7 Symbole S_i mit verschiedenen Wahrscheinlichkeiten p_i,
∘ notwendige Entscheidung,
• unnötige Entscheidung.

Man könnte sich auch vorstellen, daß die Symbole s_1 bis s_4 der Abb. 3 untergeordnete (unbedeutende) Zeichen von S_1 sind. In diesem Zusammenhang wird auch von einer „Superierung durch Klassenbildung" gesprochen. Haben s_1, s_2, s_3 und s_4 verschiedene Bedeutungen, so müssen sie einzeln betrachtet werden, ist dies nicht der Fall, so kann S_1 als „Superzeichen" alle 4 „Spielarten" beeinhalten.
Zur Bestimmung des mittleren Informationsgehaltes eines Symbols wurde die Beziehung

$$H = \sum_{i=1}^{N} p_i \cdot ld \frac{1}{p_i} = - \sum_{i=1}^{N} p_i \cdot ld\, p_i \text{ [bit]} \tag{5}$$

(auch Informations-Entropie genannt) aufgestellt, wobei wieder (4) gelten muß. Bei gleichwahrscheinlichen Ereignissen mit $p_i = \frac{1}{N}$ geht sie in den oben erwähnten Ausdruck für den Entscheidungsgehalt ($EG = ld\, N$) über. Am Beispiel der Abb. 4 beträgt die Entropie pro Symbol 2,625 bit (zum Vergleich der Entscheidungsgehalt in Abb. 3: 4 bit).
Zur Veranschaulichung des Entropiebegriffes in der Informationstheorie soll der Informationsgehalt einer Binärquelle (Abb. 5) bestimmt werden. In einem Versuch sollen nur 2 Ausgänge x_1 und x_2 möglich sein, wobei das Eintreten des einen Ereignisses das andere entsprechend Gl. (4) ausschließt. Die beiden Wahrscheinlichkeiten sind:

$$p = p(x_1) \quad \text{und} \quad q = p(x_2) = 1 - p,$$

die Entropie:

$$H(p) = -p \cdot ld\, p - (1 - p) \cdot ld(1 - p).$$

$H(0)$ und $H(1)$ sind $= 0$, da keine Unbestimmtheit vorhanden ist (x_1 tritt nie bzw. immer ein — für x_2 gilt das Umgekehrte); für p bzw. $q = 1/2$ ergibt sich ein Maximum an Unbestimmtheit, der mittlere Informationsgehalt ist am größten:

$$p = q = 1/2\colon\ H(1/2) = -1/2 \cdot ld\, 1/2 - 1/2 \cdot ld\, 1/2 = 1.$$

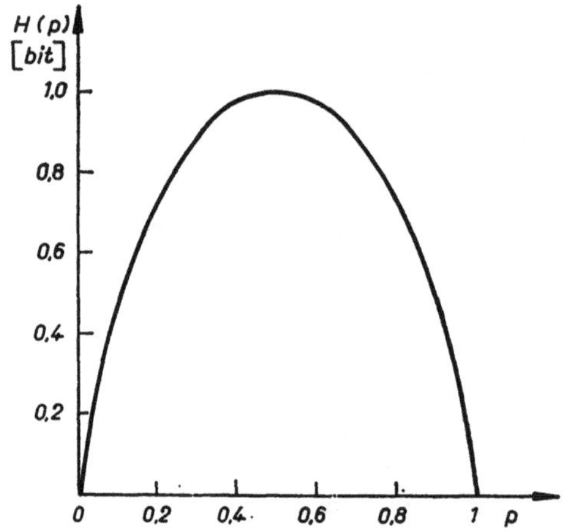

Abb. 5. Entropie einer Binärquelle als Funktion der Wahrscheinlichkeit p des Eintretens eines der beiden möglichen Ereignisse.

2.2.3. *Vom Informationsgehalt abgeleitete Größen, Redundanz*

Vom Entscheidungs- bzw. Informationsgehalt werden verschiedene Größen abgeleitet; die wichtigsten sind:

Informationsfluß: $\dfrac{IG}{\text{Zeit}} \left[\dfrac{\text{bit}}{\text{s}} \text{ oder Bd}\right]$

Bd: Symbol für Baud (von BAUDOT)

Informationsdichte: $\dfrac{IG}{\text{Fläche}} \left[\dfrac{\text{bit}}{\text{m}^2}\right]$

Informations-Redundanz: $IG_{\text{max}} - IG_{\text{wirklich}}$

Fluß und Dichte sind besonders von Bedeutung zur Berechnung der Kanalkapazität, Informationsspeicher usw.; die Redundanz gibt an, wieviel „weitschweifige", nicht unbedingt erforderliche Information berechnet oder übermittelt wird. Zur Berechnung des Informationsgehaltes genügte die Kenntnis der Häufigkeit eines Symbols oder Ereignisses, auf Zwischensymboleinflüsse beispielsweise wurde keine Rücksicht genommen. Auf ein „q" folgt in der deutschen

Sprache immer ein „u", welches in diesem Zusammenhang demnach gar keinen Informationswert besitzt. Die Entropie für einen deutschen Buchstaben beträgt 4,11 bit; bei einem Durchschnitt von 5,6 Buchstaben je Wort würden sich dafür also 23 bit ergeben. $2^{23} = 10$ Millionen Wörter sind aber viel zu viel, so daß der tatsächliche Informationsgehalt eines Buchstaben nur bei etwa 2 bit liegt.
Wenn man „Bio . . . etik" liest, so wird man bei diesem verstümmelten Wort erraten können, daß es „Biokybernetik" heißen muß. Die fehlenden Buchstaben sind eigentlich redundant, zumindest dann, wenn der Sinn des Wortes aus dem übrigen Text schon hervorgeht.
Die wirkliche Information ist praktisch immer kleiner als die maximale. Trotzdem ist die Redundanz meist nicht etwas Überflüssiges, sie wird oft sogar von Seiten der Technik gefordert, indem Störungen im Übertragungskanal durch absichtlich beigefügte redundante Signale nicht nur bemerkt, sondern die verfälschten Signale evtl. selbst auch korrigiert werden können. Für den Menschen als Nachrichtenempfänger spielt die Redundanz eine große Rolle, denn je größer die Redundanz einer Nachricht, desto verständlicher ist sie.
In der Verflechtung und Zahl der Neurone im Nervensystem der Lebewesen behält sich die Natur eine große Redundanz vor. Im Zentralnervensystem, das aus Milliarden Neuronen besteht, wird in vielen Fällen selbst bei Ausfall von Millionen Zellen die Arbeitsfähigkeit noch aufrechterhalten; ein Ausfall ganzer Teile führt oft nur zu einer zeitweiligen Verschlechterung der betreffenden Funktion. Dagegen versagt ein technisches Gerät herkömmlicher Konstruktion im allgemeinen schon dann seinen Dienst, wenn irgendein Komplex oder auch nur ein einziges seiner Bauteile ausfällt. Auch die Technik wird in der Zukunft nicht umhin können, in Anlehnung an das biologische Vorbild eine Reserve an Elementen und Strukturen in verschiedensten Konstruktionen mit vorzusehen — die anfängliche Redundanz wird eine größere Stabilität durch „Eigenkorrektur" gewährleisten.

2.2.4. Information in Nerven und Sinnesorganen

Es ist bisher im allgemeinen nur möglich, den Informationsgehalt für den lebenden Organismus in grobem Umfange zu schätzen, so daß Angaben verschiedener Autoren u. U. sogar um eine Zehnerpotenz schwanken können. Im folgenden soll an verschiedenen Beispielen gezeigt werden, in welcher Weise eine Abschätzung der Information möglich ist.
Die Informationsaufnahme aus der Umwelt durch alle Sinnesorgane wurde auf 10^9 Bd geschätzt, die -abgabe in Form von Mimik, Sprache und Bewegung des gesamten Körpers auf maximal 10^7 Bd. Von der ca. 1 Milliarde bit/s aufgenommenen Information können größenordnungsmäßig nur etwa 100 Bd bewußt verarbeitet, 10 kurzfristig und nur 1 Bd dauernd gespeichert werden. Im Zentralnervensystem findet demnach eine Selektion im Verhältnis 1:10 Millionen

statt. Die übrige Information wird ohne Bewußtseinsinhalt aufgenommen (vgl. Abb. 6).

Im Organismus können wir vier Arten von Information verarbeitenden Einrichtungen unterscheiden:

a) Rezeptoren	(Empfangsorgane — im Auge, Ohr, in der Haut, im Muskel usw. —, Informationsumwandlung in Nervenimpulse);
b) Nerven	(Leitungsorgane);
c) Zentralnervensystem	(Organ zum Ordnen, Vergleichen, Auswerten; hier findet die „Umschaltung" auf einen efferenten, d. h. in die Peripherie zu dem Effektor führenden Nerv statt);
d) Effektoren	(Ausführungsorgane — in erster Linie Muskeln).

Die Reduktion des Informationsflusses geschieht durch die begrenzte Aufnahmefähigkeit der Sinnesorgane, Zahl der Nervenfasern, Verarbeitungsgeschwindigkeit im Gehirn und die Bewußtseinsvorgänge.

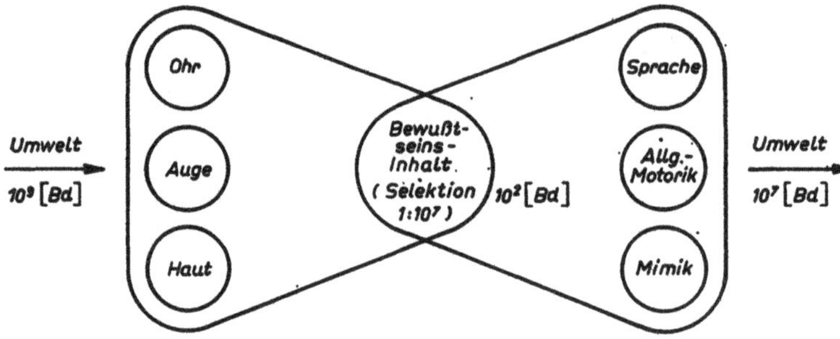

Abb. 6. „Informationstrichter" (nach KEIDEL).

Die Kanalkapazität des Menschen (Zufluß vom Sinnesorgan zum Gehirn) wurde vom Lesen abgeleitet. Pro Sekunde können 3 bis 5 Wörter, entsprechend etwa 15 bis 30 Buchstaben, erfaßt werden. Der Entscheidungsgehalt eines Buchstaben des deutschen Alphabetes beträgt ld 26 = 4,7 bit, die Entropie 4,11 bit, bei Berücksichtigung der Redundanz erhält man schließlich nur etwas mehr als 1 bit (s. oben). Der Informationsfluß beim Lesen ist daher kleiner als 50 Bd.

Diejenigen Gehirnteile, deren Funktion mit Bewußtsein verknüpft sind, werden als der „Kurzspeicher" bezeichnet [3]. Die Informationen sollen hier etwa 10 Sekunden bewahrt werden können. Sie werden anschließend entweder getilgt oder im „vorbewußten" Gedächtnis, das sich wiederum in das Kurzgedächtnis (Minuten bis Stunden) und das Langgedächtnis gliedert, gespeichert. Das zeitliche Auflösungsvermögen, d. h. die Zeit, in der zwei Ereignisse noch getrennt wahr-

genommen werden, ist abhängig von der Intensität des Reizes und beträgt in guter Übereinstimmung für optische, akustische und taktile Sinnesqualitäten für mittlere Reizstärken etwa 1/16 s (bekannt aus der Bilderfolge im Kino, wo bereits — entsprechend der Helligkeit — bei 16 Bildern/s eine anscheinende Verschmelzung zu einem kontinuierlichen Vorgang stattfindet). Man bezeichnet die Zeitdauer 1/16 s auch als ein „subjektives Zeitquant". Die Zuflußkapazität zum Kurzspeicher beträgt demnach 16 Bd, aus welchem dann in das (vorbewußte) Gedächtnis nur ca. 1 Bd fließen kann.
Der Informationsfluß für eine Nervenfaser ist kleiner als 1000 Bd (abzuschätzen aus der Zahl der Impulse, die in der Zeiteinheit maximal über die Faser geleitet werden können). Für höhere Informationsflüsse müssen Vielfachwege (Faserbündel) verwendet werden (s. oben).
Für das Auge lassen sich zur Informationsbestimmung zwei Betrachtungen heranziehen. In der Netzhaut haben wir 2 Arten von Sinneszellen: die Zapfen, mit welcher außer Helligkeitsstufen auch Farbtöne wahrgenommen werden können, und die Stäbchen, die das „Nachtsehen" ermöglichen und nur Helligkeitskontraste dem Zentralnervensystem weitervermitteln können. Die ca. 6 Millionen Zapfen der menschlichen Netzhaut sind vorwiegend an der Stelle des schärfsten Sehens, im „Zentrum" der Netzhaut (in der „Fovea centralis") angeordnet, während sich die etwa 120 Millionen Stäbchen in der Peripherie befinden. In der Fovea centralis entspricht die Anzahl der Lichtsinneszellen etwa der Zahl der mit ihnen in Verbindung stehenden Nervenzellen mit den zugehörigen Fasern, während in der Peripherie mehrere Rezeptoren die Information über ein und dieselbe Nervenfaser weiterleiten. Durch diesen Zusammenschluß wird hier der Raster gröber, die Sehschärfe nimmt nach außen hin ab.
Wir können größenordnungsmäßig mit 400000 unterscheidbaren Bildpunkten in der Nähe der Fovea centralis rechnen. Unter günstigen Bedingungen lassen sich 250 Helligkeits- (Intensitäts-) Stufen (entsprechend 8 bit) auffinden. Mit 16 Bildern/s (s. oben) ergeben sich ohne Berücksichtigung der Farben für den Informationsfluß:

$$400000 \cdot 8 \cdot 16 \text{ [bit/s]} \approx 5 \cdot 10^7 \text{ [Bd]}.$$

Einen größeren Wert erhalten wir, wenn die Farbwerte und die Stäbchen der Peripherie mit einbezogen werden. Wenn wir bei $6 \cdot 10^6$ Zapfen und 250 Helligkeitsstufen etwa 160 unterscheidbare Farbtöne (7—8 bit) hinzurechnen, so ergeben sich ($\approx$ 15 bit pro Zapfen) für alle Zapfen:

$$\approx 10^8 \text{ [bit]}.$$

120 Millionen Stäbchen liefern bei 32 Helligkeitsstufen (5 bit pro Stäbchen):

$$6 \cdot 10^8 \text{ [bit]}.$$

Für Zapfen und Stäbchen haben wir daher insgesamt einen Informationsgehalt von etwa

$$7 \cdot 10^8 = 700 \text{ Millionen bit}.$$

Bei dem oben angenommenen Auflösungsvermögen erhalten wir als Informationsfluß der Netzhaut:

$$7 \cdot 10^8\,[\text{bit}] \cdot 16\,[\text{s}^{-1}] \approx 10^{10}\,[\text{Bd}].$$

Eine Informationsbeschränkung findet schon in der Netzhaut statt: es sind $\approx 10^8$ Rezeptoren, aber nur $\approx 10^6$ Fasern des ableitenden Nerven (Nervus opticus) vorhanden, die nach obigen Angaben ($<$ 1000 Bd/Faser) weniger als 10^9 Bd bewältigen können, was der Gesamtinformationsaufnahme aus der Umwelt überhaupt entsprechen würde (vgl. Abb. 6). Eine weitere Reduktion findet dann im Gehirn statt (s. oben).

Beim Ohr gelten ähnliche Überlegungen wie für das Auge. Auf der Basilarmembran des Innenohres sind 12000 bis 24000 Haarzellen als Empfangsorgane angeordnet. Der Informationsfluß wird über ca. 10000 Nervenfasern dem Gehirn zugeleitet. Die Unterscheidungsstufen für die Tonhöhen sind nicht nur frequenz- sondern auch intensitätsabhängig. Man nimmt an, daß sich bei Frequenzen unter 500 Hz Tondifferenzen von 1,5 Hz noch unterscheiden lassen, für Töne über 500 Hz soll eine Abweichung von 3 Promille erfaßt werden können. Es lassen sich somit bei großen Lautstärken im Hörbereich (16 Hz bis 20000 Hz) 850 verschiedene Töne wahrnehmen. — Die größte Unterschiedsempfindlichkeit für Schallintensitäten weist das Ohr bei ca. 1000 Hz auf (ca. 100 Amplitudenstufen) — auch hier liegt also eine Abhängigkeit von der Frequenz vor. Durch Integration über den gesamten Hörbereich und Einbeziehung des subjektiven Zeitquants (s. oben) als Wahrnehmungsschwelle wird der Informationsfluß des Ohres auf ungefähr 50000 Bd geschätzt.

Für andere Sinnesorgane wurden folgende Informationsflüsse berechnet:

Druckrezeptoren:	10^5 Bd
Temperaturrezeptoren:	10^3 Bd
Geruchsrezeptoren:	10^2 Bd
Geschmacksrezeptoren:	10^1 Bd

Die Speicherkapazität des Gehirns wird auf 10^{10} bis 10^{15} bit geschätzt. Für eine Sprache wird eine Speicherkapazität von etwa 10^6 bit notwendig sein.

2.2.5. Laterale Inhibition (Kontrastverschärfung)

Die bisherigen Betrachtungen der Informationsübermittlung im biologischen Bereich gelten nur für die Fälle, wo keine gegenseitigen Beeinflussungen oder Störungen innerhalb des Organismus, eines Organs, einzelner Fasern eines

Nerven usw. auftreten. Weitaus schwieriger werden die Informationsabschätzungen, wenn auch diese Gegebenheiten mit in Betracht gezogen werden. Die laterale Inhibition (seitliche Hemmung) soll diese Kompliziertheit verdeutlichen; die Untersuchungen von HARTLINE und RATLIFF, REICHARDT und Mitarbeitern sowie anderen Autoren über die laterale Inhibition im Facettenauge von *Limulus polyphemus* (Schwertschwanz — krebsähnlicher Meeresbewohner) stellen zugleich ein Beispiel für eine gelungene system- bzw. informationstheoretische geschlossene mathematische Analyse eines relativ einfachen biologischen Systems dar.

Das Komplexauge von *Limulus* ist aus etwa 1000 Ommatidien zusammengesetzt, die durch Pigment optisch voneinander isoliert sind. Auf Grund des Ommatidiendurchmessers (ca. 100 nm), des Ommatidienabstandes und der mit diesen Parametern verknüpften (FRAUENHOFERschen) Lichtbeugungserscheinungen wäre eigentlich zu erwarten, daß keine wesentliche Sehfeldüberlappung zwischen den Ommatidien stattfinden dürfte. Jedoch ergeben elektrophysiologische Untersuchungen mit Ableitung von den optischen Nerven, die von den Ommatidien ausgehen (WATERMANN 1954, KIRSCHFELD und REICHARD 1964), daß eine relativ starke Überlappung der Sehfelder vorhanden ist. Empfängt ein Ommatidium von einer punktförmigen Lichtquelle, die sich in großem Abstand in seiner optischen Achse befindet, eine bestimmte Helligkeit (100%), so werden von den unmittelbar benachbarten Ommatidien etwa 32% und von den übernächsten etwa 9% dieser Helligkeit aufgenommen, m. a. W. ein Ommatidium reagiert mehr oder minder auch auf schrägen Lichteinfall.

Man kann — durch Aktionspotentialaufzeichnungen bei Variation des Lichteinfallswinkels — die „Empfindlichkeitsverteilungsfunktion" eines Ommatidiums aufstellen (relative Empfindlichkeit gegen Einfallswinkel abgetragen). Man erhält dann annähernd eine GAUSSsche Glockenkurve, bei welcher der Winkelabstand, bei dem die Empfindlichkeit auf 50% abgesunken ist, etwa $\pm 6°$ beträgt; bei einem Einfallswinkel von $\pm 10°$ werden noch etwa 15% der Helligkeit empfangen. Bereits HARTLINE und RATLIFF, 1957, hatten festgestellt, daß die Empfindlichkeit auf etwa $1/e$ abfällt bei einer Entfernung von Ommatidium zu Ommatidium. Die Rezeptoren haben also einen sich überlappenden Reizeinzugsbereich.

Die gleiche Erscheinung zeigen viele flächenhaft angeordnete Sinnesempfänger des Menschen, z. B. die Mechanorezeptoren der Haut, die Photorezeptoren der Netzhaut, die Phonorezeptoren des CORTIschen Organs (s. u.). Das bedeutet in der Rezeptorenebene einen Verlust an Auflösungsvermögen bzw. Abbildungsschärfe. Es besteht das allgemeine Problem: Wie kann dieser Verlust, der einer Verschleifung oder Verwischung von Konturen entspricht, in den nachgeordneten Neuronennetzen durch die Art der Verschaltung und der Informationsverarbeitung ausgeglichen, d. h. wie können verlorengegangene Kontraste durch Erhöhung der zentralen Abbildungsschärfe wiedergewonnen werden? Eines dieser Schaltprinzipien ist die laterale Inhibition.

Von jedem Ommatidium geht je ein optischer Nerv (bestehend aus mehreren Fasern) aus, wobei sich kurz unterhalb der Sehelemente ein Geflecht seitlicher Verbindungen befindet; diese Kollateralen oder Querstrukturen stellen vermutlich über Synapsen Verbindungen zwischen den optischen Fasern her und bilden das anatomische Substrat der lateralen Inhibition. Man unterscheidet grundsätzlich eine „Vorwärts-“ und eine „Rückwärts-Inhibition“ (s. Abb. 7); es ist hier ein Ommatidien-Zweiersystem dargestellt. Die Lichtintensität einer punktförmigen Lichtquelle, die sich in größerer Entfernung vom Auge in der optischen Achse des einen Ommatidiums befindet, wirkt wegen der Sehfeldüberlappung nicht nur

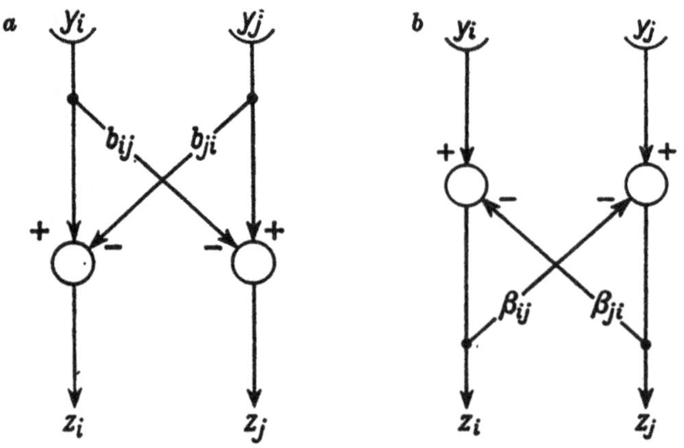

Abb. 7. Prinzip der „Vorwärts“-Inhibition (*a*) und der „Rückwärts“-Inhibition (*b*). Nach KIRSCHFELD und REICHARDT (1964).

auf dieses, sondern auch auf die benachbarten Ommatidien in abnehmendem Maße ein. Wenn vom maximal gereizten Ommatidium Aktionsstromimpulsserien nach zentral laufen, so werden gleichzeitig auf dem Wege der Kollateralen Meldungen an die Nachbarfasern abgegeben, und zwar im Sinne einer Hemmung (Minus-Zeichen). Dadurch werden die dort durch den Lichtreiz erzeugten Impulsserien in ihrer Frequenz verringert. Beim *Limulus* ist nur eine Rückwärtsinhibition realisiert (Abb. 7b rechts).

Das Ergebnis von Versuchen, in denen eine scharfe Hell—Dunkel-Kontur, also eine stufenförmige Umwelt-Leuchtdichteverteilung, auf das Ommatidiensystem appliziert und sukzessiv von rechts nach links über dieses hinweggeführt wurde, zeigt Abb. 8. Auf der Ordinate sind die von dem beobachteten Ommatidium abgegriffenen Impulsfrequenzen abgetragen, auf der Abszisse die Lage der Kontur (Schlittenstellung). Die einzelnen Kurven wurden bei verschiedenen Abständen der Kontur von der Augenoberfläche gemessen. Es zeigt sich, daß die Kontur in Auswirkung der lateralen Inhibition nicht — wie ohne dieselbe — als Rechtecksprung, sondern mit einer Überhöhung bzw. Verringerung der Impulsfrequenzwerte beiderseits der Grenze abgebildet wird; dies führt zu einer Kontrastverschärfung und zum Wiedergewinn der durch die Überlappung der Sehelemente verlorengegangenen Information. Es zeigt sich weiter, daß die Inhibitionswirkung

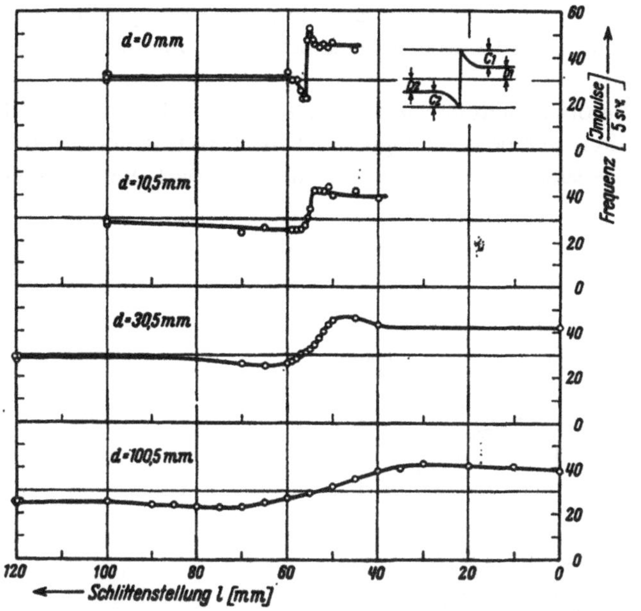

Abb. 8. Impulsfrequenz (im stationären Zustand) in der Faser eines einzelnen Ommatidiums als Antwort auf eine stufenförmige Umwelt-Leuchtdichteverteilung. Nähere Erläuterungen siehe Text. Nach KIRSCHFELD und REICHARDT (1964).

in charakteristischer Weise von der Entfernung der Lichtquelle vom Facettenauge (Inhibition nimmt mit zunehmendem Abstand ab) abhängig ist. REICHARDT und KIRSCHFELD konnten weiter nachweisen, daß mit abnehmender Reizintensität der Inhibitionsbereich kleiner wird; das optische Auflösungsvermögen ist — wie auch beim Menschen — von der Reizintensität abhängig.

REICHARDT und Mitarbeiter, 1964, haben in einer bemerkenswerten Studie durch Anwendung der System- und Informationstheorie auf die erhaltenen Meßergebnisse eine geschlossene mathematische Beschreibung — ein wesentliches Ziel der biokybernetischen Forschung — für die laterale Inhibition geben können. Neben der Empfindlichkeitsverteilungsfunktion des einzelnen Ommatidiums war es notwendig, die Verteilungsfunktion für die Inhibitionsdichte sowie schließlich die Größe des Inhibitionskoeffizienten zu bestimmen. Es ergab sich, daß die Inhibitionsverteilung ebenfalls einer GAUSS-Funktion entspricht, bei welcher entlang der Hauptachse des *Limulus*-Auges ein Abfall auf 1/3 bei einer Entfernung von 8 bis 9 Ommatidien auftritt; der mittlere Inhibitionskoeffizient wurde bei ca. 0,025 gefunden. Ohne hier auf weitere Einzelheiten eingehen zu wollen, darf gesagt werden, daß die vorliegenden Arbeiten ein Musterbeispiel für kybernetische Analysen biologischer informationsverarbeitender Systeme darstellen. Als Endresultat stellte sich heraus, daß die Gesamt-Übertragungscharakteristik des *Limulus*-Auges etwa eine Eins- zu Eins-Entsprechung der Bildstruktur der optischen Umwelt und der Erregungsverteilung im optischen Nerven garantiert.

In einer früheren Veröffentlichung hatte REICHARDT, 1961, durch Modellierung der lateralen Inhibition auf einem Analogrechner die grundsätzlichen funktionellen Besonderheiten der seitlichen Hemmung eindrucksvoll darstellen können. Abb. 9

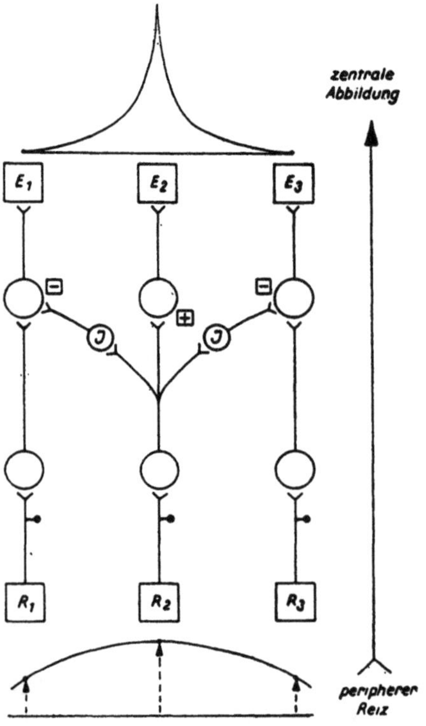

Abb. 9. Schematische Darstellung der Kontrastbildung in einem multineuronalen Nervennetz. Nähere Erläuterungen siehe Text. Aus: Kurzgefaßtes Lehrbuch der Physiologie, herausgegeben von W. D. KEIDEL, Thieme, Stuttgart (1967).

vermittelt noch einmal schematisch die allgemeine Wirkungsweise der lateralen Inhibition in einem multineuralen Neuronennetz. Die Erregungen, die nach einem peripheren Reiz (unten) in der Neuronenkette R_2 aufsteigen, werden auf inhibitorische Schaltzellen (I) übertragen, deren Impulse die Erregungsausbreitung zu den nachfolgenden Gliedern E_1 und E_3 unterbinden bzw. verringern. Infolgedessen ruft jede periphere Reizung der Rezeptoren an verschiedenen Neuronen der Hirnrinde nicht nur Aktivitätssteigerungen, sondern auch Hemmungen in der

Nachbarschaft hervor. Dadurch wird die Abbildungsschärfe des peripheren Reizes in der Rezeptorenschicht (unten) im Zentralnervensystem wesentlich erhöht, d. h. die sehr flache Erregungsverteilung zugespitzt und versteilert (oben).

2.3. Kontinuierliche Information

2.3.1. Informationsgewinnung kontinuierlicher Signale

Sehr oft tritt der Fall auf, wo vom Signalsender ein zeitlich kontinuierlicher Vorgang vermittelt wird. Auch bei kontinuierlichen Prozessen aber lassen sich obige Überlegungen anwenden, wenn wir eine geeignete Quantelung vornehmen. Allerdings verliert die Entropie für ein Kontinuum ihren Sinn.
Grundsätzlich kann jeder beliebige Vorgang nach FOURIER in Sinus- und Cosinusglieder zerlegt werden. Ein einmaliges Ereignis, z. B. ein einzelner Impuls, hat ein unendlich dichtes, d. h. kontinuierliches Spektrum an Sinus- und Cosinusanteilen, es sind sämtliche Frequenzen vertreten. Anders verhält es sich bei einem periodischen Vorgang, der durch diskrete Spektrallinien gekennzeichnet ist. Der einfachste Fall liegt vor, wenn es sich um eine reine Sinusschwingung handelt. Hier haben wir nur eine einzige Spektrallinie.
Einen einmaligen Vorgang kann man sich zeitlich nach beiden Seiten periodisch fortgesetzt denken. Das Spektrum besteht dann aus diskreten Frequenzanteilen. Als Grundperiode wird die Dauer T des Signals angesehen, als Grundfrequenz $f_u = 1/T$. Das Spektrum des Zeitvorganges ist dann bestimmt, wenn alle ganzzahligen Vielfachen von f_u bekannt sind. Die Differenz zwischen der höchsten (f_0) und niedrigsten (f_u) Frequenz des Signalspektrums wird als Bandbreite B bezeichnet:

$$B = f_0 - f_u. \tag{6}$$

Ein bandbegrenzter Prozeß ist dann vollständig bestimmt, wenn man die Signalwerte in genügend kleinen diskreten Zeitabständen Δt kennt, d. h., in dem zu untersuchenden Zeitintervall T sind in $N \cdot \Delta t$ Schritten die Amplituden (Quantelung s. unten) zu ermitteln (vgl. Abb. 10). Die (NYQUIST-) Intervalle Δt ergeben sich aus mathematischen Berechnungen zu:

$$\Delta t = \frac{1}{2B} = \frac{1}{2(f_0 - f_u)}. \tag{7}$$

Die Zahl der notwendigen Abtastungen für die Signaldauer T beträgt dann:

$$N = \frac{T}{\Delta t} = 2TB = 2T(f_0 - f_u). \tag{8}$$

Kann f_u gegen f_0 vernachlässigt werden, oder geht die untere Frequenzgrenze überhaupt gegen Null, so wird

$$N = 2Tf_0,$$

d. h., bestimmend für die Zahl der Abtastungen ist die oberste im Spektrum enthaltene Frequenz und die Zeitdauer des Signals.
Die Beziehung (8) ist ein Maß für den Strukturgehalt eines Signals. Da sie keine Dimension besitzt, wohl aber die Zahl der „Informationsquanten" angibt, wird ihrem Zahlenwert in der Informationstheorie die Bezeichnung „Logonen" zugefügt [10]. Aus (8) geht hervor, daß der Strukturgehalt wächst mit der Verengerung des NYQUIST-Intervalls, d. h. mit der Erhöhung der Abtastfrequenz.
Nach SHANNON [11] läßt sich die Kanalkapazität nach folgendem Ausdruck berechnen, wenn die Leistungen des Nutzsignals (P_n) und des Störsignals (P_s) bekannt sind:

$$C = B \cdot ld \frac{P_n + P_s}{P_s} \text{ [Bd]} \tag{9}$$

Ist keine Störleistung vorhanden ($P_s = 0$), so wird die Kanalkapazität unendlich groß, d. h., es könnten beliebig viele Nachrichten (innerhalb der Bandbreite B) übertragen werden. Solch einen Fall wird es allerdings nie geben.
Die Amplitudenwerte $x(t)$ sollen durch M Stufen digitalisiert werden. Der Entscheidungsgehalt wird um so höher, ein je feinerer Raster verwendet wird, je größer also M ist. Einer beliebig feinen Unterteilung wirken zwei Gesichtspunkte entgegen. Einmal kommt man irgendwo an eine Grenze, wo ein noch engerer Raster keine genauere Information über den Zeitvorgang liefern würde (jede weitere Entscheidung wäre redundant), zum anderen wirken auf den Übertragungskanal Störungen ein, die eine Verfälschung des Signals hervorrufen. Eine gewisse Ordinatenunschärfe $\Delta x = |x_2 - x_1|$ kann also nicht unterschritten werden, und wir erhalten für M: $M = x_{max}/\Delta x$. Es ist $ld M$ der maximale „metrische Informationsbetrag". Das Produkt $2TB \cdot ld M$ wird als Informationsvolumen (oder auch als Informationsgehalt) des Signals bezeichnet.
Am Beispiel der Abb. 10 soll der Informationsgehalt eines kontinuierlichen Signals (Elektrokardiogramm eines Menschen während einer Herzperiode) berechnet werden. Die Zahl der Ordinatenstufen ($M = 20$) liefert einen Entscheidungsgehalt:

$$EG = ld\, 20 = 4{,}32 \text{ [bit]}.$$

Diese Entscheidung muß entsprechend der Zahl der Abszissenschritte ($N = 35$) 35mal getroffen werden, und wir erhalten als Informationsvolumen:

$$35 \cdot 4{,}32 = 152 \text{ [bit]}.$$

In Wirklichkeit reicht der Raster noch nicht, um alle Feinheiten des EKG zu erfassen. Auch werden Geräte zur Registrierung verwendet, welche eine größere obere Grenzfrequenz gewährleisten (in unserem Falle wäre $f_0 = \frac{N}{2T} = 17{,}5$ Hz bei $T = 1\,\text{s} \approx$ Dauer eines Herzzyklus). Der Informationsgehalt des EKG wird auf über 500 bit geschätzt.

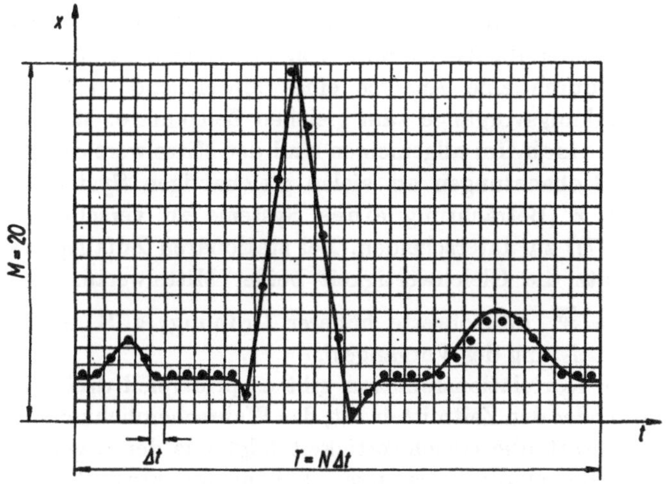

Abb. 10. Schema der Digitalisierung eines kontinuierlichen Signals (Elektrokardiogramm). (In dieser Darstellung würde der Raster genügen, um das EKG vollständig zu beschreiben.)

2.3.2. *Korrelationsanalyse*

Wenn die zeitlichen Schwankungen eines Vorganges stochastisch, d. h. zufällig vonstatten gehen, so gibt es keine Zeitfunktion, welche diesen Prozeß analytisch beschreibt. Amplituden und Phasen der im stochastischen Prozeß enthaltenen Frequenzkomponenten (vgl. 2.3.1.) schwanken statistisch. Doch gibt es eine Möglichkeit, auch solche „wirren" Vorgänge zu analysieren und aus ihnen eine Information über evtl. zugrundeliegende Gesetzmäßigkeiten zu erhalten, nämlich die Korrelationsanalyse, wobei das erste Ziel die Gewinnung der Korrelationsfunktion ist. Hierbei ist zu unterscheiden zwischen der Autokorrelationsfunktion, welche den Prozeß selbst charakterisiert, und der Kreuzkorrelationsfunktion, die feststellt, ob ein statistischer Zusammenhang zwischen zwei zeitlichen Vorgängen besteht.

Im Unterschied zu einer Zeitfunktion $x(t)$, bei der sich die Amplitude in jedem Zeitpunkt t angeben läßt, kann bei regellosen Schwankungsvorgängen lediglich die Wahrscheinlichkeit bestimmt werden, daß die Amplitude zur Zeit t zwischen x und $x + dx$ liegt. Hieraus läßt sich eine Wahrscheinlichkeitsverteilungsfunktion ermitteln. Ist diese von der Zeit unabhängig, nennt man den Prozeß stationär. Die Charakterisierung eines stationären Vorganges kann auf zweierlei Weise erfolgen: entweder wird ein und derselbe Prozeß zu verschiedenen Zeitpunkten beobachtet oder die Gewinnung von Meßwerten für die Verteilungsfunktion geschieht durch eine Analyse eines hinreichend großen Kollektivs gleichartiger Schwankungsvorgänge zum gleichen Zeitpunkte. Man nennt einen solchen Prozeß ergodisch. Im allgemeinen sind der Mittelwert des Ensembles $\bar{\bar{x}}$ (also gleichzeitige Beobachtungen an vielen gleichartigen Systemen) und der zeitliche Mittelwert $\bar{x}$ (Betrachtung eines Systems zu verschiedenen Zeiten — vgl. oben, z. B. (7)) zu unterscheiden. Bei stationären Zufallsprozessen folgt aus dem Ergodensatz die Gleichwertigkeit beider Mittelwerte. Es ist $\bar{\bar{x}} = \bar{x}$ oder allgemein $\overline{\overline{x^n}} = \overline{x^n}$ (Mittelwerte höherer Ordnung; z. B. erhält man für $n = 2$ die mittlere Leistung des Vorganges).

Zur Darstellung der Korrelationsfunktion gibt es prinzipiell drei Möglichkeiten [9]: das Zeitintegral oder den Zeitmittelwert, das Wahrscheinlichkeitsintegral oder den Ensemblemittelwert (die Gleichwertigkeit folgt aus der Ergodenhypothese) und schließlich die Berechnung aus dem „Leistungsspektrum" des Prozesses. Es soll hier nur die häufigste, das Zeitintegral, kurz betrachtet werden. Es ist

$$\psi_{xx}(\tau) = \lim_{T \to \infty} \frac{1}{2T} \int_{-T}^{+T} x(t)\, x(t \pm \tau)\, dt \tag{10}$$

die Autokorrelationsfunktion und

$$\psi_{xy}(\tau) = \lim_{T \to \infty} \frac{1}{2T} \int_{-T}^{+T} x(t)\, y(t - \tau)\, dt \tag{11}$$

die Kreuzkorrelationsfunktion.

Bei der Berechnung dieser Gleichungen, welche vornehmlich automatisch (mit Hilfe eines Korrelators) durchgeführt werden, müssen an die tatsächlichen Gegebenheiten einige Konzessionen gemacht werden. Zunächst kann der Prozeß nicht über unendlich lange Zeit beobachtet werden, wir müssen uns auf eine „Kurzzeit"-Korrelation beschränken (der Grenzübergang $\lim_{T \to \infty}$ kann nicht verwirklicht werden). Statt des Integrals wird, da $x(t)$ bzw. $y(t)$ nicht als Funk-

tionen analytisch vorliegen, eine Summe über die Produkte der — um die jeweils konstant zu haltende Zeitverschiebung τ entfernten — Momentanwerte (vgl. Abb. 11) zu setzen sein.
Mit Hilfe der Autokorrelationsfunktion ist es möglich, in einem stochastischen Prozeß eine verborgene Schwingung zu „entdecken". Die Kreuzkorrelationsfunktion läßt erkennen, ob zwischen zwei Zeitvorgängen (z. B. am Ein- und Ausgang eines dynamischen Systems) eine Beziehung besteht bzw. welche Phasendifferenz oder Laufzeit zwischen zwei Signalen $x(t)$ und $y(t)$ vorhanden ist.

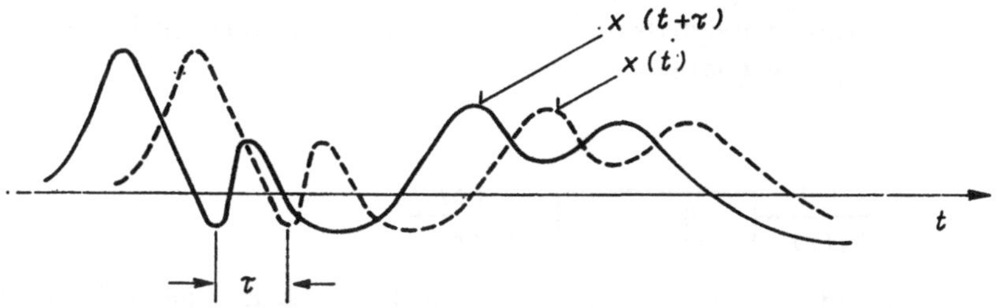

Abb. 11. Schematische Darstellung zur Berechnung der Autokorrelationsfunktion.

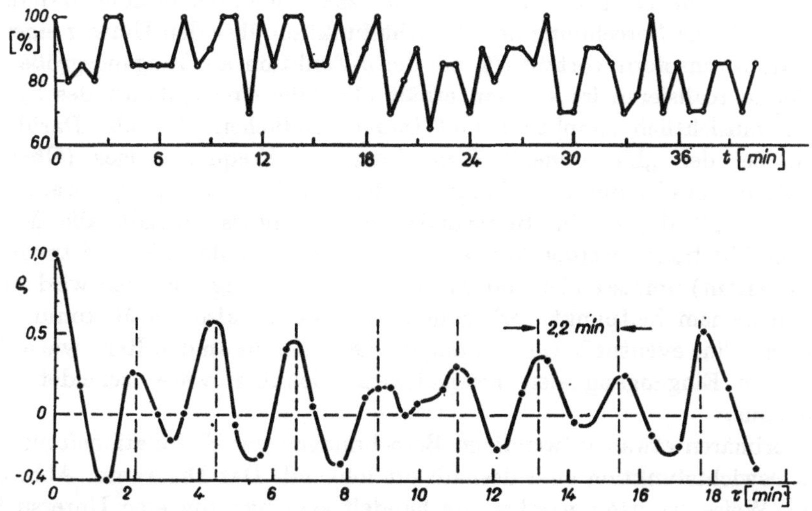

Abb. 12. Beispiel einer Autokorrelationsanalyse.
Oben: zeitliche Schwankungen von Gedächtnisleistungen (Kurzspeichertest) eines Menschen.
Unten: zugehörige Korrelationsfunktion.
(nach STEBEL, J., und R. SINZ, Acta biol. med. germ. 27, 1971).

Abb. 12 zeigt, wie aus einem zunächst undurchschaubaren Prozeß die Autokorrelationsfunktion deutlich eine Frequenz mit einer Periodendauer von 2,2 Minuten herausfiltert.
Eine Verknüpfung von Auto- und Kreuzkorrelationsfunktion durch ein sogenanntes Faltungsintegral läßt Rückschlüsse auf eine wichtige Eigenschaft von Übertragungssystemen (die Gewichtsfunktion = Antwortreaktion eines dynamischen Systems auf einen „δ-Impuls" — dieser besitzt eine unendlich große Amplitude bei einer gegen Null gehenden Zeitdauer) zu. Da wiederum Ein- (x) und Ausgangsgröße (y) nicht als Zeitfunktionen dargestellt werden können, wenn das Eingangssignal x regellos schwankt, wird x durch die Autokorrelationsfunktion des Eingangssignals und y durch die Kreuzkorrelationsfunktion zwischen Ein- und Ausgangssignal ersetzt (Abb. 13).

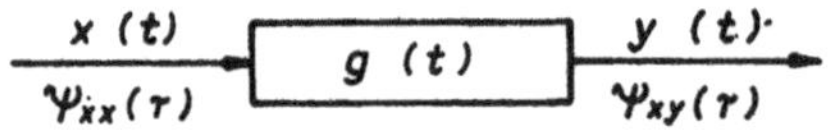

Abb. 13. Verknüpfung von Auto- und Kreuzkorrelationsfunktion durch die Gewichtsfunktion $g(t)$.

Bei Kenntnis der Gewichtsfunktion kann daraus die Übertragungsfunktion (vgl. Kap. 3.) berechnet werden, welche sich z. B. in einem (in Amplituden- und Phasenanteil getrennten) Frequenzkennlinien-Diagramm darstellen läßt (Abb. 14). Die Berechnung der Gewichtsfunktion über den Umweg eines Rauschsignals ist insofern vorteilhaft, als die δ-Funktion als Eingangsgröße technisch nicht zu realisieren ist — man erhält allenfalls eine Antwort des Systems auf einen hinsichtlich Amplitude und Dauer „endlichen" Impuls. Darüber hinaus wird bei der „klassischen" Ermittlung des Frequenzganges (Übertragungsfunktion) jeweils nur eine Frequenz dem System aufgeprägt, während es bei „Belastung" durch ein Breitbandrauschen (dieses enthält alle Frequenzen, welche übertragen werden können mit gleichen Anteilen: das Leistungsspektrum ist konstant) umfassender und wirklichkeitsnäher angesprochen wird; das Signal ist zu keinem Zeitpunkt vorhersagbar, es enthält also ein Maximum an Information. Eine eventuelle Gewöhnung des Organismus an den Reiz, wie es bei sinusförmigen Eingangssignalen beispielsweise denkbar wäre, scheidet in diesem Falle aus.
Die primären etwas aufwendigen Berechnungen der Korrelationsfunktionen und der Gewichtsfunktion sind deshalb oft lohnend. Das Diagramm Abb. 14 ist auf diese Weise ermittelt worden. Es handelt sich hier um eine Untersuchung der Übertragungseigenschaften des menschlichen Pupillensystems. Am Beispiel zweier Versuchspersonen (*VP* 1 und 2) ist zu erkennen, daß das Übertragungssystem (Lichteinfall in ein Auge — zentralnervöse Verarbeitung — Pupillenreaktion) gerade an der Stelle (bei 1,1 Hz) eine Resonanzstelle aufweist, wo die Phasenverschiebung zwischen der Eingangsgröße (Helligkeitsschwankungen)

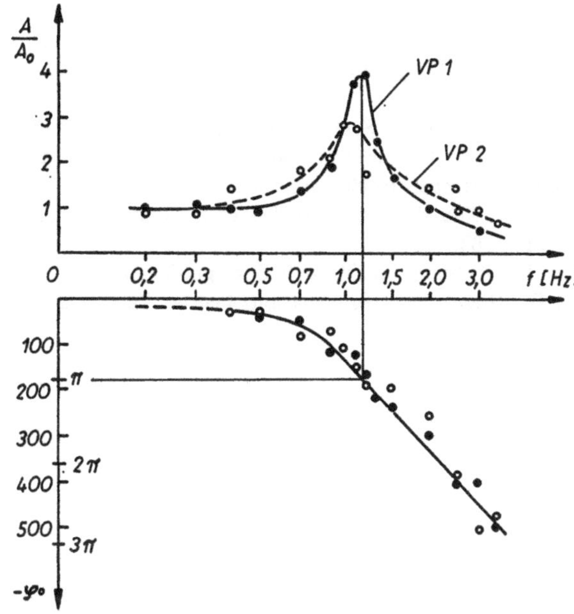

Abb. 14. Beispiel einer Frequenzgangdarstellung im Bode-Diagramm, das aus Autokorrelations-, Kreuzkorrelations- und Gewichtsfunktion errechnet wurde (Näheres s. Text); $x(t)$ und $y(t)$ waren regellose Vorgänge am Ein- und Ausgang des dynamischen Systems (Pupillarapparat). (Nach Stebel: Acta biol. med. germ., Bd. 14 (1965).)

und der Ausgangsgröße (Pupillenreaktion 180° $= \pi$ beträgt. Das heißt, in den Zeitpunkten, in welchen die Pupille am weitesten geöffnet ist, fällt das Licht mit seiner größten Intensität in das Auge. Überall dort, wo Lichtschwankungen auftreten, sollte demnach diese Frequenz vermieden werden, um eine Blendung zu verhüten.

Literatur

1. Bär, D. und H. Fuchs: Kleines Lexikon der Steuerungs- und Regelungstechnik; Reihe Automatisierungstechnik Bd. 40, 1965 (Hrsg.: Wagner, B. u. G. Schwarze).
2. Fey, P.: Informationstheorie. Akademie Verlag, Berlin 1963.
3. Frank, H.: Kybernetik — Brücke zwischen den Wissenschaften. Umschau Verlag, Frankfurt (M.) 1966.
4. Hassenstein, B.: Biol. Kybernetik. VEB G. Fischer Verlag, Jena 1967.
5. Hensel, H.: Erg. der Physiologie. Bd. 47, 1952; Springer-Verlag, Berlin/Göttingen/Heidelberg.
6. Keidel, W. D.: Kurzgefaßtes Lehrbuch der Physiologie. G. Thieme Verlag, Stuttgart 1967.

7. KEIDEL, W. D.: Elektrotechnische Zeitschrift. Ausg. A, Nov. 64, H. 24, S. 769.
8. KÜPFMÜLLER, K.: „Nachrichtenverarbeitung im Menschen". Taschenbuch der Nachrichtenverarbeitung (Hrsg.: K. STEINBUCH), Springer-Verlag, Berlin/Göttingen/Heidelberg 1962.
9. LANGE, F. H.: Signale und Systeme. Bd. 1, VEB Verlag Technik, Berlin 1965.
10. MEYER-EPPLER, W.: Grundlagen und Anwendungen der Informationstheorie. Springer-Verlag, Berlin/Göttingen/Heidelberg 1969.
11. SHANNON, C. E.: The Mathematical Theory of Communication. The University of Illinois Press. Urbana 1963.
12. STEINBUCH, K.: Automat und Mensch. Springer-Verlag, Berlin/Göttingen/Heidelberg 1965.
13. ZEMANEK, H.: Elementare Informationstheorie. Verlag R. Oldenbourg, Wien/München 1959.

3

EINIGE GRUNDLAGEN DER REGELUNGSTHEORIE

3.1. Einleitung

In der Regelungstheorie werden die Struktur und die Signalübertragungseigenschaften von Systemen untersucht, indem man von den besonderen Realisierungen absieht. Die Systeme bestehen aus elektronischen, pneumatischen, hydraulischen Elementen und anderen technischen Teilgliedern oder auch aus biologischen Elementen. Übertragen werden analoge und diskrete Signale, wenn nach dem Wertevorrat der Informationsparameter unterschieden wird [1]. In biologischen Systemen gibt es nach bisherigen Untersuchungen nur analoge Signale, d. h. Signale, deren Informationsparameter in gewissen Grenzen beliebige Zwischenwerte besitzen können. Als Informationsparameter kommen die

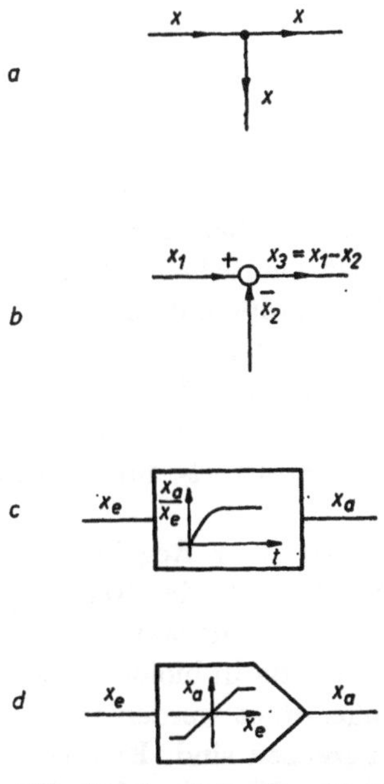

Abb. 15. Symbole für die Darstellung von Blockschaltbildern bzw. Signalflußdiagrammen. x_e — Eingangsgröße, x_a — Ausgangsgröße; *a* — Verzweigung, *b* — Mischstelle, *c* — lineares Übertragungsglied mit eingetragener spezieller Übergangsfunktion, *d* — nichtlineares Übertragungsglied mit eingetragener spezieller statischer Kennlinie.

Amplitude des Signalträgers oder eine durch den zeitlichen Verlauf des Signalträgers bestimmte Hilfsgröße [1], wie z. B. die Frequenz der Aktionspotentialfolge auf einer Nervenfaser, in Betracht. Signalträger sind die unterschiedlichsten physikalischen Größen, wie Druck, Volumen, Temperatur, Konzentration, Spannung, Strom, Helligkeit, Länge usw.
Das Hauptanliegen in der Biologie ist die Analyse, nicht die Synthese von Regelungssystemen, wie in der Technik. Bei dieser Analyse müssen in Form einer Arbeitshypothese zuerst bestimmte Signale als wesentlich angenommen werden. Gelingt eine Analyse nicht, muß es durchaus nicht an der Komplexität des Systems liegen, sondern kann ebenso durch die ungünstig gewählte Arbeitshypothese bedingt sein. Das hat seinen Grund besonders darin, daß wir den Zweck einer technischen Regelung kennen, den einer biologischen aber nicht, und daß für eine biologische Erscheinung, die einer Regelung zu entsprechen scheint, auch gar kein Zweck existieren muß. Der Zweck dient in der Biologie nur als heuristisches Hilfsmittel, und zwar um so besser, je spezialisierter die Regelung und die damit verknüpften Rezeptoren, Organe und Substanzen sind.
Der Zusammenhang der Elemente des Regelungssystems entsprechend den vorhandenen Signalwegen wird durch Blockschaltbilder bzw. Signalflußdiagramme dargestellt, wobei vereinbarte Symbole [1, 7, 11] verwendet werden (Abb. 15).

3.2. Der Regelkreis

Eine Regelung dient dazu, eine physikalische Größe einer anderen nachzuführen. Die nachgeführte physikalische Größe, als Regelgröße bezeichnet, wird mit der vorgegebenen Größe, als Führungsgröße bezeichnet, verglichen. Ist eine Differenz, die Regelabweichung vorhanden, so wird die Regelgröße entsprechend verstellt. Das wesentliche Kennzeichen einer Regelung ist damit der geschlossene Wirkungskreis. Die Regelung bewirkt dabei, daß der Einfluß von Störungen, die auf dem Signalweg auftreten, vermindert wird. Ist die Führungsgröße konstant, wird auch von Sollwert gesprochen und danach zwischen Festwert- und Folgeregelung unterschieden.
Neben den Begriffen, die die funktionellen Größen einer Regelung bezeichnen, gibt es auch definierte Begriffe, die strukturelle Elemente des Regelungssystems betreffen. Diese sind in biologischen Systemen nicht so ohne weiteres anzuwenden wie die funktionellen Begriffe der Regelungstechnik, da in biologischen Systemen die Strukturen, die bestimmten Funktionen zugeordnet werden müßten, häufig schwer oder überhaupt nicht voneinander abzugrenzen sind. Eine Schwierigkeit tritt noch besonders bei Regelungen auf zellulärem Niveau auf (s. Kap. 5.), bei denen oft eine Trennung zwischen Struktur und Funktion im ursprünglichen Sinne nicht mehr möglich ist.
Aus diesen Gründen sollen hier nur die zwei wichtigsten Begriffe dieser Art erwähnt werden, der Begriff der Regeleinrichtung und der Begriff der Regel-

strecke. Dabei werden unter Regeleinrichtung die Glieder der Regelung zusammengefaßt, die unmittelbar die Regelstrecke beeinflussen und unter Regelstrecke die Glieder, in denen „aufgabengemäß" [1] unmittelbar in einen Massen- oder Energiestrom eingegriffen wird.

Die unterschiedliche Wirkung von Störungs- und Führungsgröße auf die Regelgröße ist an einem einfachen Regelkreis (Abb. 16) mit nur proportional wirkenden

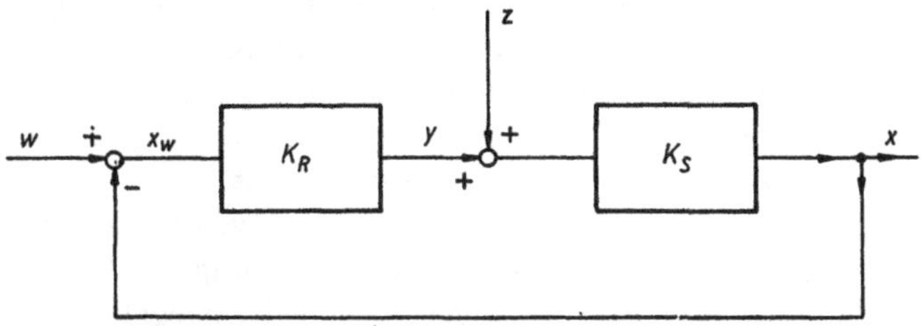

Abb. 16. Regelkreis. w — Führungsgröße, x — Regelgröße, x_W — Regelabweichung, y — Stellgröße, z — Störgröße, K_R — Übertragungsfaktor der Regeleinrichtung, K_s — Übertragungsfaktor der Regelstrecke.

Übertragungsgliedern leicht zu erkennen. Für den geschlossenen Regelkreis ergibt sich:

$$x = (y + z) \cdot K_S$$

$$y = (w - x)\, K_R$$

$$x = \big((w - x)\, K_R + z\big) \cdot K_S$$

$$x = w \cdot K_R \cdot K_S - x K_R \cdot K_S + z K_S$$

$$x = w \cdot \frac{K_R \cdot K_S}{1 + K_R K_S} + z\, \frac{K_S}{1 + K_R K_S}.$$

Aus dem sich ergebenden Ausdruck ist zu ersehen, daß der Einfluß der Führungsgröße w auf die Regelgröße x um K_R-mal größer ist als der der Störgröße z. Danach läßt sich der Regelkreis auch als Filter auffassen, durch das unerwünschte nicht vorhersagbare Einflüsse auf ein System, d. h. Störungen, ausgefiltert werden. Dieses Beispiel zeigt außerdem, daß bei einem Regelkreis mit nur proportional wirkenden Übertragungsgliedern die Regelabweichung x_W für $z = 0$ nicht verschwindet, sondern entsprechend

$$x_W = w - x$$

und

$$x = w \cdot \frac{K_R \cdot K_S}{1 + K_R K_S}$$

gleich

$$x_W = w \cdot \frac{1}{1 + K_R K_S}$$

ist. Das Ergebnis bedeutet, daß bei einer Proportionalregelung auch nach genügend langer Einstellzeit die Differenz zwischen Ist- und Sollwert nicht zu Null wird. Sie wird deshalb als bleibende Regelabweichung bezeichnet.

Gehen die Änderungen der Größen, die auf den Regelkreis einwirken, verhältnismäßig langsam vor sich, so genügt es, die Regelabweichung x_W nur zu bestimmten Zeitpunkten zu messen und aus diesen Meßwerten ein Signal zur Verstellung der Regelgröße abzuleiten. Ein solches Verfahren liegt bei der sog. Abtastregelung [2, 6, 7, 11] vor, die in Abb. 17 schematisch dargestellt ist.

Die vorteilhafte Anwendung von Begriffen aus der Regelungstechnik auf biologische Systeme, wird unter anderem bei der Atemregelung (s. Kap. 8.3.), beim Augenfolgesystem (s. Kap. 9.1.) und bei der Gleichgewichtsregelung des Fisches (s. Kap. 9.3.) gezeigt.

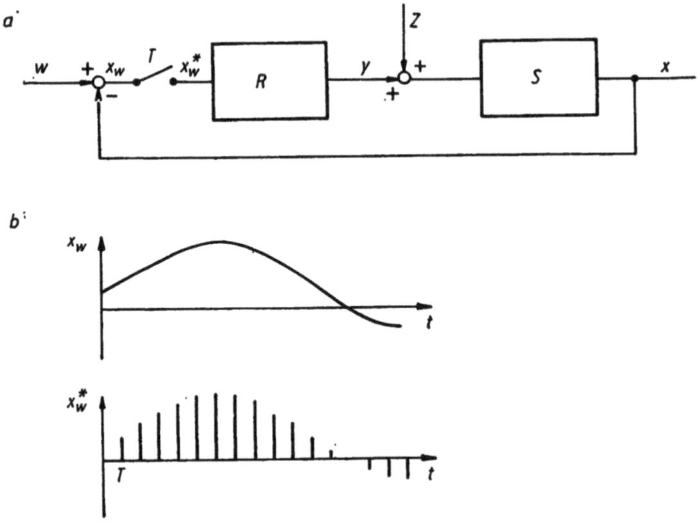

Abb. 17a. Getastete Regelung. w — Führungsgröße, x — Regelgröße, x_W — Regelabweichung, x_w^* — getastete Regelabweichung, y — Stellgröße, z — Störgröße, R — Regeleinrichtung, S — Regelstrecke, T — Tastperiode.

Abb. 17b. Beispiel für den Verlauf von Regelabweichung x_w und getasteter Regelabweichung x_W^*, T — Tastperiode, t — Zeit.

3.3. Vermaschte Regelkreise

Bei komplizierteren Regelungen ist nicht mehr nur ein einschleifiger Regelkreis vorhanden [4, 5, 7]. Als einfache Beispiele seien die Regelung mit Hilfsregelgröße und die Störgrößenaufschaltung angeführt.

Bei der Regelung mit Hilfsregelgröße x_H wird ein Teil der Zeitkonstanten der Regelstrecke ausgeschaltet, da die Reaktion der Regelstrecke auf eine Störung über x_H schneller erfaßt wird (Abb. 18). So läßt sich z. B. der Blutdruck als eine

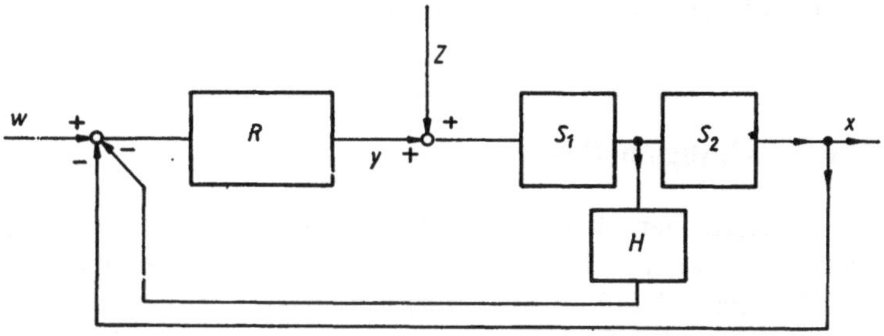

Abb. 18. Regelung mit Hilfsregelgröße, w — Führungsgröße, x — Regelgröße, y — Stellgröße, z — Störgröße, R — Regeleinrichtung, S_1, S_2 — Teile der Regelstrecke, H — Hilfseinrichtung.

Hilfsregelgröße auffassen, durch die eine mangelnde Sauerstoffversorgung früher erfaßt wird, als bei der später erfolgenden direkten Sauerstoffmessung in der Zelle.

Die Störgrößenaufschaltung bildet eine Verbindung von Steuerung und Regelung (Abb. 19). Tritt eine bestimmte Störung immer in gleicher Weise auf, wird sie unmittelbar aufgeschaltet, um ihre Wirkung auf die Regelgröße sofort zu eliminieren. Das Störsignal muß also bei dieser Form der Regelung nicht den ganzen

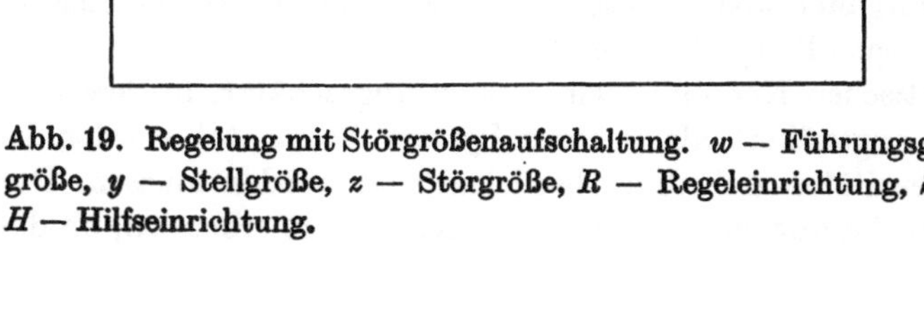

Abb. 19. Regelung mit Störgrößenaufschaltung. w — Führungsgröße, x — Regelgröße, y — Stellgröße, z — Störgröße, R — Regeleinrichtung, S — Regelstrecke, H — Hilfseinrichtung.

Regelkreis durchlaufen, um eine Gegenwirkung hervorzurufen. Ein biologisches Beispiel zur Störgrößenaufschaltung bildet die Temperaturregelung (s. Kap. 7.3.). Andere typische Beispiele für vermaschte biologische Regelung sind die Blutzuckerregelung (s. Kap. 7.4.) und die Stoffwechselregelung in der Zelle (s. Kap. 5.).
Die Extremwertregelung ist eine andere kompliziertere Form der Regelung [7]. Dabei folgt die Regelgröße nicht einfach einer Führungsgröße, sondern pendelt ständig um einen Extremwert. Ein Beispiel dafür ist die Scharfeinstellung eines Bildes, bei der probeweise die Schärfe verändert wird und geprüft wird, ob eine Verbesserung oder Verschlechterung eintritt und danach die entsprechende Verstellung der Regelgröße vorgenommen wird.

3.4. Untersuchungsmethoden

Die Analyse biologischer Regelungssysteme geht von den Übertragungseigenschaften des geschlossenen Regelkreises aus. Um sicher nachzuweisen, daß es sich um eine Regelung handelt, muß dieser Regelkreis aufgeschnitten werden — unter Umständen nur im Gedankenexperiment — und die dadurch veränderte Einstellung der Regelgröße untersucht werden. Weiterhin muß versucht werden, diesen aufgetrennten Regelkreis in einzelne Übertragungsglieder zu zerlegen und deren Übertragungsverhalten zu bestimmen. Danach wird aus dem Übertragungsverhalten der Einzelglieder das Verhalten des geschlossenen Regelkreises berechnet und mit dem natürlichen Verhalten des Regelsystems verglichen. Aus dem Vergleich folgen dann neue Überlegungen und Experimente, die wiederum zu einer verbesserten Beschreibung führen usw. Bei der Abgrenzung der Teilübertragungsglieder ist besonders darauf zu achten, daß sie weitgehend rückwirkungsfrei sind, d. h. das Ausgangssignal des Übertragungsgliedes darf nicht verändernd auf dessen Eingangssignal zurückwirken.
Wichtige Hilfsmittel bei der Analyse von Regelungssystemen bilden die Fourier- und Laplace-Transformation [2, 3, 4, 6, 11, 12] sowie die Methode des Zustandsraumes [12].

3.4.1. Statische Übertragungskennlinien

Die statischen Kennlinien eines Übertragungsgliedes beschreiben die Beziehungen zwischen dem Informationsparameter des Eingangs- und Ausgangssignals, wenn alle Übergangsvorgänge abgeschlossen sind, also im statischen Zustand [1]. In Abb. 20 sind typische Beispiele dargestellt.
Anhand der statischen Kennlinie wird zuerst abgeschätzt, inwieweit das Übertragungssystem angenähert als lineares System betrachtet werden kann oder welche Nichtlinearitäten unbedingt berücksichtigt werden müssen. Dynamische Kennlinien lassen im allgemeinen nicht so leicht sofort erkennen, ob das System

wesentliche Nichtlinearitäten enthält oder nicht. Lineare Übertragungssysteme werden eindeutig durch das Superpositionsprinzip [3, 12] charakterisiert.

a

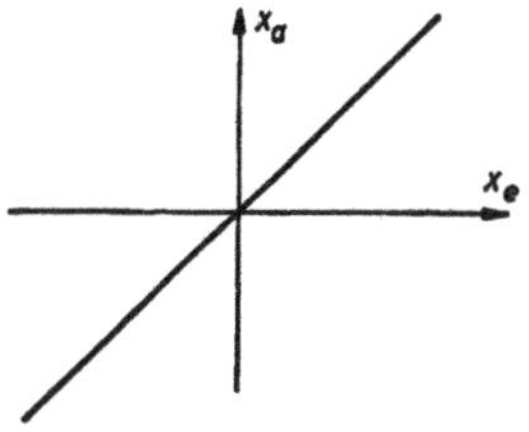

b

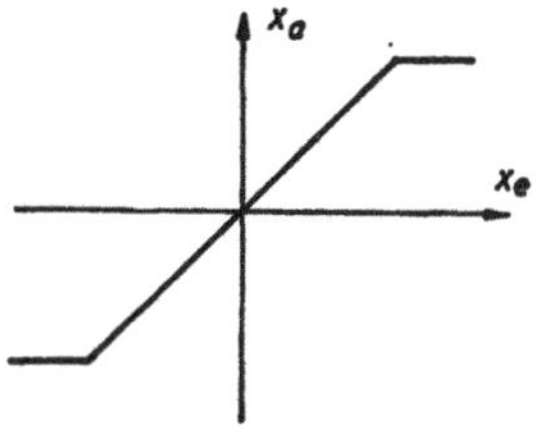

c

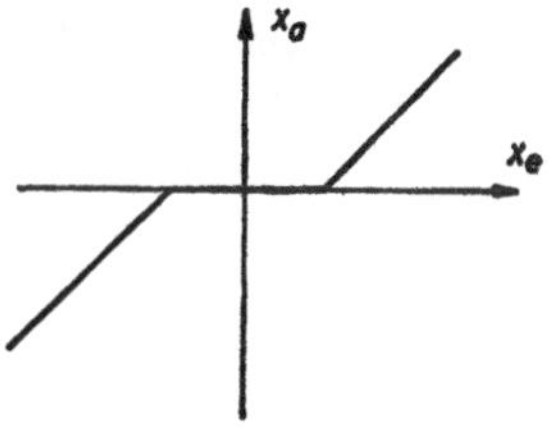

Abb. 20. Statische Kennlinien typischer Übertragungsglieder. x_e — Eingangsgröße, x_a — Ausgangsgröße; *a* — lineare Kennlinie, *b* — Sättigung, Begrenzung, *c* — tote Zone, Schwelle, Ansprechempfindlichkeit.

3.4.2. Das Superpositionsprinzip

Wenn ein Eingangssignal $x_{e1}(t)$ die Antwort $x_{a1}(t)$ hervorruft und ein Eingangssignal $x_{e2}(t)$ die Antwort $x_{a2}(t)$, so ruft in einem linearen Übertragungssystem die gleichzeitige Summe $x_{e1}(t) + x_{e2}(t)$ am Ausgang die Antwort $x_{a1}(t) + x_{a2}(t)$ hervor (Abb. 21). Ein Gegenbeispiel ist ein Übertragungssystem mit Sättigung, in dem ein zweites Eingangssignal einem ersten aufsummiert, keine Antwort mehr hervorruft, sofern man sich schon im Sättigungsgebiet befindet.
Bei der Pupillenregelung (s. Kap. 8.1.) wird näher auf typische biologische Nichtlinearitäten eingegangen.

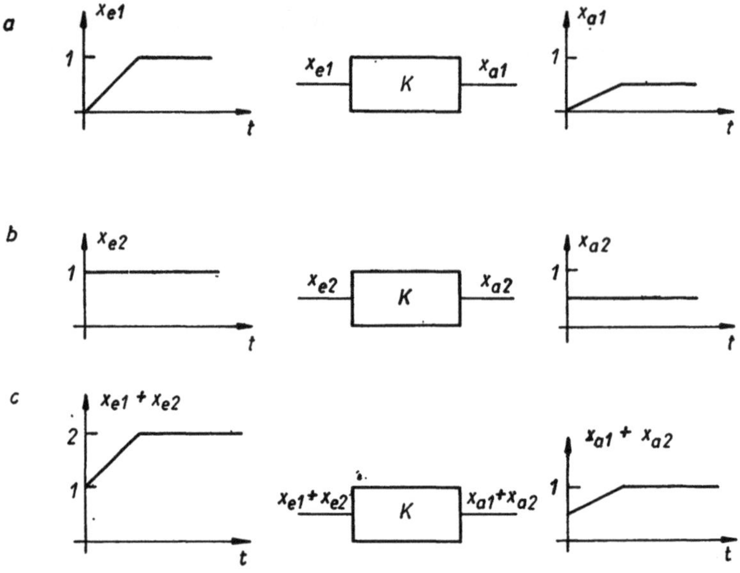

Abb. 21. Beispiel zum Superpositionsprinzip bei einem linearen Übertragungsglied. x_e — Eingangsgröße, x_a — Ausgangsgröße, t — Zeit, K — Übertragungsfaktor; a — x_{e1} ist allein wirksam, b — x_{e2} ist allein wirksam, c — x_{e1} und x_{e2} sind gleichzeitig wirksam.

3.4.3. Testsignale

Die dynamischen Eigenschaften der Übertragungsglieder oder auch eines Systems im ganzen können durch die Eingabe von Testsignalen und gleichzeitiger Registrierung der Antwort erhalten werden. Eine andere Möglichkeit ist die Auswertung der natürlicherweise vorkommenden Signaländerungen [8, 10] mittels der Korrelationsanalyse. Nachteile dabei sind, daß sehr lange Beobachtungszeiten erforderlich sind, für die gerade in der Biologie die Forderung nach in der Zeit unveränderlichen Übertragungseigenschaften, d. h. nach Stationarität, nur schwer zu erfüllen ist [14]. Das gleiche gilt dann auch für stochastische Testsignale.

Es werden allgemein typische Formen von Testsignalen (Abb. 22) verwendet, die sich prinzipiell in periodische, aperiodische und stochastische [8, 10] Signale einteilen lassen.

Derartige Testsignale wurden z. B. zur Analyse des Pupillenregelungssystems (s. Kap. 8.1.) verwendet. In der Medizin spricht man bei der Verwendung von Testsignalen von „Funktionstests“ (s. Kap. 7.7.).

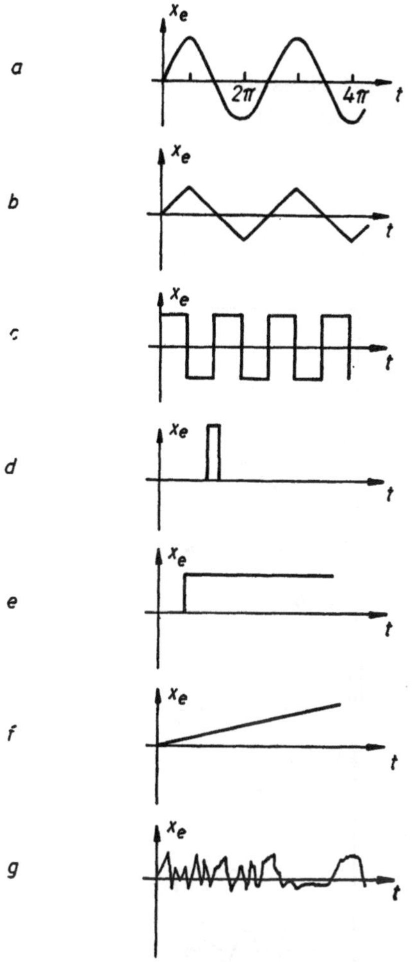

Abb. 22. Häufige Testsignale. x_e — Signalfunktion, t — Zeit; a — Sinusfunktion, b — Dreieckimpulsfolge, c — Rechteckimpulsfolge, d — Impulsfunktion, e — Sprungfunktion, f — Rampenfunktion, g — Rauschen, stochastische Zeitfunktion.

3.4.4. Dynamische Kennlinien linearer Übertragungsglieder

Zur Beschreibung der dynamischen Übertragungseigenschaften von Übertragungssystemen werden häufig besonders die Antworten der Sprungfunktion und der Sinusfunktion ausgewählt. Es ergeben sich daraus die Übergangsfunktion sowie die Ortskurve und die Frequenzkennlinien.

3.4.4.1. Die Übergangsfunktion

Die Übergangsfunktion $h(t)$ ist die Antwort eines linearen Übertragungssystems, bezogen auf eine Sprungfunktion am Eingang. Die Dimension der Übergangsfunktion ist die Dimension des Ausgangssignals, dividiert durch die des Eingangs-

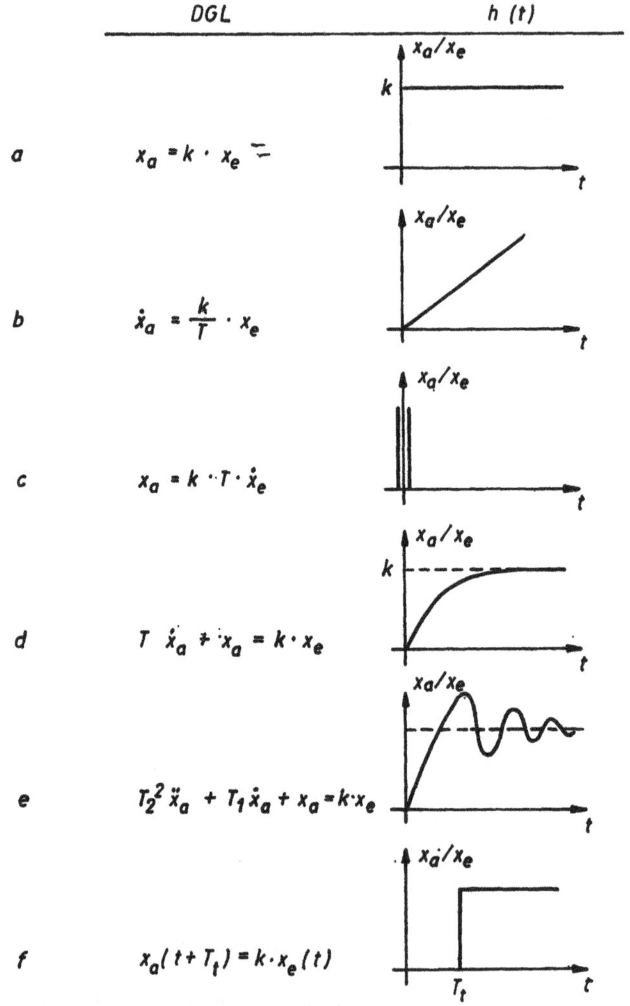

Abb. 23. Differentialgleichung (DGL) und Übergangsfunktion $h(t)$ typischer linearer Übertragungsglieder, x_a — Ausgangsgröße, x_e — Eingangsgröße, T — Zeitkonstante, t — Zeit, K — Konstante; a — proportional wirkendes Übertragungsglied (P — Glied), b — integrierendes Übertragungsglied (I — Glied), c — differenzierendes Übertragungsglied (D — Glied), d — Verzögerungsglied 1. Ordnung, e — Schwingungsglied, f — Totzeitglied.

signals. Dagegen verwendet man die Bezeichnung Sprungantwort, wenn der Sprung am Ausgang des Übertragungssystems nicht auf den Sprung am Eingang bezogen ist. Die Sprungantwort hat damit im Gegensatz zur Übergangsfunktion die Dimension des Ausgangssignals [9]. Abb. 23 zeigt die Übergangsfunktionen einiger Übertragungsglieder zusammen mit den entsprechenden Differentialgleichungen.

3.4.4.2. Die Ortskurve

Eine Sinusfunktion am Eingang eines linearen Übertragungsgliedes ergibt am Ausgang ebenfalls wieder eine Sinusfunktion mit gleicher Frequenz, aber im allgemeinen unterschiedlicher Amplitude und Phase (Abb. 24). Es ist zweckmäßig, die Sinusfunktionen als Projektion eines rotierenden Zeigers in der komplexen Zahlenebene auf die imaginäre Achse aufzufassen, da sich mit *e*-Funktionen, durch die die Zeigerbewegung beschrieben wird, leichter rechnen läßt. Die zu den Sinusfunktionen am Eingang und Ausgang des linearen Übertragungsgliedes

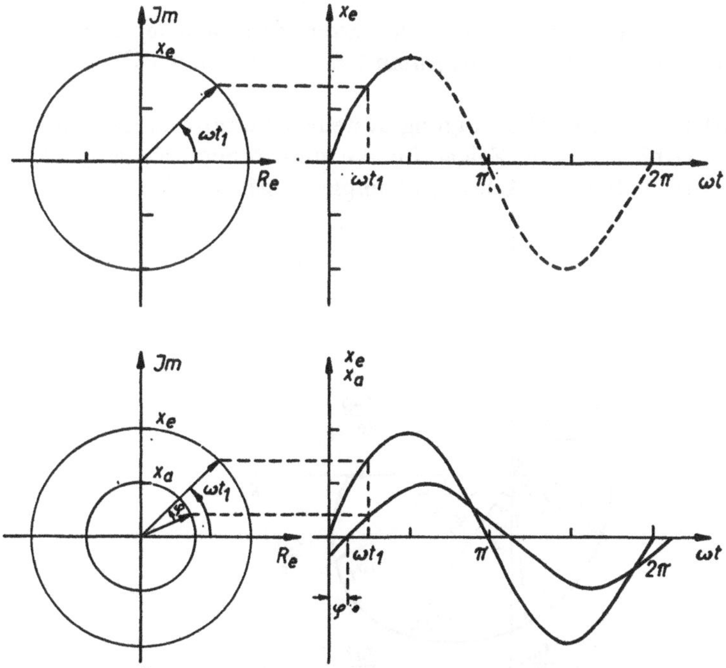

Abb. 24. Beziehung zwischen Sinusschwingung und Zeigerdarstellung bei der Eingangs- und Ausgangsgröße eines linearen Übertragungssystems, t — Zeit, ω — Kreisfrequenz, Im — Imaginärteil, Re — Realteil, x_e — Eingangsgröße, x_a — Ausgangsgröße, φ — Phasenwinkel.

gehörigen Zeiger sollen die Längen X_e und X_a (Abb. 10) besitzen und mit der Winkelgeschwindigkeit ω rotieren. In der Zeit t_1 legen die Zeiger den Winkel $\omega \cdot t_1$ zurück. Der Winkelabstand φ zwischen den Zeigern der Eingangs- und Ausgangszeitfunktion bleibt während der Rotation erhalten. Zur Charakterisierung des Übertragungsverhaltens eines linearen Übertragungsgliedes bei einer bestimmten Frequenz reichen damit das Verhältnis der Amplituden X_e und X_a und der Phasenwinkel φ aus. Die Beziehung zwischen der Sinus- und der e-Funktion folgt aus der EULERschen Formel

$$e^{j\varphi} = \cos\varphi + j\sin\varphi$$

und mit $\varphi = \omega t$ ergibt sich

$$e^{j\omega t} = \cos\omega t + j\sin\omega t.$$

Aus dem Verhältnis der Zeigerfunktionen

$$X_e(j\omega t) = X_e e^{j\omega t} \text{ und } X_a(j\,\omega t) = X_a\, e^{j\omega t+\varphi}$$

erhält man den sog. Frequenzgang

$$F(j\omega) = \frac{X_a(j\omega t)}{X_e(j\omega t)} = \frac{X_a}{X_e}\, e^{j\varphi}.$$

Dieser Frequenzgang wird in der komplexen Zahlenebene dargestellt, wodurch man die Ortskurve (NYQUIST-Diagramm) des betreffenden Übertragungssystems erhält.

Um die Ortskurve eines Übertragungssystems zu ermitteln, geht man folgendermaßen vor (Abb. 25): Der Zeiger für die sinusförmige Eingangsgröße $x_e = X_e \times \sin\omega t$ wird in die reelle Achse der komplexen Ebene gelegt, und bei fester Ein-

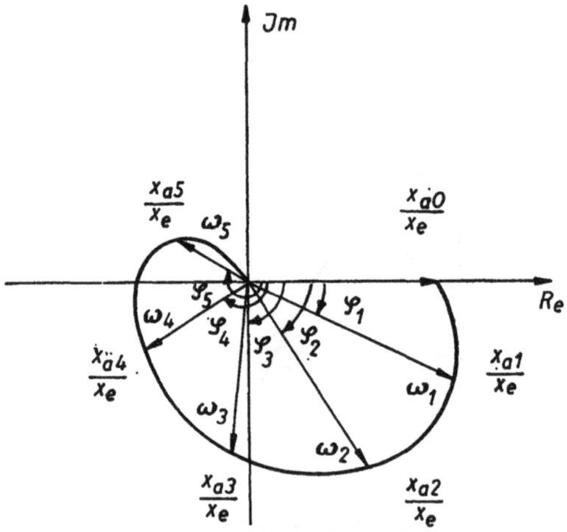

Abb. 25. Entstehung der Ortskurve aus einem Zeigerbild mit den Zeigern $X_{a1}/X_e \ldots X_{a6}/X_e$, ω — Kreisfrequenz, X_e — Eingangsamplitude, X_a — Ausgangsamplitude, φ — Phasenwinkel.

gangsamplitude X_e wird die Kreisfrequenz ω variiert. Für jedes ω von 0 bis ∞ ergibt sich eine sinusförmige Ausgangsgröße $x_a = X_a \cdot \sin(\omega t + \varphi)$, die jeweils unterschiedliche Amplituden X_a und Phasenwinkel φ besitzt. Es wird das Verhältnis der jeweiligen Ausgangs- zur Eingangsamplitude gebildet, und die dazugehörigen Zeiger, deren Länge dem Amplitudenverhältnis und deren Winkel mit der positiven reellen Achse dem Phasenwinkel entspricht, werden in die komplexe

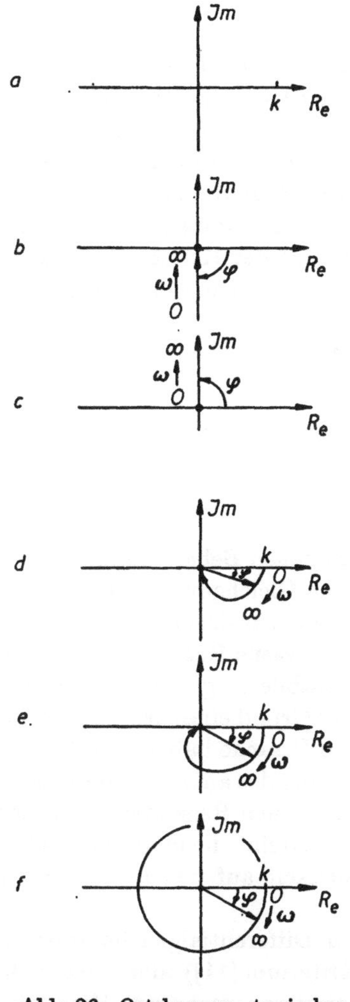

Abb. 26. Ortskurven typischer Übertragungsglieder. Die Größe k bezieht sich auf die entsprechenden Differentialgleichungen von Abb. 23, *Im* — Imaginärteil, *Re* — Realteil, ω — Kreisfrequenz; *a* — P-Glied, *b* — I-Glied, *c* — D-Glied, *d* — Verzögerungsglied erster Ordnung, *e* — Schwingungsglied, *f* — Totzeitglied.

Zahlenebene eingetragen. Man erhält dann ein Zeigerbild, wie es z. B. Abb. 25 zeigt. Durch die Verbindung der Zeigerendpunkte ergibt sich schließlich die Ortskurve. Abb. 26 zeigt Ortskurven einiger häufiger Übertragungsglieder.

3.4.4.3. Die Frequenzkennlinien

Die Frequenzkennlinien, auch als BODE-Diagramm bezeichnet, sind wie die Ortskurve eine graphische Darstellung des Frequenzganges. Die Frequenzkennlinie eines Übertragungssystems setzt sich aus der Amplitudenkennlinie und der Phasenkennlinie zusammen [2]. Die Amplitudenkennlinie erhält man, wenn der Logarithmus des Betrages von $F(j\omega)$ als Funktion des Logarithmus der Kreisfrequenz ω aufgetragen wird. Die Phasenkennlinie erhält man entsprechend, wenn das Argument φ von $F(j\omega)$ als Funktion des Logarithmus der Kreisfrequenz aufgetragen wird. Abb. 27 zeigt die Frequenzkennlinien für einige typische Übertragungsglieder.

3.4.5. Stabilität von Regelkreisen

Ein Regelungssystem ist stabil, wenn es einen neuen Beharrungszustand erreicht, nachdem es durch eine äußere Störung aus dem Gleichgewicht gebracht wurde.
In der Technik besteht die Aufgabe im allgemeinen darin, am aufgeschnittenen Regelkreis zu untersuchen, inwieweit der geschlossene Regelkreis stabil ist. In der Biologie ist der geschlossene stabile oder instabile Regelkreis gegeben, und die Frage besteht darin, ob diese Eigenschaften auf Grund eines bestimmten angenommenen Regelkreises auftreten oder eine andere Ursache haben. Die Beantwortung der Frage ergibt sich wieder aus der Untersuchung des aufgetrennten Regelkreises. Kann aus den Übertragungseigenschaften des offenen Regelkreises abgeleitet werden, daß der geschlossene Regelkreis instabil ist, so sind die ursprünglich festgestellten Schwingungen mit einiger Wahrscheinlichkeit auf den untersuchten Regelkreis zurückzuführen.
Bei der Stabilitätsuntersuchung wird von der Differentialgleichung des geschlossenen Kreises (HURWITZ- oder ROUTHsches Kriterium [11]) oder von der Ortskurve und den Frequenzkennlinien des offenen Kreises ausgegangen. Hier soll nur auf das NYQUIST-Kriterium, das die Ortskurve zum Ausgang nimmt, eingegangen werden. Nach dem NYQUIST-Kriterium wird aus dem Verlauf der Ortskurve des Frequenzganges des aufgeschnittenen Regelkreises auf die Stabilität des geschlossenen Kreises geschlossen. Es sind dabei drei Fälle zu unterscheiden, wie sie

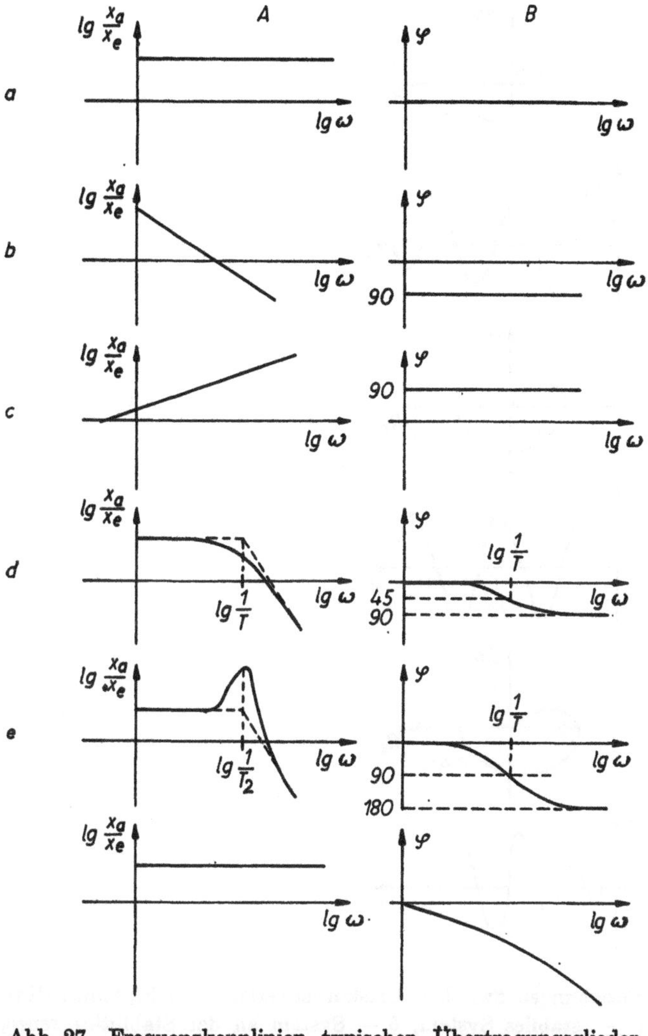

Abb. 27. Frequenzkennlinien typischer Übertragungsglieder. Die Größen k, T und T_2 beziehen sich auf die entsprechenden Differentialgleichungen von Abb. 23, *A* — Amplitudenkennlinie, *B* — Phasenkennlinie, *a* — P-Glied, *b* — I-Glied, *c* — D-Glied, *d* — Verzögerungsglied erster Ordnung, *e* — Schwingungsglied, *f* — Totzeitglied.

Abb. 28 zeigt, je nachdem ob der kritische Punkt $(-1, j\,0)$ in der komplexen Zahlenebene von der Ortskurve umschlossen wird, auf der Ortskurve liegt oder außerhalb von ihr bleibt. Stabilität liegt nur im letzten Fall vor. In den anderen beiden Fällen tritt eine aufklingende Schwingung bzw. eine Schwingung konstanter Amplitude auf.

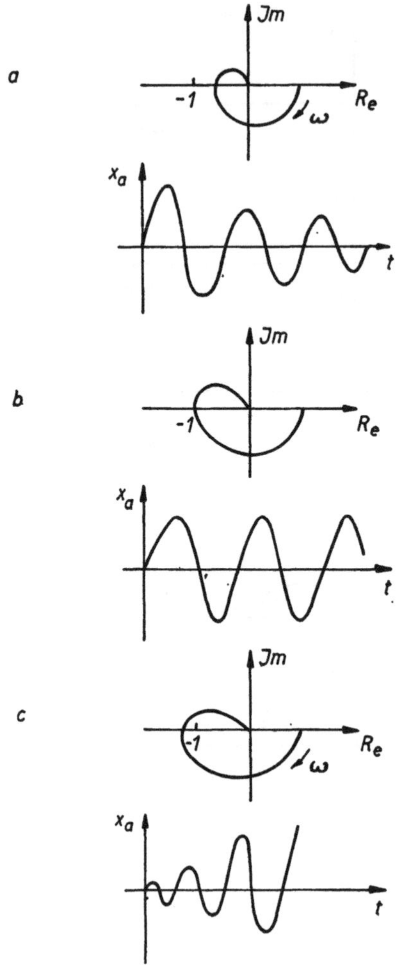

Abb. 28. Beziehungen zwischen Ortskurvenverlauf und Stabilität (Nyquist-Kriterium), *a* — stabiles System, *b* — System an der Stabilitätsgrenze, *c* — instabiles System, $x_a(t)$ stellt jeweilig den Verlauf der Ausgangsgröße bei einer impulsförmigen Störung dar.

3.4.6. *Gütekriterien*

Die Wahl eines Gütekriteriums für eine Regelung hängt davon ab, welchem Zweck die Regelung dient. Häufig werden sog. Integralkriterien verwendet, die von der Fläche ausgehen, die ein Übergangs- oder Ausgleichsvorgang mit der Zeitachse oder einer anderen zweckmäßig gewählten Linie umschließt (Abb. 29). Das Kriterium, das von einer linearen Regelfläche ausgeht, hat dabei den Nachteil, daß ein aperiodischer Vorgang vorausgesetzt werden muß, und es wird darum häufig das Quadrat der Regelfläche als Maß für die Güte der Regelung gewählt.

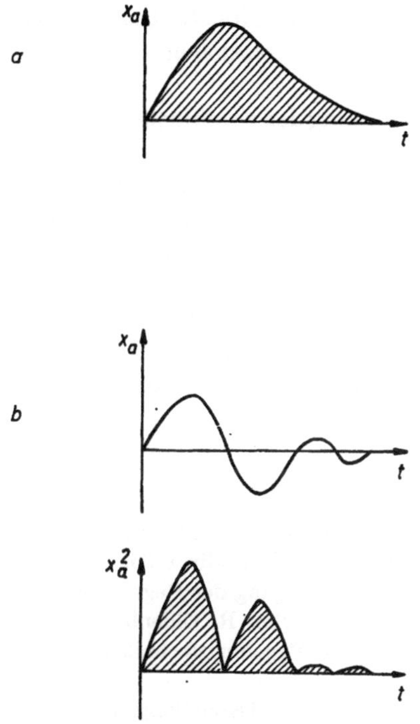

Abb. 29. Lineare und quadratische Regelfläche bei impulsförmiger Störung. *a* — schraffiert: lineare Regelfläche entsprechend $F_l = \int_0^\infty x_a(t)\,dt$ der Funktion, $x_a(t)$, *b* — schraffiert: quadratische Regelfläche entsprechend $F_q = \int_0^\infty x_a^2(t)\,dt$ der Funktion $x_a(t)$.

3.5. Zusammenfassung

Die Begriffe, die in der Regelungstheorie entwickelt wurden, haben sich in der Biologie in vielen Fällen als geeignet erwiesen, eine adäquate Beschreibung zu erreichen. Das ist nicht so überraschend, sind doch die meisten technischen Regelungssysteme aufgebaut worden, Vorgänge zu regeln, die in entsprechender Weise auch in der Biologie auftreten. Als Beispiele seien nur die zielverfolgenden Systeme genannt und Halteregelungen, durch die in der Technik Drücke, Temperaturen, Massen- und Energieflüsse konstant gehalten werden. Aus ersterem folgte für

Wiener [13] bei der Konstruktion eines zielverfolgenden Systems der Anstoß, den Begriff „Kybernetik" zu prägen, nachdem er im Kontakt mit Physiologen festgestellt hatte, daß bei der Greifbewegung des Menschen die gleichen Störungen auftreten können, wie in seinem technischen System. Das zweite findet seine biologischen Entsprechungen in den Regelungen zur Konstanthaltung von Größen wie Temperatur und Blutdruck, von Stoffkonzentrationen und Stoffmengen im Körper.
Trotz des oben Gesagten steckt die Anwendung der regelungstechnischen Begriffe auf biologische Systeme noch in den Anfängen, was nicht zuletzt durch die noch häufig von der Tradition bestimmte Ausbildung bedingt ist. Dieser Abschnitt ist darum auch nicht nur zur Ergänzung der weiteren Texte gedacht, sondern soll auch anregen, durch das Studium der entsprechenden Literatur neue Anwendungsmöglichkeiten des vorhandenen regelungstheoretischen Werkzeuges zur besseren Lösung vieler biologischer Probleme zu finden. Die Nennung der Literatur im Text ist zum Teil unvollständig, da es sich bei der angegebenen Literatur, die keinen Anspruch auf Vollständigkeit erhebt, meistens um zusammenfassende Lehrbücher handelt.

Literatur

1. Bär, D. und H. Fuchs: Kleines Lexikon der Steuer- und Regelungstechnik. Reihe Automatisierungstechnik Nr. 40, VEB Verlag Technik, Berlin 1965.
2. Gille, J. C., M. Pelegrin und P. Decaulne: Lehrgang der Regelungstechnik. Band I: Theorie der Regelungen. VEB Verlag Technik, Berlin, R. Oldenbourg, München 1960.
3. Göldner, K.: Mathematische Grundlagen für Regelungstechniker. VEB Fachbuchverlag, Leipzig 1968.
4. Lange, F. H.: Signale und Systeme. Band I: Spektrale Darstellung. VEB Verlag Technik, Berlin 1965.
5. Merz, L.: Grundkurs der Regelungstechnik. Einführung in die praktischen und theoretischen Methoden. R. Oldenbourg, München und Wien 1967.
6. Milhorn, H. T.: The application of control theory to physiological systems. W. B. Saunders Company, Philadelphia, London 1966.
7. Oppelt, W.: Kleines Handbuch technischer Regelvorgänge. VEB Verlag Technik, Berlin 1967.
8. Schlitt, H.: Stochastische Vorgänge in linearen und nichtlinearen Regelkreisen. VEB Verlag Technik, Berlin 1968.
9. Schwarze, G.: Regelungstechnik für Praktiker. Formeln — Kurven — Tabellen. Reihe Automatisierungstechnik Nr. 50. VEB Verlag Technik, Berlin 1966.
10. Solodownikow, W. W.: Einführung in die statistische Dynamik linearer Regelungssysteme. VEB Verlag Technik, Berlin, R. Oldenbourg, München und Wien 1963.
11. Truxal, J. G.: Entwurf automatischer Regelsysteme. R. Oldenbourg, München und Wien 1960.
12. Unbehauen, R.: Systemtheorie. Eine Einführung für Ingenieure. Akademie-Verlag, Berlin 1970.
13. Wiener, N.: Mathematik — Mein Leben. Frankfurt a. M. und Hamburg 1965 (S. 207).
14. Wilfert, H.-H.: Signal- und Frequenzganganalyse an stark gestörten Systemen. VEB Verlag Technik, Berlin 1969.

4

SPEICHERUNG UND ÜBERTRAGUNG GENETISCHER INFORMATION

Die wesentlichsten Aufgaben der Erbsubstanz sind:

1. Die Speicherung der genetischen Information,
2. ihre identische Replikation, d. h. die Fähigkeit, im Rhythmus der Zellteilung und der Fortpflanzung unveränderte Abbilder ihrer selbst zu schaffen, und
3. die Übertragung der Information auf die Funktionsstrukturen der Zelle, d. h. die Realisierung der genetischen Information in der Bildung der entsprechenden Eiweiße.

4.1. Speicherung der genetischen Information

Die Erbanlagen des Organismus befinden sich vorwiegend in den Kernschleifen (Chromosomen) der Zellkerne. Die Chromosomen können über sogenannte Keimbahnzellen nach vorheriger Teilung an Geschlechtszellen (Gameten) weitergegeben werden, die nach Verschmelzung mit andersgeschlechtigen Gameten die befruchtete Eizelle (Zygote) und damit den Ursprung eines neuen Organismus bilden, in dem jede Zelle wieder alle Erbanlagen enthält.
Seit 1944 wissen wir, daß die Erbfaktoren oder Gene in den Chromosomen eine molekulare Grundlage haben. Träger der Erbinformation sind die Riesenmoleküle der *Desoxyribonucleinsäure* (DNS). Ausnahmen bilden einige Viren, z. B. die Erreger von Kinderlähmung, Grippe und Schnupfen, bei denen die Information in Ribonucleinsäuremolekülen (RNS) gespeichert wird. Beide Nucleinsäuren bestehen aus einer langen Kette von Grundbausteinen, den Nucleotiden. Ein Nucleotid ist aus einer stickstoffhaltigen Base, einem Zucker (Desoxyribose im Falle der DNS, Ribose in der RNS) und Phosphorsäure zusammengesetzt. Während der Zucker und die Phosphorsäure konstante Bausteine jedes Nucleotids sind, kann die Base entweder Adenin [A), Guanin (G), Cytosin (C) oder Thymin (T) sein. Damit kann die Information nur in der linearen Anordnung der vier Basen verschlüsselt sein.

Die Ribonucleinsäure enthält anstelle der Base Thymin die Base Uracil. Drei Arten von Ribonucleinsäuren, die Boten-RNS (messenger-RNS, mRNS), die ribosomale RNS (rRNS) und die Transport-RNS (tRNS), spielen bei der Informationsübertragung und Proteinsynthese eine essentielle Rolle.

Entsprechend einem von den Nobelpreisträgern WATSON und CRICK 1953 aufgestellten Modell ist die genetische Information in der Reihenfolge der wie Sprossen einer Leiter angeordneten Basen zweier Desoxyribonucleinsäuremoleküle enthalten, die sich gegenläufig zu einer Doppelhelix schraubenförmig umeinanderwinden (Abb. 30). Die Basen des einen Polynucleotidstranges sind mit den Basen des anderen, komplementären Stranges über Wasserstoffbrücken, und zwar zwischen A und T sowie G und C, verbunden.

Am Rande sei vermerkt, daß die als Informationsspeicher dienende Nucleinsäure bei den Viren als lineares oder ringförmiges, ein- oder zweisträngiges Molekül vorliegen kann, das aus etwa 10^5 Nucleotiden bzw. Nucleotidpaaren besteht. Bei den Bakterien ist der Erbträger ein ringförmiges zweisträngiges DNS-Molekül aus etwa 10^7 Nucleotidpaaren, das zu einem Kernäquivalent (Nucleoid) aufgeknäult ist. Bei Ein- und Mehrzellern mit Zellkernen (Eukaryoten) befindet sich der größte Teil der Erbinformation in den Chromosomen, der kleinere Teil in Zellorganellen (Plastiden, Mitochondrien). In einigen Zellorganellen hat man auch hier ringförmige Doppelhelix-DNS-Moleküle gefunden.

4.2. Die Replikation der DNS

Infolge der Fähigkeit der DNS zur identischen Verdopplung wird die genetische Information von Zelle zu Zelle und auf die Nachkommenschaft übertragen, d. h. die Replikation ist die Ursache der Vererbung. Ihr Mechanismus besteht darin, daß die beiden komplementär gemusterten Polynucleotidstränge fortschreitend von einem Punkt aus nach dem y-Schema getrennt werden und an jedem der beiden frei gewordenen Enden durch Anreihung von Bausteinen ein neuer Strang mit komplementärem Basenmuster angelegt wird. Das „Bein" des y stellt dabei die Original-Doppelhelix, die beiden „Arme" die entstehenden Tochter-Doppelhelices dar. Diese „semikonservative" Replikation wird durch ein komplexes Enzym (Biokatalysator), die Replikase, vollzogen. Die stark vereinfachte Darstellung darf nicht darüber hinwegtäuschen, daß der Vermehrungsmechanismus der DNS noch nicht völlig aufgeklärt ist.

4.3. Übertragung von Information und Eiweißsynthese

Alle natürlichen Eiweiße (Proteine) bestehen aus höchstens 20 verschiedenen Bausteinen (Aminosäuren), die in unterschiedlicher Häufigkeit zu einem langen Kettenmolekül (Peptid) verbunden sind. Erst ein oder mehrere spiralig gewundene und mannigfach gefaltete Kettenmoleküle ergeben die dreidimensionale Tertiär- und Quartärstruktur des fertigen Proteins. Eiweiße haben im Organismus im wesentlichen zwei Funktionen als

1. Funktionseiweiß (Enzym)
2. Struktureiweiß (wichtigste Baustoffe).

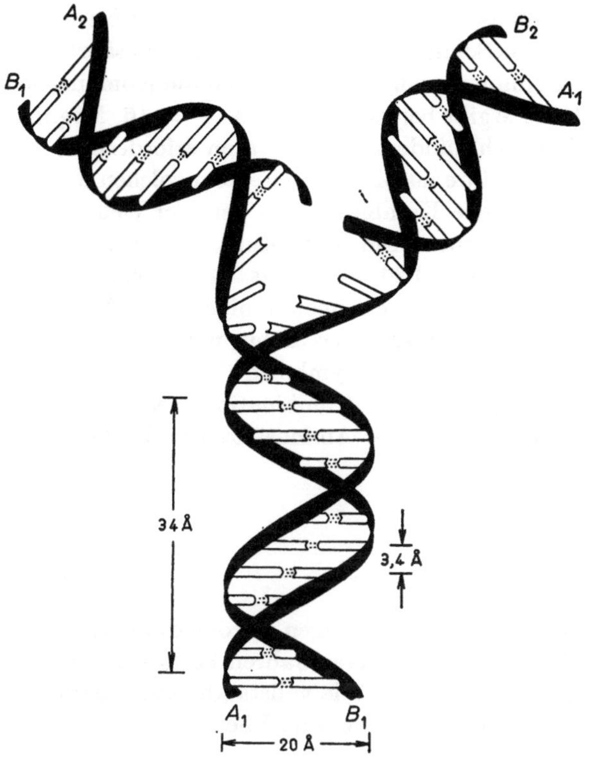

Abb. 30. Replikation (Verdopplung) der DNS-Doppelhelix entsprechend dem Modell von WATSON und CRICK.
Die Bänder symbolisieren die Zucker-Phosphor-Rückgrate der zwei Polynucleotidstränge, die waagerechten Sprossen bezeichnen die komplementären Basen.

Der Informationszusammenhang zwischen der DNS und den Merkmalen des Organismus besteht darin, daß die Basensequenz der DNS die Reihenfolge der Aminosäuren im Peptid und damit die Struktur und Funktion der Eiweiße bestimmt.

4.3.1. Das Codierungsproblem

Wie können nun die vier Grundbausteine A, T, G, C die 20 natürlichen Aminosäuren der Proteine determinieren? Wie viele Nucleotide sind notwendig, um den Einbau einer Aminosäure innerhalb eines Peptids festzulegen?
Wir kennen die Lösung eines ähnlichen Problems. Die aus drei Zeichen (Strich — Punkt — Zwischenraum) bestehende Morseschrift (vergleichbar dem genetischen Code) kann in unsere 26 Buchstaben umfassende Schriftsprache (vergleichbar einer Aminosäurefolge) übersetzt werden. Mit Hilfe des Morsealphabets kann die Infor-

mation unseres gesamten Wissens gespeichert werden. Wenn bei jeweils vier verfügbaren Basen *eine* Base das Schlüsselzeichen für eine Aminosäure wäre, könnten alle Eiweiße nur aus vier Aminosäuren bestehen. Auch die Kombination von zwei Basen zu einem Duplett-Code gibt bei vier Basen nur $4^2 = 16$ Möglichkeiten. Bei 20 Aminosäuren sind demnach mindestens *drei* Basen erforderlich, um den Code für den Einbau einer Aminosäure zu bilden. Bei einem solchen Triplett-Code ergeben sich $4^3 = 64$ verschiedene Kombinationen der vier elementaren Zeichen. Informationstheoretisch gesprochen: Ein Nucleotid trägt die Informationsmenge $\text{ld}\,4 = 2$ bit, eine Aminosäure $\text{ld}\,20 = 4{,}32$ bit. Zwei Nucleotide enthalten $2\,\text{ld}\,4 = 4$ bit an Information, also immer noch weniger als 4,32 bit. Ein Schlüsselwort aus drei Buchstaben enthält mehr als 4,32 bit, nämlich $3\,\text{ld}\,4 = 6$ bit entsprechend dem Elementarvorrat von 2^6 Symbolen (Tripletts). Die informationstheoretische Überlegung zeigt, daß erst Kombinationen von je drei Basen eine geeignete Codierung für den Einbau der Aminosäuren in die Peptidstruktur bilden.

4.3.2. Der genetische Code

Die vor Jahrzehnten angestellten Überlegungen wurden durch den biochemischen Nachweis eines *Triplett-Codes* in den letzten Jahren bestätigt. 1966 waren sämtliche Kombinationen ermittelt und der Code vollständig aufgeklärt. So entspricht z. B. das Triplett (Codon) UUU der Aminosäure Phenylalanin und UGC der Aminosäure Arginin.

Der diskontinuierliche Triplett-Code ist nicht überlappend. Je drei aufeinanderfolgende Basen bzw. Nucleotide in der linearen Sequenz der DNS bilden das Signal für den Einbau einer bestimmten Aminosäure in die wachsende Polypeptidkette. Allerdings wird die in der DNS enthaltene Information nicht direkt, sondern vermittels einer Boten-RNS aus dem Kern in das Zellplasma übertragen.

Entsprechend den 4^3 Kombinationsmöglichkeiten wird der Einbau einer Aminosäure zumeist von mehreren Tripletts codiert; man bezeichnet den Code als „*degeneriert*".

Zum Beispiel wird die Aminosäure Histidin durch die Symbole CAU oder CAC determiniert, und Valin wird eingebaut, wenn beim Ablesen der Boten-RNS Codeworte erscheinen, die neben GU als drittes Zeichen eines der vier Basen haben.

Synonyme Codons, d. h. Tripletts, welche die gleiche Aminosäure codieren, haben im allgemeinen die gleichen Nucleotide in erster und zweiter Position. Es stellt sich die Frage, ob z. B. für die Aminosäure Serin alle sechs Codons gleichermaßen verwendet werden, oder ob normalerweise nur ein Codon in Gebrauch ist und die anderen fünf in Reserve bleiben. Es gibt Hinweise auf solche bevorzugte und andererseits „Reserve-Codons".

Für drei Tripletts gibt es keine entsprechende Aminosäure, nämlich für UAA („ochre"-Triplett) UAG („amber"-Triplett) und wahrscheinlich auch für UGA.

Mit großer Wahrscheinlichkeit dient nur das Codon UAA als natürliches *Stopsignal*. Die beiden anderen Tripletts scheinen dagegen nur durch Basenaustausch-Mutationen und durch Verschiebung des Leserahmens als Folge von Rastermutationen zu entstehen (siehe 4.4. Mutation).
Wenn also eines dieser Symbole in der Sequenz der mRNS erscheint, wird keine Aminosäure eingebaut. Diese in der Biochemie als „sinnlos" oder „nonsense Codons" bezeichneten Tripletts scheinen das Ende einer Polypeptidkette zu signalisieren und damit die Interpunktion im genetischen Code zu bilden. Ein solches Satzzeichen ist notwendig, weil in vielen Fällen ein mRNS-Molekül nicht nur die Information für ein Peptid bzw. Protein enthält, sondern gleich für mehrere, meist im Stoffwechsel zusammengehörige Enzyme. Die Enzyme zum Beispiel, die für die Bildung von Histidin benötigt werden, liegen in der DNS eng beisammen und bilden eine genetische Einheit, das „Histidin-Operon" (ein Operon besteht im wesentlichen aus mehreren Strukturgenen oder Cistronen und einem Operatorgen; siehe folgendes Kapitel). Die mRNS ist in diesem Falle eine poly-cistronische mRNS; sie enthält die Information für alle 10 Enzyme.
Der Code wird gerichtet übertragen. Anfang und Ende des Codes sind durch spezifische Codons markiert.
Es wurde an Viren und Bakterien gefunden, daß die Tripletts AUG und GUG am Anfang einer Nucleotidkette als *Startcodons* für das exakte Ablesen des Codes sorgen. Die Startcodons codieren eine spezielle Start-Aminoacyl-tRNS, nämlich N-Formylmethionyl-tRNS, und bringen damit den Ableseraster in Phase. Anschließend wird entlang der ganzen Nucleotidsequenz Triplett für Triplett „gelesen" und in eine Aminosäuresequenz übersetzt. Beim Stopcodon oder „Punktzeichen" ist das Peptid vollständig codiert. Die vom Codon AUG und GUG determinierte Aminosäure wird später als nicht zur Nachricht gehörend wieder abgespalten.
Die von den Codons AUG und GUG übertragene Information ist insofern *zweideutig*, als sie von ihrer Stellung innerhalb der Nucleotidsequenz abhängt. Als Startsymbole fungieren sie nur dann, wenn sie am Anfang der Sequenz stehen. Treten sie innerhalb der Nucleotidreihe auf, dann bildet AUG das Symbol für die Aminosäure Methionin und GUG codiert Valin.
Es gibt noch einige andere Beispiele für die Einschränkung der Eindeutigkeit bei der Übertragung der Information zugunsten einer größeren Freizügigkeit (z. B. bei der Codon-Anticodon-Paarung).
Der einmal in der Entwicklungsgeschichte des Lebens entstandene und überraschend einfache Code aus vier Chiffren (vier Basen) wurde allgemein beibehalten, so daß die Vielfalt der erblichen Eigenschaften von Menschen, Tieren, Pflanzen, Bakterien und Viren auf den Unterschieden in der Reihenfolge von A, T, G und C innerhalb der Polynucleotid-Kettenmoleküle beruht.
Von der Übereinstimmung der Grundstrukturen der Erbsubstanz leitet man die Berechtigung ab, an einfachen Lebewesen gewonnene Erkenntnisse mit gewissen Einschränkungen auf komplizierte Organismen einschließlich des Menschen zu übertragen.

4.3.3. Umcodierung und Proteinsynthese

Die Übertragung der Information von der DNS auf das zu synthetisierende Eiweiß erfolgt über zwei Umcodierungen

a) die Transkription (DNS → mRNS)

b) die Translation (mRNS → Aminosäurekette = Peptid)

Die mRNS wird nach einem Abdruckverfahren an einem Strang der DNS gebildet, die Information in der DNS also auf die Boten-RNS „überschrieben" (Transkription), wobei ein Enzym (RNS-Polymerase oder Transkriptase) ähnlich arbeitet wie das der Replikation (bei den „RNS-Viren" sind Replikation und Transkription anscheinend identisch und werden wahrscheinlich vom gleichen Enzym besorgt). Die mRNS enthält ein komplementäres Basenmuster, wobei jedoch anstelle von T die Base U steht.

Die Übertragung (Translation) der in der mRNS befindlichen „Botschaft" in die Aminosäuresequenz des zugehörigen Proteins geschieht zum großen Teil im Zellplasma, und zwar an den Ribosomen, wo sich die mRNS nach ihrem Austritt aus dem Zellkern anlagert. Mehrere (bis über 100) dieser Doppelkügelchen aus Protein und ribosomaler RNS, die sich am endoplasmatischen Retikulum befinden, werden von einem Molekül mRNS perlschnurartig aufgereiht.

Um eine Aminosäure an die richtige Stelle zu bringen, wird noch ein Transportmittel benötigt. Diese Funktion wird von einer Transport-Ribonucleinsäure (tRNS) übernommen. Die relativ kleinen tRNS-Moleküle sind in sich zurückgefaltet, so daß die Form eines Kleeblatts mit Stiel entsteht. Jede tRNS trägt einerseits eine bestimmte Aminosäure, andererseits das zugehörige Triplett („Anticodon"), das zu dem entsprechenden Codon der mRNS komplementär ist. Die Kopplung von Aminosäure und tRNS wird von spezifischen Enzymen vollzogen. Die mit jeweils einer Aminosäure verknüpften tRNS-Moleküle reihen sich an der mRNS entsprechend der in dieser vorliegenden Triplettfolge aneinander, so daß nach Knüpfung der Peptidbindung die Aminosäuresequenz des Proteins entsteht (Abb. 31). Die Ablesung der mRNS erfolgt immer von einem definierten Kettenende her. Dementsprechend wird auch die Polypeptidkette schrittweise aufgebaut, und zwar beginnend mit dem Aminoende in Richtung auf das Carboxylende des Peptids fortschreitend.

4.4. Mutation

Mit der Replikation, Transkription und Translation sind die entscheidenden Grundprozesse der genetischen Informationsübertragung erfaßt. Auch die Grundprozesse des Erbwandels gehen einer Klärung entgegen. Die Mutationen werden als replizierbare Änderungen der Basensequenz der DNS verstanden. Es genügt oft für die Auslösung einer Mutation, wenn eine einzige Base in einem Gen chemisch verändert wird. Führt das bei einer folgenden Replikation zum Einbau einer komplementären neuen Base, so ist die Mutation perfekt. Die abgewandelte genetische Information wird durch die Generationen weitergegeben. Eine solche Basenaustausch- oder Punktmutation führt zum Austausch einer einzigen Aminosäure („Missens-Codon") oder — in seltenen Fällen — zum Abbruch der Proteinsynthese („Nonsens-Codon"). Wird eine Aminosäure ausgetauscht, dann kann die katalytische Aktivität eines Enzyms beeinflußt und die Mutation im Phänotyp (Erscheinungsbild) des Organismus manifestiert werden. Allerdings führt nur ein kleiner

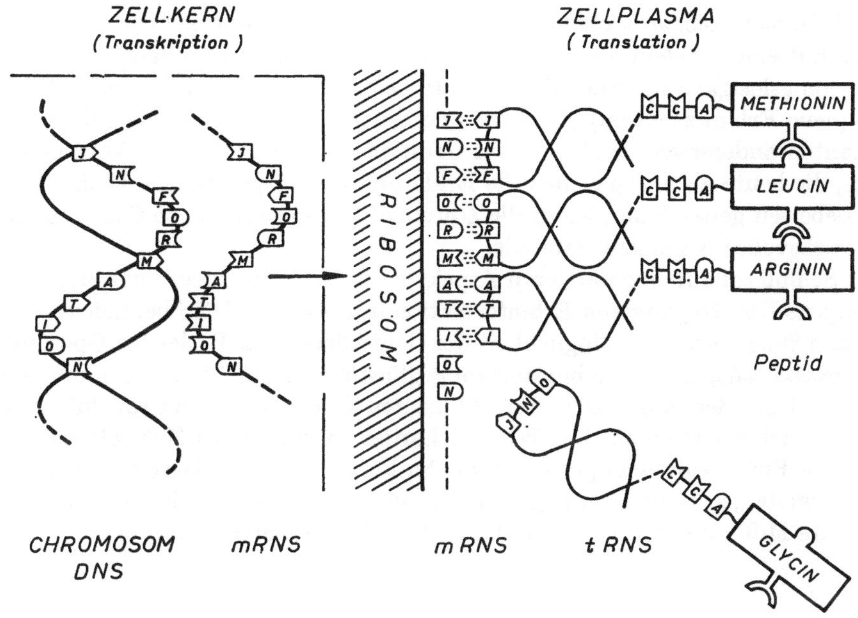

Abb. 31. Schema der Transkription und Translation der genetischen Information in einer kernhaltigen Zelle. Der Einfachheit halber ist die alte Darstellungsweise der tRNS als Einstrangspirale beibehalten.

Teil solcher Punktmutationen mit geringfügiger Änderung des Codes zu Funktionsänderungen des Enzyms; viele bleiben als „Intraphänmutationen" unbemerkt, da nur ein Teil der Aminosäurepositionen in einem Protein für die Funktion wesentlich ist. Bei der Replikation der DNS können gelegentlich auch Fehler unterlaufen. So können eine oder mehrere Basen übersprungen werden, was zu sogenannten „Deletions-Mutanten" führt, oder es werden Basen doppelt abgelesen, wobei eine Kette mit zusätzlich eingeschobenen Nucleotiden, sogenannten „Insertions-Mutanten" entsteht. Eine Insertion oder Deletion von ein oder zwei Nucleotiden in der Sequenz eines DNS Abschnittes führt dazu, daß die Information bis zur Mutationsstelle richtig abgelesen und übersetzt wird, daß aber hinter der Mutationsstelle der Ableseraster verschoben ist, womit von dort an völlig falsche Aminosäuren eingebaut werden. Das führt natürlich zu einem inaktiven Protein. Betrifft die Mutation jedoch drei Nucleotide, dann ist der Ableseraster hinter der Mutationsstelle wieder in Phase. Bis auf eine eingeschobene oder fehlende Aminosäure ist die Aminosäure-Sequenz normal.

Schließlich kann es vorkommen, daß ein Baseneinschub und ein folgender Basenverlust sich kompensieren. So kann eine Rastermutation vom Insertions-Typ dadurch aufgehoben werden, daß in der Nähe eine zweite Rastermutation vom Deletions-Typ auftritt. Bis auf den Bereich zwischen beiden Mutationsstellen erfolgt eine normale Informationsübertragung.

Die Molekularbiologie macht verständlich, warum eine Mutation nicht notwendigerweise mit einem Selektionsvorteil für den Organismus verbunden sein muß. Die Beziehungslosigkeit zwischen dem Selektionsdruck und den auftretenden Mutationen (neue Erbinformation) einerseits und die gerichtete natürliche Selektion von Mutanten andererseits sind die zwei Grundpfeiler der modernen Abstammungslehre, die heute als einzige sinnvolle Erklärung für die prinzipielle Einheitlichkeit der Lebewelt gelten kann, wofür die *Universalität* des genetischen Codes ein neues, eindrucksvolles Argument darstellt.

Zum Schluß sei auf einen anderen Aspekt verwiesen. Die neuerdings anscheinend gelungene Übertragung von Erbinformation in Form von DNS bei höheren Pflanzen und Säugetieren, die Möglichkeit der Genisolierung (z. B. des lac-Operons von *Escherichia coli*), die im Laboratorium geglückte Synthese von Genen und Eiweißen mit Hilfe der in der DNS verschlüsselten Information sind revolutionierend und zugleich alarmierend. Der Wissenschaftler kann in naher Zukunft erneut vor kritische Entscheidungen gestellt sein. Es können sich großartige Anwendungsmöglichkeiten, z. B. im Kampf gegen Hunger und Krankheit, aber auch unverantwortbare Mißbräuche der wissenschaftlichen Befunde ergeben.

Literatur

BIELKA, H.: Molekulare Biologie der Zelle. Fischer, Jena 1969.

BRESCH, C.: Klassische und molekulare Genetik. Springer, Berlin 1965

DELBRÜCK, M.: Die Vererbungschemie. Naturw. Rdsch. 16 (1963), 85—86.

DELLWEG, H.: Puzzle-Spiel mit dem genetischen Code. Naturw. Rdsch. 22 (1969), 252—257.

FUHRMANN, W.: Die Regulation der Genaktivität. Naturw. Rdsch. 21 (1968), 1—8.

FÜLLER, H.: Zellen — Bausteine des Lebens. Urania-Verlag Leipzig, 1970.

GEISSLER, E.: Desoxyribonucleinsäure — Schlüssel des Lebens — Akademie-Verlag Berlin, 1970.

GÜNTHER, E.: Grundriß der Genetik. Fischer, Jena 1969.

KAPLAN, R. W.: Molekularbiologische Probleme der Lebensentstehung. Naturwissenschaften 55 (1968), 97—104.

MOTHES, K.: Zur Problematik der gegenwärtigen Biologie. Johann Ambrosius Barth, Leipzig 1967.

OCHOA, S.: Translation of the genetic message. Naturwissenschaften 55 (1968), 505—514.

WATSON, J. D., und F. H. CRICK: Nature 171 (1953), a) 737, b) 964.

5

STOFFWECHSELREGULATION

5.1. Einführung

Die in der Basensequenz bzw. Nucleotidfolge der Desocyribonucleinsäure (DNS) festgelegte Information determiniert über eine zweifache Umcodierung die Eiweißsynthese der Zellen. Es erhebt sich nun die Frage, ob alle synthetisierbaren Eiweiße in jeder Zelle eines Organismus gleichzeitig gebildet werden, also ob die gesamte Information zu jedem Zeitpunkt vollständig umcodiert und übertragen wird, oder ob es ein geordnetes zeitliches Nacheinander der Bildung jeweils notwendiger Eiweiße gibt?

Wie wir wissen, hat eine Nervenzelle eine andere Funktion als eine Leberzelle, Nierenzelle oder Hautzelle. Dafür kann aber nicht ein Unterschied in der genetisch gespeicherten Information verantwortlich sein, denn alle Zellen des Körpers sind durch Zellteilung aus einer Eizelle hervorgegangen und haben damit die gleiche Gengarnitur. Prinzipiell wäre jede Körperzelle imstande, den gesamten Organismus aufzubauen. Es muß also die Spezifität darauf beruhen, daß in verschiedenen Geweben neben allgemein wichtigen auch unterschiedliche Struktur- und Funktionseiweiße hergestellt werden. Die Entwicklungsgeschichte vom Ei über einen Zellhaufen und Blasenkeim usw. bis zu differenzierten Organen und dem vollständigen Tier wird durch einen phasengerechten, sich wandelnden Informationsfluß gesteuert. Es werden niemals alle Gene bzw. die gesamte DNS einer Zelle zu einem bestimmten Zeitpunkt transkribiert, sondern nur ein Teil. Diese Erkenntnis liefert uns neben der Molekulargenetik bzw. Biochemie auch die Zellenlehre. Schon sehr früh fiel auf, daß an lichtmikroskopisch gut sichtbaren Riesenchromosomen von Insekten bestimmte Bezirke aufgelockert und aufgebläht und offensichtlich „aktiv" waren. An diesen Bereichen (Puffs) fand man auch reichlich Ribonucleinsäuren (mRNS), d. h. hier wurde die Transkription auf die Boten-RNS vorgenommen. Betrachtet man Chromosomen eines Gewebes zu verschiedenen Zeitpunkten der embryonalen Entwicklung oder Zellen aus verschiedenen Geweben, so wird man jeweils ein unterschiedliches Verteilungsmuster der Puffs wahrnehmen. Es liegt also ein zeitlicher und örtlicher Auswahlmechanismus für die Aktivität bestimmter Gene vor. Wie erfolgt nun die *zeitliche Regulation der Informationsübertragung*? Diese Frage schließt ein, daß nicht nur eine Steuerung, also eine gerichtete Einwirkung einer Nachricht auf einen Energiefluß (Stoffwechselvorgang) vorliegt, sondern auch eine rückwirkende Nachricht über die erzielte Wirkung abgegeben wird. Auf diese *Rückmeldung* vom Stoffwechsel auf die Ebene der Transkription mittels biochemischer Signale weisen folgende Beispiele hin:

a) *Enzymrepression durch ein Endprodukt*

Setzt man einem Nährmedium, auf dem man das Bakterium E. coli wachsen läßt, die Aminosäure Arginin zu, so wäre es „unsinnige" Energieverschwendung, wenn es weiterhin selbst diese Aminosäure aufbauen würde. Es verhält sich daher ökonomisch und stellt die Eigensynthese solange ein, wie der Eiweißbaustein von außen ausreichend geliefert wird. Die Hemmung der Argininbildung beruht auf einer Unterdrückung (Repression) der dazu erforderlichen Enzymsynthesen auf dem Genniveau.

b) *Enzyminduktion durch Hormone*

Entfernt man einer Raupe die Prothorakaldrüse, so daß das Metamorphose-Hormon „Ecdyson" nicht mehr gebildet wird, dann kann die Larve nicht das Schlüsselenzym für die Ausbildung des Puppentönnchens bilden. Dagegen induziert ein künstlicher Zusatz des Hormons sogleich die Verpuppung der Raupe.

c) *Enzyminduktion durch Substratzusatz*

Wechselt man das Nährmedium einer Kultur des Bakteriums *E. coli* von Glucose auf Laktose (Milchzucker), so können die Bakterien die Laktose zunächst nicht verwerten, da ihnen das Enzym β-Galaktosidase fast völlig fehlt. Innerhalb von Minuten vertausendfacht sich jedoch nach Induktion durch Laktose die Syntheserate des Enzyms, so daß sie einige Prozente der gesamten Proteinsynthese der Zelle ausmachen kann.

Die biochemischen Befunde weisen ebenso wie zytologische Beobachtungen an Chromosomen auf eine Regulation der mRNS-Synthese (und damit der Proteinsynthese) hin. WADDINGTON (1957) war wohl der erste, der dafür den Begriff „epigenetische Aktivität" verwendete. Später wurde vor allem durch GOODWIN (1963) die Einteilung der zellulären Regulationsvorgänge in drei Ebenen vorgenommen: in die metabolische, die epigenetische und genetische Ebene. Sie sind vom biochemischen bzw. molekularbiologischen Standpunkt durch die Art der beteiligten Moleküle und vom biophysikalischen Standpunkt durch die Relaxationszeiten der zugeordneten Systeme charakterisiert. Unter *Relaxationszeit* wird dabei die Verzögerungszeit verstanden, die ein System braucht, um nach einer dem System angemessenen Störung wieder den Gleichgewichtszustand (steady state) zu erreichen.

Die Relaxationszeiten des *metabolischen* Systems sind sehr klein und rangieren in der Größenordnung von 10^{-1} bis 10^2 Sekunden. Auf der metabolischen Ebene (Intermediärstoffwechsel) reagieren Substratmoleküle und Enzyme mit einer Wechselrate von 10 bis 10^4 Molekülen/Sekunde.

Die Relaxationszeiten des *epigenetischen* Systems sind relativ groß und liegen in der Größenordnung von 10^2 bis 10^4 Sekunden (etwa $1^1/_2$ Minuten bis 3 Stunden). So verstreicht eine vier Minuten lange Verzögerungszeit, bis die Synthese des Enzyms β-Galaktosidase erfolgt. In Zellen höherer Organismen ist die Relaxationszeit beträchtlich länger. Auf epigenetischer Ebene handelt es sich um die Wechselwir-

kung zwischen Makromolekülen, d. h. um die Induktion oder Repression spezifischer mRNS-Synthese am genetischen Material und der davon abhängigen Proteinbildung.
Diskontinuierliche Änderungen von einem Zustand in den anderen — z. B. bei Mikroorganismen durch Substratinduktion oder beim Pantoffeltierchen in den Veränderungen des Oberflächenantigens durch Temperaturschwankungen oder in embryonalen Zellen während der Entwicklung — sind nur mit den Kontrollmechanismen des epigenetischen Systems zu verstehen. Sowohl auf epigenetischer als auch auf metabolischer Ebene werden die Konzentrationen bzw. Aktivitäten bestimmter Moleküle über Rückkopplung (feed back) geregelt.
Auf der *genetischen* Ebene handelt es sich um Veränderungen des genetischen Materials durch Mutation und Selektion, wobei die Relaxationszeit ein Vielfaches der Generationszeit beträgt. Dabei wirkt die Regulation ebenfalls auf eine Konzentration, nämlich die des genetischen Materials in eine Population. Die Rückkopplungsprinzipien für die Selektion bzw. Mutation sind in den Wechselwirkungskoeffizienten zur Populationsdynamik enthalten. Das genetische Regulationssystem wird uns hier nicht weiter beschäftigen. Wir werden repräsentative Beispiele der Regulation auf metabolischer und epigenetischer Ebene geben und ihre quantitative Beschreibung andeuten.

5.2. Regulation auf metabolischer Ebene

Hierbei wird die Umcodierung und Informationsübertragung selbst nicht beeinflußt, sondern es erfolgt eine Regulation

a) entsprechend dem Massenwirkungsgesetz (MWG),
b) über Endproduktthemmung (kompetitive Hemmung) und
c) durch Aktivierung bzw. Inaktivierung spezifischer Enzyme (allosterischer Effekt).

5.2.1. Regulation entsprechend dem MWG

Betrachten wir zunächst eine einfache enzymatische Reaktion: Das Enzym verbindet sich im Sinne des Massenwirkungsgesetzes mit dem Substrat zu einem Enzym-Substrat-Komplex, der in das Enzym und ein Reaktionsprodukt zerfällt:

$$[E] + [S] \leftrightharpoons [ES] \leftrightharpoons [E] + [P]$$

Die Substrat- und Enzymkonzentrationen bestimmen die Umsatzgeschwindigkeit. Bei niedriger Substratkonzentration ist die Reaktionsgeschwindigkeit proportional der Konzentration (Reaktion 1. Ordnung). Dadurch kommt es schon zu einer gewissen Selbstregulation. Bei hoher Substratkonzentration nähert sich die Reak-

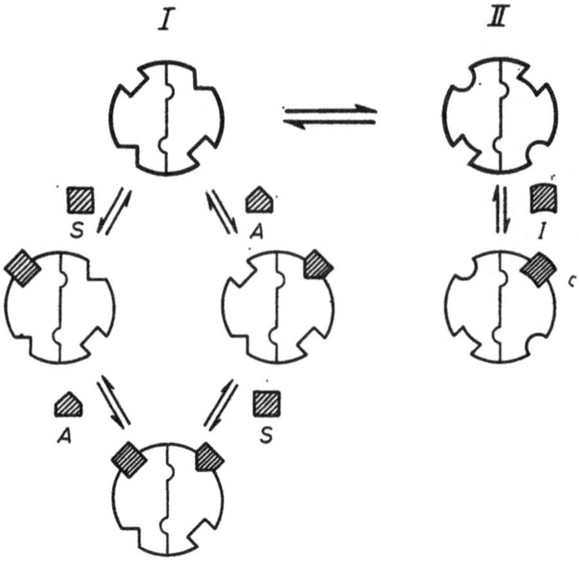

Abb. 32. Modell der Allosterie.

Konformation I: Die Änderung der Konformation von II zu I erfolgt unter Aufnahme von Substrat (*S*), aktiviert durch den Aktivator *A*. Dieser Zusammenhang ist hier getrennt dargestellt.

Konformation II: Die Bindung des Inhibitor I geht mit der Konformationsänderung von I zu II einher und verhindert die Substratbindung.

tionsgeschwindigkeit einem Maximalwert und ist dann nahezu konzentrationsunabhängig (Reaktion 0. Ordnung). Wird die Reaktionsgeschwindigkeit in Abhängigkeit von der Substratkonzentration graphisch dargestellt, so zeigt sie einen *hyperbolischen* Verlauf.

5.2.2. *Regulation über Endprodukthemmung*

Auf metabolischer Ebene kann eine Regulation auch über die Konzentration der wirksamen Enzymkonzentration erfolgen, wobei das Endprodukt einer Reaktionskette und das Substrat um die aktive katalytische Stelle des Enzyms konkurrieren (kompetitive Hemmung). Voraussetzung ist eine Strukturähnlichkeit des Produktes mit dem Substrat. Durch Blockierung seiner Bindungsstelle am Enzym kann kein weiteres Substrat zur Synthese verwertet werden; damit bewirkt das Endprodukt indirekt selbst die Einschränkung seiner Synthese. Wird die Konzentration des Endproduktes durch anschließende Stoffwechselreaktionen wieder vermindert, verringert sich auch seine Bindung an das Enzym, wodurch wieder vermehrt Substrat umgesetzt werden kann. Damit regelt sich über eine einfache „feedback"-Hemmung ein stationäres Fließgleichgewicht ein, das auf Störungen (Konzentrationsänderungen) in Sekundenschnelle Gegenreaktionen auslöst.

5.2.3. *Regulation über allosterische Enzyme*

Gibt es auch die Regulation der Synthese eines Produktes durch nichtkompetitive Hemmung, also dann, wenn keine Strukturähnlichkeit (sterische Analogie) zum Substrat besteht? Es gibt eine solche, sogenannte allosterische Inhibition, die durch die Eigenart allosterischer Enzyme vermittelt wird. Ein allosterisch-regulatives Protein besitzt mindestens zwei identische Untereinheiten und damit eine oder mehrere Symmetrieachsen. Wenn die Symmetrie des Gesamtmoleküls erhalten bleiben soll, muß der Konformationsänderung einer Untereinheit eine entsprechende Änderung der anderen parallel gehen. Ein allosterisches Enzym enthält im einfachsten Fall auf jeder Untereinheit eine enzymatische Stelle zur Reaktion mit einem Effektor oder Modulator, z. B. dem Endprodukt. Wenn bei Anreicherung des Endproduktes dessen Bindung an die allosterische Stelle des Enzyms erfolgt, schlägt dieses in eine andere Strukturform (Konformation) um, wobei sich auch die Struktur der enzymatischen Stelle verändert (Abb. 32). Damit wird die Bindung des Substrates und die katalytische Aktivität des Enzyms aufgehoben. Die Synthese des Produktes wird solange eingeschränkt, bis seine Konzentration unter einen kritischen Wert sinkt und die Affinität zu den Substratmolekülen für eine erneute Bindung ausreicht. Dabei bewirkt die Anlagerung eines Substratmoleküls an eine Untereinheit des allosterischen Proteins wieder die Einstellung der ursprünglichen Konformation, wobei die Bindung zusätzlicher Substratmoleküle an weitere Untereinheiten begünstigt wird.

Stellt man die Reaktionsgeschwindigkeit in Abhängigkeit von der Substratkonzentration graphisch dar, so ergibt sich eine *S*-Form, d. h. daß die Reaktionsgeschwindigkeit mit steigender Substratkonzentration zunimmt.

Die Reaktionskinetik allosterischer Systeme weicht damit deutlich von der klassischen Michaelis-Menten-Gleichung

$$V = \frac{V_{\max} \cdot [S]}{K_m + [S]}$$

ab, die einer hyperbolischen Kennlinie entspricht.

Entgegen der „klassischen" linearen Beziehungen zwischen der Reaktionsgeschwindigkeit V und der Konzentration des Substrates [S], der eine monomolekulare Reaktion zugrunde liegt, werden für allosterische Enzymsysteme ***nichtlineare*** Beziehungen ermittelt:

$$\frac{V}{V_{\max} - V} = \frac{[S]^n}{K_m},$$

wobei K_m die Dissoziationskonstante des Enzym-Substrat-Komplexes ist. Für ein System mit regulatorischem Enzym gilt demnach, daß der Effekt des Substrats schneller ansteigt als seine Konzentration, woraus geschlossen wird, daß das Enzymmolekül mehr als nur ein Substratmolekül binden kann.
Das allosterische, nichtenzymatische Bluteiweiß *Hämoglobin* z. B. kann an jeder seiner vier Untereinheiten ein Molekül Sauerstoff binden. Der *S*-förmige Verlauf der Sauerstoff-Dissoziationskurve bedeutet, daß die Vereinigung einer oder mehrerer Untereinheiten mit Sauerstoff die Affinität der übrigen Untereinheiten zu weiteren Sauerstoffmolekülen erhöht. Das ist mit physiologischen Vorteilen bei der Sauerstoffaufnahme in der Lunge und der Sauerstoffabgabe in den Geweben verbunden. Das Muskeleiweiß Myoglobin besteht dagegen nur aus einer einzigen Struktureinheit und zeigt infolgedessen die klassische hyperbolische Dissoziationskurve (Abb. 33).

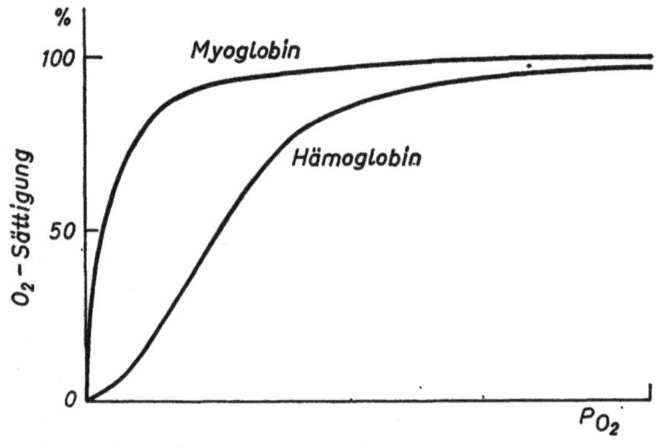

Abb. 33. Sauerstoff-Dissoziationskurven von Hämoglobin und Myoglobin. Allosterische Effekte bewirken beim Hämoglobin die Abweichung von der Hyperbelform; nach PERUTZ, M. F.: Endeavour **26**, 3 (1967).

Oben wurde die allosterische, nichtkompetitive Hemmung eines Enzyms und damit der Synthesekette eines Produktes mit der Effektorwirkung dieses Produktes erklärt. Es sei jedoch erwähnt, daß die Affinität eines Enzyms zu seinem Substrat durch einen Effektor nicht nur vermindert (negatives feed back), sondern auch verstärkt werden kann (positives feed back). So wird z. B. das Enzym Phosphorylase erst durch den positiven Effektor AMP im Gefolge einer Konformationsänderung aktiviert.

5.2.4. *Black-box-Verfahren*

Um die Kontrollmechanismen in der Dynamik des Stoffwechsels der intakten Zelle fortlaufend untersuchen zu können, wird die Zelle als black-box (schwarzer Kasten) behandelt und das Zeitverhalten des Systems nach definierter Störung (z. B.

Sprungerregung) geprüft. Jede sprunghafte, kontinuierliche oder periodische Änderung der Parameter eines metabolischen Systems führt nach Durchlaufen charakteristischer Übergangszustände zur Einstellung eines neuen stationären Zustandes.

In Abb. 34 a, b, und c sind einige typische Übergangsformen dargestellt: aperiodische Form ohne oder mit Umkehr (overshoot) und oszillatorisch gedämpfte und ungedämpfte Formen. Bei dem Versuch, die hierbei wirksam werdenden Regelkreise zu analysieren, hat man folgendes zu beachten: Die Information wird durch die Materie selbst übertragen und funktionelle Begriffe wie Führungsgröße, Regelgröße, Stellgröße, Störgröße sind analog verwendbar. Begriffe, die an das Objekt gebunden sind, mit der die Regelung realisiert wird (z. B. Regelstrecke, Stellglied,

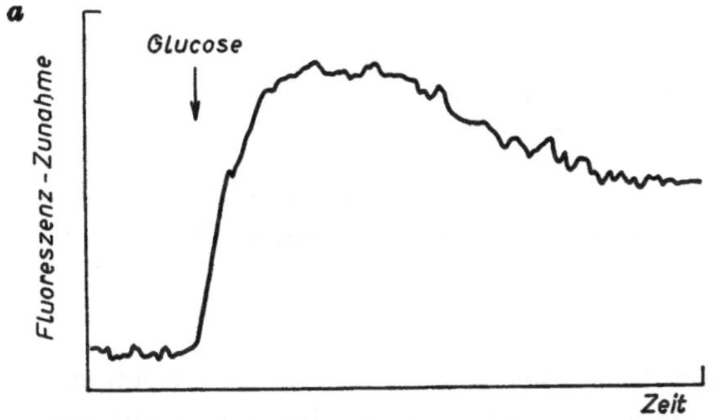

Abb. 34a. Veränderung der Menge der reduzierten Pyridin-Nukleotide in Aszites-Tumor-Zellen. Zugabe von Glucose bewirkt Zunahme der Reduktion (= Fluoreszenzzunahme) und nach einem „overshoot" die Einstellung eines neuen stationären Zustandes; nach HESS, B.: Dtsch. med. Wschr. 88, 668 (1963).

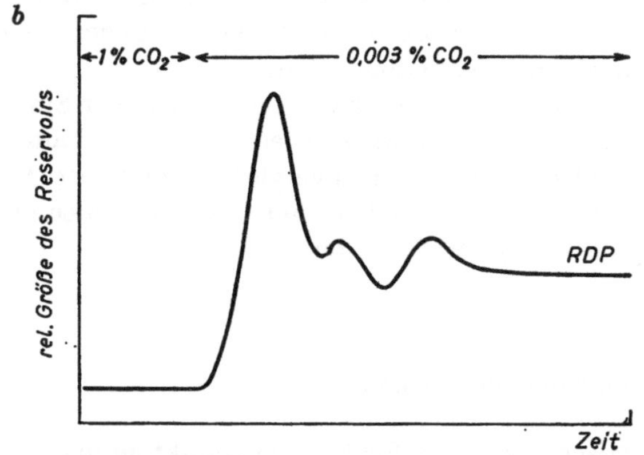

Abb. 34b. Gedämpfte Oszillation der Konzentration von Ribulose-1,5-diphosphat (RDP) nach sprunghafter Erniedrigung der CO_2-Konzentration in einer Suspension von Grünalgen; nach CALVIN, M.: Angew. Chemie 68, 253 (1956).

Regler, Meßglied), sind nicht ohne weiteres zu übertragen. Allerdings kann man biochemische Systeme analog den technischen Systemen in Blockdiagrammen und Kontrollnetzen aufzeichnen. Eingangsgröße ist dabei die Substratkonzentration, Ausgangsgröße die kontrollierte Änderungsgeschwindigkeit der Konzentration. Durch Kennlinien (transfer functions) kann die Beziehung zwischen Eingangs- und Ausgangsgröße beschrieben werden.

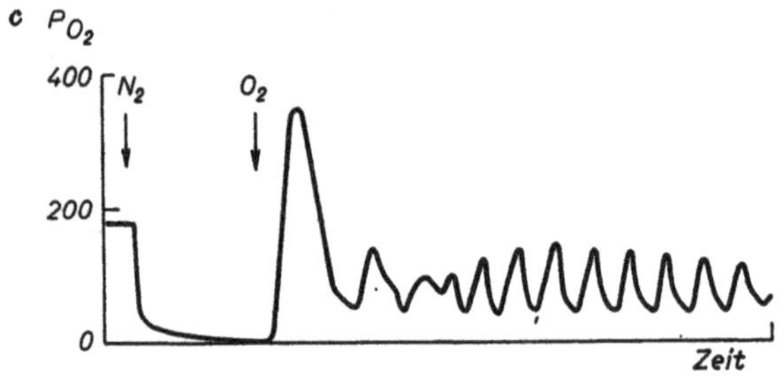

Abb. 34c. Spontane Oszillation im O_2-Druck des Gewebes nach einem Intervall von Anoxie. Die Versuche wurden an Rattenherzen durchgeführt; nach CHANCE, B. et al.: Biochem. Z. **341**, 357 (1965).

Eine mathematische Behandlung idealisierter biologischer Systeme durch ein System von Differentialgleichungen zeigt allgemeine Eigenschaften der Zelle (Konstanz der Konzentrationen, Übergangszustände u. a.). Mit Hilfe von Computern ist man heute in der Lage, mathematische Modelle zellulärer Reaktionen aufzubauen und ihr Verhalten zu studieren, wie dies CHANCE und HESS für die Glykolyse mit Hilfe 100 nichtlinearer Differentialgleichungen getan haben. Um die Biochemie der einfachsten Zelle auf solche Weise zu repräsentieren, wären etwa 10^5 Gleichungen erforderlich. Deshalb wurde versucht, die kinetischen Gleichungen dynamisch aus einem allgemeinen Prinzip abzuleiten.

Obwohl es bis heute nicht möglich ist, das Verhalten enzymatischer Systeme vorauszusagen, erlauben die mathematischen Modelle jedoch, das Verhalten solcher Systeme mit den experimentellen Erfahrungen zu vergleichen und unter Bedingungen zu testen, die experimentell nicht zugänglich sind. Daraus können allgemeine Theorien metabolischer Systeme abgeleitet werden.

5.3. Regulation auf epigenetischer Ebene

Die Regulation auf epigenetischer Ebene erfolgt durch Induktion und Repression spezifischer mRNS-Synthese mittels der Schalter- und Verstärkerfunktion eines allosterischen Proteins. Die Folge ist eine induzierte oder gehemmte Enzymsynthese.

5.3.1. *Ein Modell der Enzymsynthese-Regulation*

Im folgenden wollen wir ein Modell nach JACOB und MONOD betrachten (Abb. 35), das die Induktion und Repression der β-Galaktosidase-Synthese für eine *E. coli*-Kultur beschreibt, deren Nährmedium von Glucose auf Laktose umgestellt wird. Wenige Minuten nach dieser Umstellung können drei Enzyme nachgewiesen werden, deren wichtigstes die Laktose spaltende β-Galaktosidase ist.

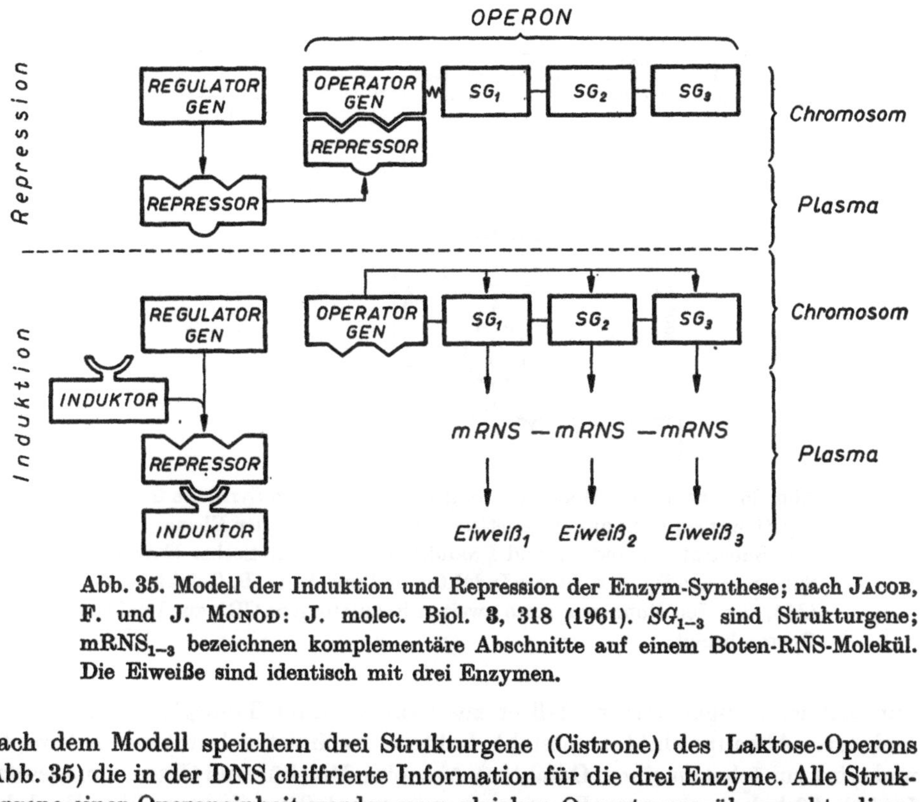

Abb. 35. Modell der Induktion und Repression der Enzym-Synthese; nach JACOB, F. und J. MONOD: J. molec. Biol. **3**, 318 (1961). SG_{1-3} sind Strukturgene; $mRNS_{1-3}$ bezeichnen komplementäre Abschnitte auf einem Boten-RNS-Molekül. Die Eiweiße sind identisch mit drei Enzymen.

Nach dem Modell speichern drei Strukturgene (Cistrone) des Laktose-Operons (Abb. 35) die in der DNS chiffrierte Information für die drei Enzyme. Alle Strukturgene einer Operoneinheit werden vom gleichen Operatorgen überwacht; dieses wird wiederum von einem Regulatorgen mittels eines Repressors von Eiweißnatur kontrolliert. Die drei Gene des Laktose-Operons werden in eine polycistronische Boten-RNS (mRNS) umgeschrieben. Bei einer Anlagerung des Repressors an das Operatorgen ist die Transkription auf die mRNS am Strukturgen unterbunden. Erst wenn der Repressor mit einem Induktor vereinigt wird, ist er für eine Bindung mit dem Operator unfähig und dieser für seine Funktion frei, womit die mRNS-Synthese induziert wird. Damit muß der Repressor den spezifischen Operator erkennen und mit ihm eine Bindung eingehen können, andererseits aber auch die Fähigkeit haben, chemische Signale in Form des Induktors aufzunehmen. Diese

Voraussetzungen sind dank des allosterischen Charakters des Repressorproteins gegeben. Der allosterischen Bindung mit dem Induktor geht eine Konformationsänderung des symmetrischen Repressors sowohl in der einen als auch in der anderen Untereinheit parallel, wobei die Bindung zum Operator aufgehoben wird und die mRNS- und Enzymsynthese in Gang kommt.
Wird umgekehrt die Konzentration des Induktors geringer, so geht mit einer Konformationsänderung des Repressors die Bindung des Operatormoleküls einher, wodurch die Transkription der mRNS am Strukturgen unterbunden wird.
Ist der Induktor mit der Laktose identisch oder wird er erst aus dieser gebildet?

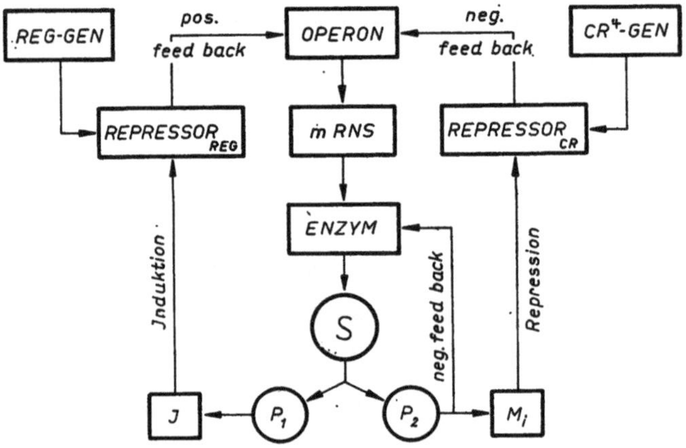

Abb. 36. Erweitertes Modell der Regelung der Enzym-Synthese über positives und negatives feed back auf epigenetischer und metabolischer Ebene.
S – Substrat, P_1 und P_2 sind Produkte nach enzymatischer Einwirkung auf das Substrat; aus P_1 entsteht der Induktor und aus P_2 (z. B. Galaktose) der Metabolit (M_i), der den Repressor eines zweiten Regulatorgens CR^+ zur Reaktion mit dem Operon bringt.

Zur Zeit wird angenommen, daß er aus Laktose durch Transglykosidierung mit geeigneten Abbauprodukten entsteht. Laktose verbindet sich mit einem Akzeptor und wird zunächst zu einem Galaktose-Akzeptor-Molekül und Glucose umgesetzt. In Abb. 36 haben wir ganz allgemein angedeutet, daß aus Laktose über Produkte P_1 der Induktor (I) gebildet wird. Er reagiert mit dem Repressormolekül in beschriebener Weise und erhöht die Synthesegeschwindigkeit der mRNS und des Enzyms um das tausendfache.
Wird dem Nährmedium viel Laktose zugegeben, dann würde durch zunehmende Induktion die Enzymsynthese autokatalytisch einem zu hohen Wert zustreben, wenn der positiven Rückkopplung nicht ein negatives feed back beigeschaltet wäre. Gleichzeitig entstehen nämlich durch den Abbau der Galaktose bzw. Glucose (P_2) zahlreiche Stoffwechselprodukte (Metabolite), von denen geeignete als sogenannte Co-Repressoren fungieren. Solch ein Co-Repressor (M_i) reagiert wahr-

scheinlich mit einem zweiten spezifischen Repressor, der das Produkt des sogenannten CR^+-Gens ist. Mit der Bindung dieses Repressors und dessen Konformationsänderung erfolgt nun aber keine Induktion, sondern eine Repression der Umcodierung an den Strukturgenen des Laktose-Operons, womit auch die Produktion von β-Galaktosidase reprimiert wird.
Es sei hier nur am Rande erwähnt, daß dieses Modell durch die Forschung in verschiedenen Ländern laufend verbessert und erweitert wird. Es wird auch die Möglichkeit diskutiert, daß ein und derselbe Repressor bei Reaktion mit dem Induktor die Umcodierung und Proteinsynthese einschaltet und nach Bindung mit dem Co-Repressor die Transkription hemmt.
In jedem Fall wird durch die Kopplung zweier Regelkreise ein geeigneter Enzymspiegel einreguliert. Der eine Regelkreis schaltet bei Laktoseüberschuß die Induktion ein, so daß die Syntheserate autokatalytisch so lange ansteigt, bis der zweite Regelkreis durch Abbauprodukte die Syntheserate auf eine dem Bedarf der Zelle angepaßte Größe einstellt. Es ist möglich, daß zusätzlich eine feed back-Hemmung zwischen Stoffwechselprodukten und mRNS der Ribosomen funktioniert, während eine Hemmung der Enzymwirkung in kleineren Relaxationszeiten allosterisch durch Produkte auf metabolischer Ebene erfolgt.

5.3.2. *Oszillierende Systeme*

5.3.2.1. Quantitativ-mathematische Beschreibung der Variablen des Regelkreises

Da die Relaxationszeiten des genetischen Systems groß und die des metabolischen Systems sehr klein gegenüber denen des epigenetischen Systems sind, können die Variablen dieser Systeme als unabhängig von einander und konstant angesehen werden; dadurch reduziert sich die Zahl der zu lösenden Gleichungen.
Wir benutzen nun einen schematisierten Regelkreis, um nach Goodwin (1963) und Knorre (1966) mit zwei einfachen Gleichungen das epigenetische System zu beschreiben (Abb. 37). Folgende Quantitäten sind notwendige Kontrollvariable der biochemischen Reaktionen:

1. X_i: Konzentration der mRNS; kontrolliert die Syntheserate der informationell homologen Proteine.
2. Y_i: Konzentration des Enzyms; kontrolliert die Produktionsrate der Metaboliten.
3. M_i: Konzentration eines spezifischen Metaboliten; kontrolliert die Syntheserate der spezifischen mRNS.

Es wird angenommen, daß andere begrenzende Faktoren und Größen des Nahrungs- und Energiepools, Konzentration des Repressors usw. in der Zelle in den Parametern der Variablen X_i, Y_i und M_i enthalten sind, da sie als relativ konstant gegen-

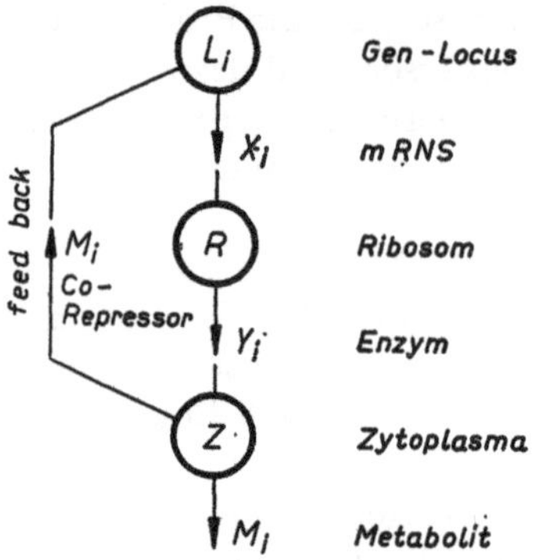

Abb. 37. Vereinfachtes Grundschema für die Repression der Enzym-Synthese. X_i, Y_i und M_i bezeichnen Konzentrationen. Der Metabolit M_i ist Co-Repressor für das negative feed back; der Repressor selbst ist nicht eingezeichnet (nach GOODWIN, 1963).
L — Genlocus (Operon); R — Ribosom; Z — Zytoplasma.

über den Systemvariablen angesehen werden können. Die Änderung der Metabolitenkonzentration dM_i/dt können Null gesetzt werden, da die Relaxationszeiten des metabolischen Systems klein gegenüber den Verzögerungszeiten des epigenetischen Systems sind.
Kontrollgleichung für die Proteinsynthese:

$$\frac{dY_i}{dt} = f_i(X_i, Y_i, M_i) - g_i, (Y_i, M_i), \tag{1}$$

wobei $f_i(X_i, Y_i, M_i)$ eine Funktion ist, die die Rate der Proteinsynthese beschreibt, während $g_i(Y_i, M_i)$ sich auf den Abbau des Proteins bezieht. Die einfachste Annahme für f_i ist.

$$f_i = \alpha_i X_i;$$

dann ist

$$\frac{dY_i}{dt} = \alpha_i X_i - \beta_i \tag{2}$$

Hierbei repräsentiert α_i eine Konstante und $\alpha_i X_i$ die Rate der Proteinsynthese, kontrolliert durch die mRNS, während β_i der Abbaurate des Proteins entspricht und als konstant angesehen wird. Dabei ist die Proteinsynthese ein irreversibler Prozeß.
Kontrollgleichung für die mRNS-Synthese:
Zunächst können wir die allgemeine Form schreiben.

$$\frac{dX_i}{dt} = \varnothing_i (X_i, Y_i, M_i) - \psi_i(X_i, Y_i, M_i) \tag{3}$$

Hierbei bezeichnet $\varnothing_i(X_i, Y_i, M_i)$ die mRNS-Synthese und $\psi_i(X_i, Y_i, M_i)$ die Abbaurate.
Wird die Gleichgewichtskonstante K_i der Reaktion zwischen der DNS-Matrize und dem Repressor einbezogen und die Gleichung umgeformt, dann erhalten wir

$$\frac{dX_i}{dt} = \frac{a_i}{A_i + K_i Y_i} - b_i, \tag{4}$$

wobei b_i eine Zerfallskonstante und a_i, A_i und K_i zusammengesetzte Konstanten für die mRNS-Synthese sind.
Durch Kombination von (2) und (4) wird

$$\frac{dX_i}{dt}(\alpha_i X_i - \beta_i) + \frac{dY_i}{dt} b_i - \frac{a_i}{A_i + K_i Y_i} = 0$$

und nach Integration:

$$\alpha_i \frac{X_i^2}{2} - \beta_i X_i - b_i Y_i - \frac{a_i}{K_i} \log (A_i + K_i Y_i) = G_i (X_i, Y_i) = \text{konstant.} \tag{5}$$

Dieses Integral definiert eine geschlossene Kurve in dem von X_i und Y_i aufgespannten Phasenraum, d. h. daß wir ein oszillierendes System vor uns haben. Die Konstante des Integrals ist durch den initialen Wert der Variablen bestimmt. Die Konzentration des Enzyms Y_i und der mRNS X_i oszillieren um steady-state-Werte, p_i und q_i, die durch

$$\frac{a_i}{A_i + K_i q_i} = 0 \text{ und } \alpha_i p_i - \beta_i = 0 \text{ gegeben sind.}$$

G ist eine allgemeine Konstante der Bewegung und wird hier analog zur Energie in der Mechanik verwendet.
Die Gleichung 5 wurde von Knorre mit Hilfe eines Analogrechners integriert. Mit den Parametern $\alpha = 2; \beta = 0{,}1; A = 6; a = 1; K = 10; b = 1$ und den Anfangsbedingungen $Y_0 = 0{,}7; X_0 = 0{,}7$ ergaben sich ungedämpfte Oszillationen der Enzymkonzentration Y_i und der mRNS-Konzentration X_i. In den Kurven war zu sehen, daß die Minima der Enzymkonzentration mit den steilsten Anstiegen in der Konzentration der mRNS zusammenfielen. Umgekehrt war dort, wo die Konzentration der mRNS ihr Maximum hatte, die Zunahme der Enzymkonzentration am stärksten.
Aus dem Modell kann geschlossen werden, daß die Syntheserate von mRNS und Enzymen zwischen einem maximalen und minimalen Wert pendelt. Die periodischen Lösungen der Modellgleichung 2. Ordnung stehen für Konzentrationsschwankungen der Enzyme und mRNS, die in der Zelle durch Verzögerungszeiten für die Regulationsschritte bzw. Signalübertragungen im Regelkreis verursacht

werden. In Abhängigkeit von der Konzentration des Co-Repressors (M_i) bzw. der Aktivierung des Repressors wird die Synthesegeschwindigkeit der mRNS eingestellt. Es vergeht einige Zeit, bis die makromolekulare Boten-RNS gebildet ist; dann muß sich die mRNS von der DNS lösen und zu den Ribosomen wandern. In den kernlosen Bakterien sollen sich die Ribosomen an die mRNS anlagern und diese von der DNS abziehen. Dann beginnt die Synthese der Polypeptidketten und die Faltung der Enzymstruktur. Die Relaxationszeit, die bis zur Änderung der Regelgröße (Laktose- und Galaktosekonzentration) vergeht, ist so groß, daß der signalisierte Istwert schon in einen neuen übergegangen ist und damit die Enzymkonzentration den aktuellen Erfordernissen nicht mehr entspricht. Aus der Diskrepanz ergeben sich jeweils neue Rückmeldungen mit Hilfe des Repressors, wobei die „feed back-Metaboliten" wahrscheinlich erst bei Über- bzw. Unterschreiten eines erforderlichen Pools (Reservoirs) mit dem Repressorprotein merklich reagieren. Analog zur Technik kann man hier von Totzeit des Regelsystems sprechen.
Die Frequenz der Oszillationen hängt von dem Wachstumskoeffizienten α des Enzyms und den Parametern a_i, A_i und K_i ab. Die Zerfallskonstanten b_i und β_i beeinflussen die Amplituden.

5.3.2.2. Oszillationen der Variablen im epigenetischen System

Als eine der wichtigsten Konsequenzen der negativen Rückkopplung in geschlossenen Regelkreisen wurde das Auftreten von Oszillationen beschrieben, wie z. B. der mRNS und der Enzymkonzentration. Um Oszillationen der Enzymaktivität bzw. der Synthesegeschwindigkeit eines Enzyms in einer Bakterienkultur zu erfassen, muß die Synthese in den einzelnen Zellen einer Population gleichzeitig gestartet werden, was durch plötzlichen Substratwechsel erfolgen kann.
KNORRE und BERGTER entfernten bei einer exponentiell in Glucose-Nährlösung wachsenden kontinuierlichen Kultur von *E. coli* die Glucose und setzten nach einer 45-minütigen Hungerzeit Laktose als neue Kohlenstoffquelle zu (Abb. 38). Die Repression der β-Galaktosidase-Synthese durch Abbauprodukte der Glucose konnte damit aufgehoben werden, und die Induktion durch Laktose erfolgte in allen Zellen gleichzeitig im Sinne einer Sprungfunktion. Alle 10 Minuten wurden aus der kontinuierlichen Kultur Proben zur Bestimmung der Zelldichte und der Enzymaktivität entnommen. Es konnten gedämpfte Oszillationen der Synthesegeschwindigkeit der Galaktosidase erhalten werden. Die Dämpfung beruht wahrscheinlich auf dem Auseinanderlaufen der Phasen der einzelnen Oszillationen der Population. Da zwischen den Individuen (Oszillatoren) einer Bakterienpopulation nicht ohne weiteres eine feste Phasenbeziehung in ihren Oszillationen besteht, stellt sich keine einheitliche Frequenz, sondern ein Frequenzspektrum ein, das zu einer statistischen Verteilung in den Phasen der einzelnen Oszillatoren führt.
In der Zelle gibt es eine Vermaschung zwischen den elementaren epigenetischen Systemen, wobei die Repression zwischen verschiedenen Systemen zu einer Koordi-

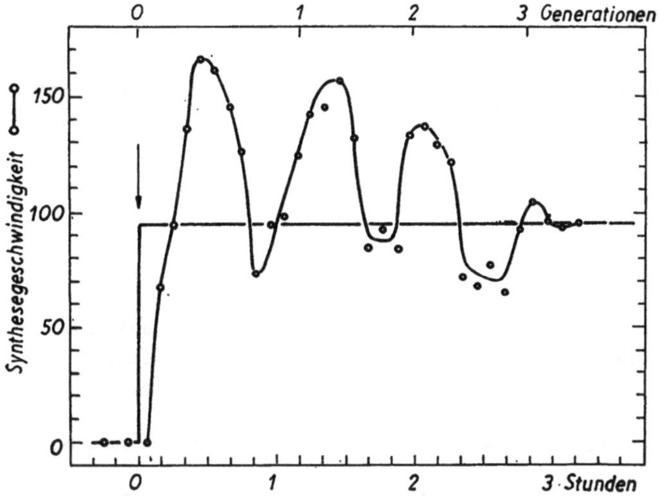

Abb. 38. Oszillationen der Synthesegeschwindigkeit von β-Galaktosidase in *Escherichia coli* ML 30 (aus KNORRE, W. A.: Materialien des 1. Internationalen Symposium Biokybernetik Bd. II, S. 242—243 (Hrsg. DRISCHEL, H. und N. TIEDT, Karl-Marx-Universität Leipzig 1968).

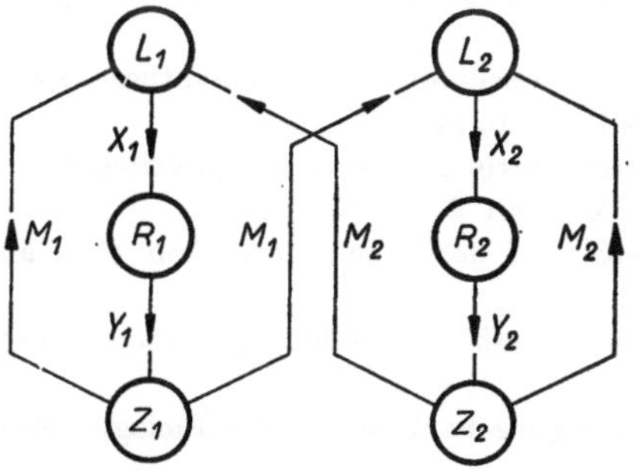

Abb. 39. Einfache Kopplung zwischen zwei elementaren epigenetischen Systemen. Bezeichnungen wie in Abb. 37. (nach GOODWIN, 1963).

nation und Phasenbezogenheit epigenetischer Systeme führt. In Abb. 39 ist die vereinfachte Verschaltung zweier Systeme dargestellt, wobei die Metabolitenkonzentration $M_1 (M_2)$ durch $Y_1 (Y_2)$ und die Repression der mRNS durch $M_1 + M_2$ kontrolliert wird, also eine Wechselwirkung von L_1 zu L_2 besteht. Die Komplizierung der Vermaschung von Systemen läßt sich beliebig fortsetzen.

Für entwicklungsphysiologische Grundprozesse ist das Modell der Abb. 39 interessant, in dem Strukturgene eines Operons vermittels der Produkte anderer Strukturgruppen reguliert werden. Durch geeignete Verschaltungen solcher Gengruppen über ihre Produkte lassen sich beliebig komplizierte entwicklungsphysiologische

Vorgänge modellmäßig darstellen. Phänomene wie die Antikörperbildungen, Mißbildungen, Tumor- und Krebsentstehung und selbst die biochemische Seite der Gedächtnisbildung, um nur einige Schwerpunkte zu nennen, werden sich prinzipiell als Induktionsvorgänge im Sinne der Operatortheorie von JACOB und MONOD beschreiben lassen.

Literatur

BIELKA, H.: Molekulare Biologie der Zelle. VEB Gustav Fischer, Jena 1969.

BRENNER, S.: Theories of gene regulation. Brit. Med. Bull. **21**, (1965), 244.

GOODWIN, B. C.: The temporal organization in cells. Academic Press, London and New York 1963.

HESS, B.: Zustände und Kontrollmechanismen metabolischer Systeme. Studia biophysica Suppl. **1**, (1966).

HOLZER, H.: Intrazelluläre Regulation des Stoffwechsels. Naturwiss. **50** (1963), 260_B.

JAYARAMAN, K., B. MÜLLER-HILL, and H. V. RICKENBERG: Inhibition of the synthesis of β-galactosidase in Escherichia coli by 2-nitrophenyl-β-D-fucoside. J. Mol. Biol. **18** (1966), 339.

KARLSON, P.: Kurzes Lehrbuch der Biochemie. Thieme-Verlag, Stuttgart 1966.

KNORRE, W. A.: Oscillationen in biologischen Systemen und die Möglichkeit ihrer Beschreibung durch die „talandische" Temperatur nach Goodwin. Studia biophysica Suppl. **1** (1966), 33.

KNORRE, W. A., und F. BERGTER: Gedämpfte Oszillationen in der Synthese-Geschwindigkeit von β-Galaktosidase. Studia biophysica **1** (1966), 139.

LOOMIS, W. F., and B. MAGASANIK: Genetic control of catabolite repression of the lac operon in Escherichia coli. Biochem. Biophys. Commun. **20**, (1965), 230.

MAAS, W. K., and E. MCFALL: Genetic aspects of metabolic control. Ann. Rev. Microbiol. **18** (1964), 95.

MONOD, J., J. P. CHANGEUX and F. JACOB: Allosteric proteins and cellular control systems. J. molec. Biol. **6** (1963), 306.

PERUTZ, M. F.: Einige molekulare Steuerungsmechanismen in der Biologie. Endeavour **26**, (1967), 3.

UMBARGER, H. E.: Intracellular regulatory mechanisms. Science **145** (1964), 674.

WADDINDTON, C. H.: The strategie of the genes. Allen and Unwin, London 1957.

6

BIOLOGISCHE ENTWICKLUNG UND KYBERNETIK

6.1. Einführung

Erst in den letzten Jahren wurde mit der Untersuchung der Kybernetik in der biologischen Entwicklung begonnen. Daher ist die Zahl der Befunde auf diesem Gebiet noch gering. Zwei Voraussetzungen für eine kybernetische Behandlung der organischen Entwicklung erwiesen sich bis vor kurzem noch als unerfüllt: einerseits eine exakte Kenntnis des Mechanismus der frühesten Embryonalentwicklung und zum anderen die detaillierte Beschreibung der Ontogenese von Regulationen. Durch die Molekulargenetik, die ihre letzte entscheidende Förderung Watson, Crick, Monod und Jacob verdankte, wurden wesentliche Einsichten in den erstgenannten Problemkreis gewonnen, während die Physiologie werdender Regulationen noch im Entstehen ist. Die von seiten der allgemeinen Automatentheorie (1,6) und der Systemtheorie (4) gemachten Vorstöße, die biologische Entwicklung mit mathematischen Methoden zu durchleuchten, trugen daher auch nur im gewissen Umfange der Molekulargenetik Rechnung.
Wenn nachfolgend einige Modelle und Theorien in stark vereinfachter Form dargestellt werden, so auch um zu zeigen, welch weites Feld noch der gemeinsamen Bearbeitung von Mathematikern und Naturwissenschaftlern wartet. Auf die Beschreibung informationstheoretischer Bemühungen um das Entwicklungsproblem wird hier verzichtet. Die Informationstheorie hat zur Lösung des DNS Coding Problems beigetragen (s. o.). Darüber hinaus ist der Ertrag der Anwendung der Informationstheorie auf die Entwicklungsphysiologie bisher gering gewesen (Lit. bei [1], S. 89 f).

6.2. Modelle der Zellteilung

Der Beweis, daß sich selbst reproduzierende Automaten existieren können, wurde 1936 von Turing [8] erbracht. Die Beschreibung dieses ersten „allgemeinen Automaten“ geschah ohne Bezug auf die Biologie; sie stellte einen Beitrag zum mathematischen „Entscheidungsproblem“ dar. Turings Arbeit wurde die Grundlage der ersten explicit auch auf die Biologie ausgedehnten Automatentheorie. J. von Neumann ([6], S. 29—31) beschrieb 1951 den Prozeß einer möglichen Selbstverdopplung eines Automaten: Die Beschreibung eines Automaten A wird einer universalen Turing-Maschine B eingegeben. Der Ausgang der

Maschine *B* ist das Verhalten der Maschine *A*. Es besteht in einer Folge von Tätigkeiten, die zum Aufbau einer Maschine *C* führen. Ist nun diese Maschine *C* eine universale TURING-Maschine mit den gleichen Eigenschaften wie die Maschine *B*, so ist das Ergebnis eine Reduplikation des Automaten *B*.
In diesem abstrakten Prozeß erkannte VON NEUMANN eine Analogie zum biologischen Geschehen der Zellteilung. APTER ([1], S. 64) hat darauf aufmerksam gemacht, daß in v. NEUMANNS Theorie „die erste Maschine die zweite Maschine macht und nicht die zweite Maschine sich selbst erzeugt unter Benutzung der von der ersten Maschine gegebenen Instruktionen". Das bedeutet aber, daß die neue Maschine sich nicht entwickelt, sie ist „erwachsen", sobald sie entstanden ist. Darüber hinaus berücksichtigt dieses sehr allgemeine Modell die Entstehung von Zellmustern ebensowenig wie die Abnahme der Wachstumsrate bis zum Stillstand. Das ist von einem so allgemeinen Modell auch durchaus nicht zu fordern.
APTER [1] suchte nun nach einem Modell, das eine nähere Analogie zur biologischen Zellteilung darstellte. Sein Modell geht von folgenden — gekürzt wiedergegebenen — allgemeinen Annahmen aus:

a) Die Einheit der Entwicklung ist die Menge der genetischen Instruktionen, die das Verhalten einer Zelle bestimmen.
b) Alle Zellen eines Organismus haben den gleichen Genotyp.
c) Ein Organismus entwickelt sich durch die Selbstreproduktion der Zellen, aus denen er besteht. Er beginnt seine Entwicklung mit einer Zelle.
d) Die Entwicklung des Organismus ist wesentlich von der Verbindung (communication) zwischen den Zellen abhängig.
e) Der Organismus kontrolliert die wesentlichen Stufen seiner eigenen Entwicklung selbst; die ontogenetische Entwicklung wird nicht von außen kontrolliert.

Es ist aufschlußreich, diese „Axiome der Entwicklung" APTERS, dessen Modelle auf der Anwendung der Automatentheorie beruhen, mit der auf Seite 86 wiedergegebenen Definition des „aktiven Elements" zu vergleichen, die der systemtheoretischen Beschreibung der Entwicklung durch LANGE [4] zugrunde liegt. Es wird deutlich, daß einige der „Axiome" APTERS sich in der exakter gefaßten Definition LANGES wiederfinden.
Die Axiome benutzte APTER in einer Folge von Programmen zunehmender Kompliziertheit, um auf dem Digitalrechner Elliot 803 ein pflanzenähnliches Wachstum zu simulieren. Dieses Wachstum vollzog sich jeweils von den am Ende liegenden Zellen aus. Bei jeder Zellteilung entstand auch das Programm neu, womit dem Axiom c) entsprochen wurde. Das so entstehende Gebilde wuchs nur in einer Dimension und die Zellvermehrung kam ohne zusätzliche Instruktion zum Stillstand. Die Fortsetzung des Wachstums nur von den Zellen jeweils am Ende des eindimensionalen Stranges aus gestattet die Erfüllung des Axioms d) nicht.
Diese Unvollkommenheiten des Modells ließen sich in einem theoretischen Modell überwinden, in dem als Einheiten TURING-Maschinen benutzt wurden. Beginnend

mit einer Maschine wächst ein Netz miteinander verbundener Maschinen, dessen Gesamtwachstum gemäß dem Informationsfluß zwischen den Maschinen gesteuert wird und schließlich zum Abschluß kommt. Während des Wachstums des Netzes reproduziert sich die Menge der Original-Instruktionen der ersten Maschine fortlaufend, so daß keine Steuerung des Wachstumsprozesses von außen erforderlich ist. Bei einer bestimmten Kompliziertheit kommt es zu Rückkopplungen zwischen den Maschinen des Netzes. Damit ändert sich die Funktionsweise der so verbundenen Maschinen im Netz; „der so produzierte Organismus ist ein dynamischer geworden und beeinflußt sein Wachstumsverhalten selbst". Mittels dieses Modells gelang Apter der Beweis, daß eine räumliche Selbstdifferenzierung allein unter Benutzung einer vorgegebenen Menge von Instruktionen und ohne spätere Kontrolle oder Beeinflussung des Wachstums von außen möglich ist. Dieses Modell berücksichtigt die Axiome *a—c*. Die formalen Ähnlichkeiten mit Langes systemtheoretischer Beschreibung [4] der Entwicklung wird deutlich.

6.3. Modelle der Entstehung von Zellmustern

Apter ([1], S. 133 ff.) suchte eine Lösung des Problems, „wie in einem Organismus (oder einer Menge von Zellen) ein spezifisches, räumliches Muster funktioneller Unterschiede zwischen den Zellen, die dieser Organismus enthält", zustande kommen kann. Die Lösung gelang unter den die biologischen Verhältnisse vereinfachenden Annahmen: a) die Zellmasse besteht aus einer Reihe von n Zellen; b) der Genotyp jeder Zelle ist gleich, während für den Phänotyp die Zustände x und y zugelassen werden. Unter diesen Voraussetzungen lautet das Problem in seiner einfachsten Form:

„Wie kann ein solches System sich organisieren, so daß

1. die Hälfte aller Zellen x und die andere Hälfte y Zellen sind;
2. die zwei Mengen von Zellen sich räumlich so anordnen, daß die erste Hälfte der Zellreihe aus x Zellen und die zweite Hälfte aus y Zellen besteht;
3. dieses Zellmuster sich gegen Zunahme, Veränderung oder Umordnung dieser identischen Zellen erhält?"

Die Lösung dieses Problems besteht in einer Menge von Instruktionen, die in jeder Zelle enthalten sind. Sie lauten:

(1) „Befindet sich auf deiner linken Seite keine Zelle, so bezeichne dich als $+1$ und gib diese Zahl an die nächste Zelle auf deiner rechten Seite.

(2) Hast du keine Zelle auf der rechten Seite, so bezeichne dich als -1 und gib diese Zahl an die nächste Zelle auf deiner linken Seite.

(3) Erhältst du eine positive Zahl von einer Nachbarzelle, so addiere 1 und bezeichne dich selbst und die Zelle auf der anderen Seite mit der resultierenden Zahl.

(4) Erhältst du eine negative Zahl von einer Nachbarzelle, so subtrahiere 1 und bezeichne dich selbst und die Zelle auf der anderen Seite mit der resultierenden Zahl.
(5) Wenn du dich zweimal so bezeichnet hast, addiere die zwei Bezeichnungen.
(6) Wenn das Resultat der Addition eine positive Zahl ist, bist du eine x Zelle; ist es eine negative Zahl, eine y Zelle.“ ([1], S. 135).

Bei der Übertragung dieses Modells auf das biologische Objekt kann man sich die Menge dieser Instruktionen in den Genen des Zellkerns lokalisiert denken. Da das Modell voraussetzt, daß die Zellen einfache Rechenoperationen vornehmen, bleibt zu fragen, ob die bisherigen Befunde die Annahme zulassen, daß die wirklichen Zellen die geforderten Rechenoperationen auch ausführen können. APTER ([1], S. 141 ff.) konnte zeigen, daß die von JACOB und MONOD [3] beschriebene Selbststeuerung der Gene tatsächlich diese Möglichkeit enthält. Darüber hinaus stellten die auf den Befunden dieser Autoren aufgebauten Modelle den logischen ganz ähnliche Netze dar. Mit der Erforschung möglicher Eigenschaften dieser Netze ist erst begonnen worden.

Die bisher angeführten Modelle setzten voraus, daß das Programm oder die Instruktionen, nach denen sich die Zellen teilen und anordnen, jeweils innerhalb der Zellen liegen. Diese Modelle verzichteten, um eine weitgehende Analogie zur Biologie zu behalten, auf außerhalb der Zellmasse befindliche Steuerbefehle. Läßt man externe Instruktionen zu, so sind einfachere Modelle des organischen Wachstums möglich ([5] S. 231f f.), die aber den molekulargenetischen Gegebenheiten keine Rechnung mehr tragen und daher hier nicht beschrieben werden. Da eine Steuerung des Entwicklungsprozesses von außen vermutlich in gewissen Umfang bei der Entstehung der Arten eine Rolle spielt, stellen diese Modelle z. T. eine Analogie zur Phylogenese dar ([5], S. 234 f.).

6.4. Eine systemtheoretische Behandlung der Entwicklung

O. LANGE [4] unternahm eine systemtheoretische Behandlung des Problems der Entwicklung. Die mathematisch formulierte Theorie LANGES ist verbal schwer beschreibbar; die zwingende Folgerichtigkeit des Aufbaus der Theorie kann nur dem Original entnommen werden. Hier ist lediglich beabsichtigt, unter Verzicht auf mathematische Exaktheit den wesentlichen Inhalt anzugeben, da der Verfasser auf die biologische Entwicklung direkt Bezug nimmt. Die Theorie beginnt mit der Beschreibung des „aktiven Elements“. Es ist definiert als „ein materielles Objekt, das auf bestimmte Weise von anderen materiellen Objekten abhängt und auf andere materielle Objekte einwirkt“ ([4], S. 4). Die Wirkung der Umgebung auf das Element führt in diesem definierte Zustände herbei; sie werden als „Eingänge des Elements“ bezeichnet. Indem das Element bestimmte Zustände annimmt, wirkt es auf die Umgebung: das sind die Ausgänge des Elements. Jedes Element soll über mindestens einen Eingang und Ausgang verfügen und die Eingangszustände sollen die Ausgangszustände des Elements eindeutig bestimmen.

Die Beziehung zwischen Eingangs- und Ausgangszuständen ist die „Verhaltensweise des Elements".
Die aktiven Elemente können auf verschiedene Weise miteinander gekoppelt sein; so entsteht ein Koppelungsnetz. Die Menge der gekoppelten aktiven Elemente bilden ein „System". Die Verhaltensweise des Systems erwies sich abhängig von der Verhaltensweise der aktiven Elemente und von der Struktur des Systems. „Ein System aktiver Elemente besitzt also eine eigene spezifische Verhaltensweise, ein Bewegungsgesetz" ([4], S. 34). Das Bewegungsgesetz „ist eine Eigenschaft des Systems als Ganzes, denn sie hängt nicht nur von den Verhaltensweisen der einzelnen Elemente sondern auch von der Struktur des Systems ab, das heißt vom Koppelungsnetz der Elemente" ([4], S. 34).
Die Umwandlung von den Eingangs- in die Ausgangszustände des Elements sollen nicht plötzlich vonstatten gehen, sondern eine „Reaktionszeit" benötigen. Unter dieser Voraussetzung bekommt auch das System solcher gekoppelter Elemente eine neue Eigenschaft, es entwickelt sich in der Zeit. Die Untersuchung wendet sich damit den Gesetzmäßigkeiten der Systementwicklung zu.
Sind die Eingänge und Ausgänge des Systems konstant, so ändert sich der Zustand des Systems zeitlich nicht; es befindet sich im Gleichgewicht. Sind die Veränderungen des Zustandes des Systems derart, daß es einem Gleichgewicht zustrebt, so ist es „stabil". Diese Eigenschaft können nur Systeme mit mindestens einer Rückkopplung haben. Systeme ohne Rückkopplung geraten, sobald sie aus dem Gleichgewicht gebracht worden sind, in einen unbestimmten Zustand, sie heißen „neutrale Systeme". Die Rückkopplungen eines Systems können den Prozeß der Entwicklung des Systems zum Gleichgewichtszustand fördern; dann stabilisieren sie das System im Prozeß der Selbstregulierung des Systems; sie können aber auch die Entfernung des Systems vom Gleichgewichtszustand bedingen. Wenn diese als „Kumulatoren" bezeichneten Rückkopplungen dazu führen, daß sich das System mehr und mehr vom Gleichgewichtszustand entfernt, so wird das System instabil.
Rückgekoppelte Systeme können im Laufe ihrer Entwicklung unabhängig von ihrem Ausgangszustand werden. Sie stehen dann in Übereinstimmung mit einem vom Ausgangszustand unabhängigen Entwicklungsgesetz; der Entwicklungsprozeß ist „ergodisch"[1]) geworden. Er kann dauernd oder vorübergehend ergodisch sein. Störungen, die das System treffen, solange es sich ergodisch entwickelt, verschwinden während der weiteren Entwicklung. Demgegenüber vermag das System Störungen, die es außerhalb des Ergodizitätsbereichs treffen, nicht auszugleichen: diese Störungen sind bleibend. Das System verhält sich analog wachsenden Systemen, in deren Entwicklung ebenfalls Perioden hoher Gefährdung, die zu irreparablen Folgen führen, mit solchen Lebensabschnitten wechseln, in denen die Schädigungen durch die gleiche Noxe schnell und vollständig kompensiert werden. Aber auch innerhalb des Ergodizitätsbereiches auftretende Störungen werden unterschiedlich schnell ausgeglichen. An der unteren Grenze des Bereichs

---

[1]) s. S. 36.

verschwinden die Störungen schnell, an der oberen langsam. In Parallele zur Biologie bezeichnet LANGE ein System an der unteren Grenze des Ergodizitätsbereiches als „jung“, nähert es sich mit der Zeit der oberen Grenze, so ist es „alt“ geworden.
Auch durch Änderung des Ergodizitätsbereichs kann sich die Entwicklung von der Jugend zum Alter eines Systems zeigen. Die Dauer verschiedener Ergodizitätsbereiche eines Systems kann anfangs klein sein, dann zunehmen und schließlich wieder kürzer werden. Es ist naheliegend, daß sich die Wachstumsfähigkeit des Systems gegen Störungen damit auf eine Weise verändern kann, die dem Altersgang biologischer Funktionsabläufe analog ist.

6.5. Möglichkeiten der weiteren Untersuchung der Kybernetik der biologischen Entwicklung

Die beschriebenen kybernetischen Modelle der Entwicklung sind so allgemein, daß sie die biologischen Gegebenheiten im Einzelnen kaum berücksichtigen. Modell und Wirklichkeit gehen noch weit auseinander, wie APTERS Bemühen um die Molekulargenetik (s. o.) zeigen. Es wird eine Aufgabe künftiger Forschung sein, der Biologie genauer entsprechende Modelle zu erarbeiten.
APTER [1] und LANGE [4] gingen von Elementen mit streng determinierter Verhaltensweise aus. In biologischen Systemen sind Eingangs- und Ausgangszustände im allgemeinen mehr oder weniger zufällig miteinander verknüpft. APTER ([1], S. 165) weist daher zu Recht darauf hin, daß es eine Aufgabe weiterer Untersuchungen sein wird, von determinierten zu stochastischen Modellen zu kommen.
Neben der Bearbeitung grundlegender entwicklungsphysiologischer Prozesse wäre auch die exakte Beschreibung der Ontogenese der Regulationen sehr wünschenswert. Ohne Zweifel könnte durch eine regeltheoretische Bearbeitung werdender Funktionen die induktive Basis für eine allgemeine Entwicklungstheorie verbreitert werden.

Literatur

1. APTER, M. J.: Cybernetics and Development, Pergamon Press., Oxford, London, New York 1966.
2. HILBERT, D., und ACKERMANN, W.: Grundzüge der theoretischen Logik 4. Aufl. S. 119—131, Springer, Berlin—Göttingen—Heidelberg 1959.
3. JACOB, F., and MONOD, J.: On the regulation of gene activity in Cold Spring Harbor Symposion on Quantitative Biology, Vol. 26: Cellular Regulatory Mechanisms, 1961.
4. LANGE, D.: Ganzheit und Entwicklung in kybernetischer Sicht, Akademie-Verlag, Berlin 1966.
5. NEMES, T.: Kybernetische Maschinen, VEB Verlag Technik, Berlin 1967.

6. von Neumann, J.: The General and logical theory of automata, p. 1—41 in Central Mechanisms in Behavior, Ed. L. A. Jeffers, New York 1951.
7. Sugita and Motoyosi: Functional analysis of chemical systems in vivo using a logical circuit equivalent. II. The idea of a molecular automaton. J. Theoret. Biol. 4, 197—192 (1963).
8. Turing, A. M.: On computable numbers, with an application to the Entscheidungsproblem, Proc. Lond. Math. Soc. Sec. Series 42 230—265 (1936).
9. Watson, S. D.: and Crick, F. H. C.: A structure for desoxyribose nuclei acid, Nature (London) 171, 737—738 (1953).

7

REGELUNGSTHEORETISCHE BETRACHTUNGEN IN BIOLOGIE UND MEDIZIN

(Regelungssysteme des Organismus, ihre Struktur und Dynamik)

7.1. Einführung

Während 1932 der große amerikanische Physiologe W. B. CANNON, der Schöpfer des Begriffes „Homöostase" in der Biologie, sein berühmtes Werk über die Regulationen des menschlichen Organismus noch mit dem Titel „The wisdom of the body" überschrieb, schickt sich die Kybernetik heute an, aus dem Bereiche der biologischen Steuerung und Regelung die letzten Reste noch vorhandener vitalistischer oder teleologischer Denkweisen endgültig zu verbannen und auch deren letzte Domäne, die Psychologie, in breiter Front anzugreifen. Die Arbeitsweise homöostatischer Mechanismen des Körpers im Sinne von „Halte- und Folgeregelungen" bzw. „Programmsteuerungen" wird auf kausaldeterministisch verstehbare Einzelprozesse zurückzuführen versucht; außer-naturwissenschaftliche oder „übernatürliche" Faktoren werden dabei eliminiert.
Im technischen und auch im biologischen Bereich ist es oft wichtig, bestimmte Betriebsgrößen in vorgegebenen Grenzen konstant zu halten und gegen Störungen von außen oder innen automatisch zu stabilisieren. Nach einem tiefgründigen Wort von CL. BERNARD, dem überragenden französischen Physiologen des vorigen Jahrhunderts, ist die Konstanz des „milieu interne" die Voraussetzung für die Existenz freien Lebens auf der Erde. Die hochspezialisierten und hochempfindlichen Zellen des komplizierten Säugetierorganismus sind entscheidend darauf angewiesen, daß in ihrer unmittelbaren Umgebung (extrazelluläre Flüssigkeit, Blut) die Temperatur, der osmotische Druck, der pH-Wert, die Ionenzusammensetzung usw. gleichgehalten werden oder nur in engen Grenzen schwanken (Isothermie, Isotonie, Isohydrie, Isoionie); ferner müssen sie ständig eine ihrem Tätigkeitsgrad entsprechende Sauerstoffversorgung sowie ein ausreichendes Nährstoffangebot erhalten; die entstehende Kohlensäure und Metabolite müssen gemäß ihrer Bildung abtransportiert werden. Für diese Aufgaben sind in der Phylogenese außerordentlich präzis und wirkungsvoll arbeitende Mechanismen entstanden, die sich teils neuraler, teils hormonaler Informationsmittel bedienen.

7.2. Bemerkungen zur historischen Entwicklung der biologischen Regelungstheorie

Den Technikern und Mathematikern kommt das Verdienst zu, frühzeitig die nahe Verwandtschaft der technischen Systeme, die der Steuerung, Regelung, Selbstanpassung, Selbstorganisation und Selbstoptimierung, der Informationsübermittlung und -verarbeitung einschließlich der Rechenautomaten dienen, mit biologischen Strukturen und Wirkungszusammenhängen ähnlicher Aufgaben in Organismen erkannt zu haben. Die Biologen und Mediziner sind diesem Anruf zunächst nur zögernd und mit Zurückhaltung gefolgt, obwohl der deutsche Physiologe R. Wagner bereits in den Jahren 1925 bis 1927 als erster einen biologischen Regelapparat mit großer Klarheit beschrieben und in seiner Funktionsweise richtig erkannt und interpretiert hatte. Es handelt sich um den Eigenreflexapparat der Skelettmuskulatur, der inzwischen durch Anwendung moderner elektrophysiologischer Experimentalmethoden gut erforscht ist und immer stärker werdendes Interesse vom biokybernetischen Standpunkt beansprucht. Wagner schrieb 1925: „So kommt schließlich eine Eigenerregung des in sich geschlossenen erregbaren Systems, welches aus Ganglienzelle, motorischer Nervenfaser, Nervenplatte, Muskelfaser, spannungsempfindlichen Endorganen, afferenter Nervenfaser und direktem Reflexbogen besteht, zustande.“ Und an anderer Stelle: „Man könnte einen derartigen Mechanismus, wie er hier vorzuliegen scheint, am ehesten mit einer Rückkoppelung der Vorderhornzellen vergleichen. Diese Rückkoppelung ist dann mit der Spannung der sensiblen Endkörper veränderlich: Steigt deren Spannung, so wird sie fester, sinkt sie, so wird sie lockerer.“ Damit wurde schon damals das Prinzip der Rückkoppelung (engl. feed-back) eindeutig formuliert und in seiner Bedeutung für die Willkürbetätigung der Muskeln erkannt, die in einer weitgehend automatischen Anpassung der Muskelkraft an die durch die Bewegung in der Umwelt wachgerufenen, z. T. störenden Kräfte besteht (Muskelkraftregler). Dies formulierte Wagner 1927 in folgenden Sätzen: „Nebenbei soll noch bemerkt werden, daß durch eine Schaltungsleistung, welche im Rückenmarksquerschnitt in der Weise vor sich geht, daß von dort aus die Muskelkraft selbständig geregelt werden kann . . .“. In späteren Schriften hat Wagner immer klarer die Selbstkontrolle durch Rückkoppelung als ein Urprinzip des Lebens herausgearbeitet und dem Verständnis der biologischen Regelung den Weg geebnet.

Die Frage nach den „Vätern“ kybernetischer Denkweise in Biologie und Medizin ist allerdings nicht von letztlich entscheidender Bedeutung; auch der Engländer Ch. Bell hatte bereits 1826 erstaunlich klare Vorstellungen über die Rolle der Propriozeptivität bei der Willkürbetätigung der Muskeln entwickelt (circles of nerves). Naturwissenschaftlich trägfähig wurden alle diese Konzeptionen eigentlich erst, nachdem sich die allgemeine Systemtheorie, die Theorie der Steuerung und selbsttätigen Regelung, die Informationstheorie usw. als geschlossene mathematische Gebäude von hohem Allgemeinheitsgrad formiert hatten. Dies geschah praktisch erst während des zweiten Weltkrieges und kurz danach. Damit war auch für Biologie und Medizin die Möglichkeit gegeben — und das war das Entscheidende, wollte man nicht bei qualitativen Aussagen und allgemeinen Betrachtungen stehen bleiben —, quantitativ-mathematisch an die Probleme der biologischen Steuerung und Regelung sowie der Nachrichtenübermittlung in Organismen heranzugehen.

Das „Reafferenzprinzip" von v. HOLST und MITTELSTAEDT (1950) verband schließlich das Prinzip der „zentralen Rückmeldung" (s. o.) mit dem der peripheren Rückleitung, welche hier „Reafferenz" genannt wurde.

In Abb. 40 ist die Grundvorstellung schematisch veranschaulicht. Ein Bewegungskommando K aus irgendeinem höheren Zentrum soll in einem niederen Zentrum Z_1 eine „Efferenz", d. h. Aussendung eines Impulsstroms zu einem Effektor (EFF.), z. B. einem Muskel, verursachen. Die Efferenz hinterläßt dabei im Zentrum Z_1

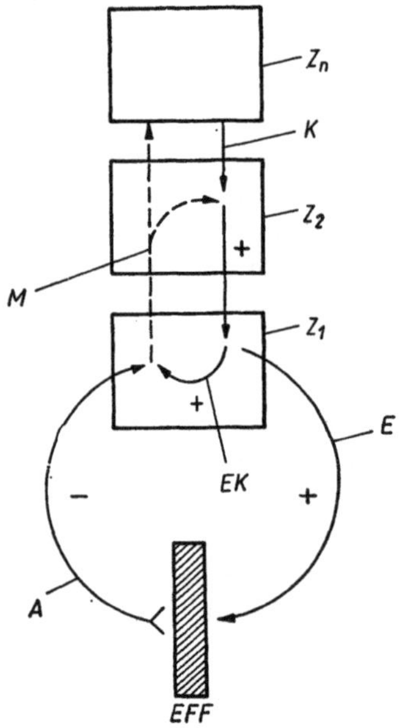

Abb. 40. Schema des Reafferenzprinzips (nach v. HOLST und MITTELSTAEDT, [6]).

eine bestimmte Zustandsänderung, eine Registrierung der ausgesendeten Impulse, die als „Efferenzkopie" (EK) bezeichnet wird. Von den sensiblen Endorganen in der Peripherie wird andererseits eine afferente Meldung (A) über die durch die efferenten Impulse im Effektor ausgelöste Veränderung dem Zentrum rückgemeldet (Reafferenz). Entspricht diese Reafferenz dem beabsichtigten peripheren Effekt des efferenten Impulsstroms, so löschen sich Efferenzkopie und Reafferenz gegenseitig aus, was die Plus- und Minuszeichen symbolisieren sollen. Die Reafferenz wird damit im niederen Zentrum einfach anulliert, und es erfolgt keine Meldung an das obere Zentrum. Nur wenn die Afferenz durch Außeneinflüsse größer oder kleiner wird, heben sich die beiden Größen nicht auf; es bleibt von der Afferenz oder von der Efferenzkopie ein Rest übrig, und nur dieser wird dem höheren Zentrum gemeldet, welches daraufhin eine entsprechende Änderung der Kommandoimpulse veranlaßt mit dem Ziel, eine Auslöschung der Differenz zwischen Efferenzkopie und Reafferenz herbeizuführen. Das System nimmt also — um es regeltheoretisch zu formulieren — in Z_1 einen Vergleich mit dem Sollwert vor und bildet die Regelabweichung, während Kommandos von Z_2 die Nullstellung, auf welche das System einspielt, d. h. den Sollwert, verändern. Der ganze Apparat arbeitet also mit Selbstregulation und Anpassungsfähigkeit an veränderte Außenbedingungen im Sinne des Reglerprinzips.

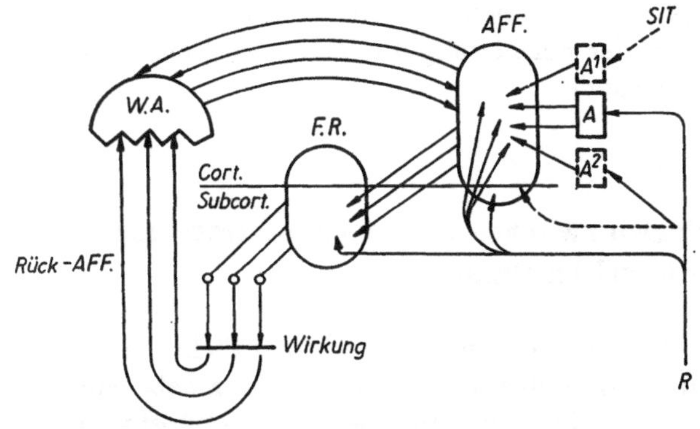

Abb. 41. Schema für die neue Konzeption der physiologischen Architektur des bedingten Reflexes (nach Anochin, [2]).

v. Holst und Mittelstaedt ist es gelungen, durch Anwendung des Reafferenzprinzips empirisch zu bestätigende Voraussagen über komplexe Erscheinungen zu machen, die für die klassische Reflextheorie unerklärlich sind bzw. bei welchen sie falsche Antworten gibt. Dies betrifft vor allem Phänomene aus der Sinnesphysiologie, wie die Raumkonstanz, d. h. das Stillstehen der Umwelt bei Bewegungen der Augen, und die Größenkonstanz der Sehdinge.

Anochin hat 1935 mit seinem funktionellen System bereits sehr differenzierte Vorstellungen über die Afferenz aus den Muskelspindeln geäußert (sanktionierende Afferenz). 1959 hat er dann die neue Konzeption der physiologischen Architektur des bedingten Reflexes veröffentlicht, nachdem er bereits 1955 in den „Voprossi psichologii" darüber berichtet hatte. Als experimentelle Grundlagen dienten Beobachtungen bei der Ausarbeitung bedingter Reflexe nach der sogenannten „sekretorisch-motorischen" Methode sowie *EEG*-Untersuchungen. Am Anfang jeder Reaktion steht die „Afferenzsynthese", wobei Anochin eine größere Reihe

von Situationsafferenzen (Nebenbedingungen) sowie die bedingten Anlasser-Reize (Trigger-Afferenzen) unterscheidet. Dazu kommen die in Phylo- und Ontogenese gespeicherten Informationen. Das Ergebnis der Afferenzsynthese sind der „Aktionsakzeptor" und der „Efferenzkomplex". Der Aktionsakzeptor erfaßt alle afferenten Impulse, welche die Großhirnrinde erreichen und ein Bild der bevorstehenden, zukünftigen Aktionen, den Plan der Handlung, enthalten. Der Efferenzkomplex umfaßt als integrales Ganzes kortikale wie subkortikale Strukturen, formiert die reflektorische Reaktion und löst sie aus.
Die Reaktion führt sodann zu einer weiteren Art von Afferenz, der Reafferenz — das vierte Glied des Reflexbogens (kardinales Lebensgesetz), welches den Aktionsakzeptor über Erfolg oder Mißerfolg der Reflexaktion informiert. Hier erfolgt also ein Vergleich: Bei Nichtübereinstimmung von Aktionsakzeptor und Reafferenz wird eine Orientierungsreaktion der Tiere hervorgerufen, eine Aktivierung des Zentralnervensystems und eine erneute Afferenzsynthese. Es werden ein neuer Aktionsakzeptor und ein neuer Efferenzkomplex aufgebaut, bis die Anpassung erreicht ist. Auch der Formierung des bedingten Reflexes liegt somit eine kreiskausale Struktur zugrunde.

7.3. Strukturanalogien zwischen der Temperaturregelung in der Technik und im Organismus

Um das Wesen der hier verwendeten Analogie zu verdeutlichen, seien der Strukturplan technischer und organismischer Temperaturregelung nebeneinander gestellt. Denken wir zunächst an das bekannte Beispiel des Thermostaten, vielleicht an den speziellen Fall des Kühlschranks! Dessen Kühlaggregat schaltet sich jedesmal dann ein, wenn die Innentemperatur über einen bestimmten Wert ansteigt. Verantwortlich dafür ist ein Kontaktthermometer, der Meß-„fühler", welches beim Grenzanschlag den Schaltvorgang auslöst. Ist danach die Temperatur wieder unter den Sollwert abgesunken, so wird das Kühlaggregat, das „Stellglied", ausgeschaltet: die Kühlwirkung läßt nach. Dieser Vorgang wiederholt sich beliebig oft, und es gelingt durch eine so einfache „Zweipunktregelung" die Temperatur im Innern des Kühlschranks ungefähr konstant zu halten.
Den Aufbau einer stetigen Regelung der Temperatur in einem technischen Ofen zeigt Abb. 42. Der Ofen werde durch einen elektrischen Widerstand beheizt. Störungen der Ofentemperatur können durch verschiedene Umstände auftreten. Als Thermofühler zur fortlaufenden Messung der Ofentemperatur, der „Regelgröße", dient ein Widerstandsthermometer oder ein Thermoelement. Das Meßergebnis wird dem folgenden Bauglied zugeleitet, dem „Regelwerk", welches den Vergleich mit dem einzuhaltenden „Sollwert" vornimmt. Der etwas komplizierte gerätemäßige Aufbau braucht hier nicht zu interessieren; auf der einen Seite führt die Meßgröße hinein, am Ausgang die Stellgröße hinaus. Letztere greift am „Stellglied" an, einem Transformator, dessen Sekundärspannung durch einen

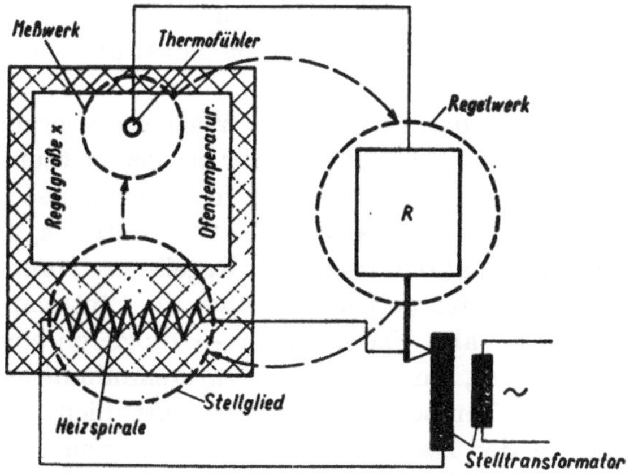

Abb. 42. Schema der Temperaturregelung eines technischen Ofens (Näheres s. Text).

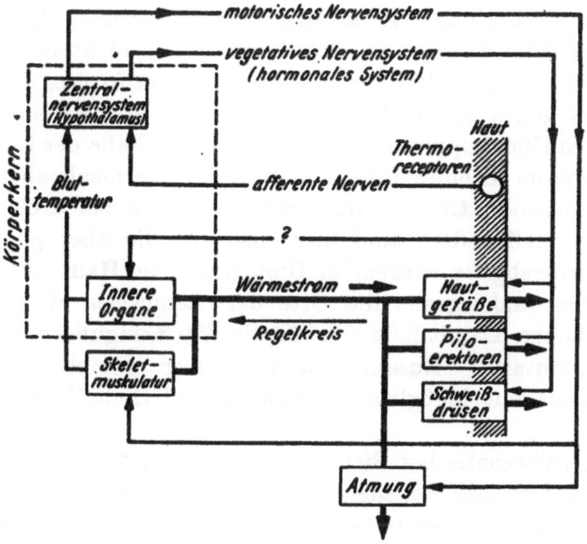

Abb. 43. Schema der Thermoregulation des gleichwarmen Tieres (nach Hensel, [7]).

Schiebeabgriff verändert werden kann. Die Schieberstellung und damit die Wärmeabgabe werden durch den Regler bestimmt. In zyklischer Geschlossenheit wirkt nach dem Prinzip der „negativen Rückkoppelung" — mit „Vorzeichen-Umkehr" — das System auf sich selbst zurück: jedes Ansteigen der Temperatur löst von selbst Vorgänge aus, welche eine Temperatursenkung herbeiführen,

und umgekehrt, jedes Absinken der Temperatur wird mit einer Veränderung des Stellgliedes beantwortet, die ein Ansteigen bewirkt. Meßglied und Stellglied sind die essentiellen Bestandteile des Regelkreises.
Grundsätzlich genau so arbeitet jener komplizierte Wärmeregulierungsapparat in unserem Organismus, welcher die Körpertemperatur auf den erstaunlich genau eingehaltenen Wert um 37 °C einstellt. Es bedeuten in Abb. 43 (nach HENSEL) die dicken Pfeile den Weg des Energieflusses, d. h. des Wärmestroms, die dünnen hingegen die Richtung des Informationsstroms im Regelkreis. Hauptsächliche Regelgröße ist die Temperatur im Körperkern, genauer die Bluttemperatur im Zwischenhirn. Als Meßglieder — also Thermometer — fungieren einerseits im Zwischenhirn, dem Reglerzentrum, gelegene temperaturempfindliche Nervenzellen, welche unmittelbar die Temperatur des hier durchfließenden Blutes messen, sowie zweitens die in der Haut befindlichen Kalt- und Warmsinnesempfänger (Thermorezeptoren). Letztere geben als vorgeschobene Fühler bereits dann ihre Informationen an die Reglerzentrale ab, wenn die Störung in Form einer Akbühlung oder Erwärmung die Körperoberfläche von außen erreicht. Der Organismus wartet also nicht erst, wie der Thermostat, eine faktische Änderung der Bluttemperatur ab, sondern arbeitet außerordentlich viel wirksamer als „Regler mit Störwertaufschaltung“. Beim Menschen funktioniert dieses Prinzip so gut, daß es bei plötzlichen äußeren Abkühlungen gar nicht erst zu einem Abfall der Körpertemperatur, sondern meist sogar zu einem Anstieg kommt.
Die Gegenmaßnahmen gegen drohende Änderungen der Körpertemperatur bestehen — der negativen Rückkopplung entsprechend — im Falle der Gefahr einer Überwärmung des Körpers in einer Intensivierung der Wärmeabgabe und Einschränkung der Wärmeproduktion, in umgekehrtem Sinne bei drohender Abkühlung. Biologische „Stellglieder“ sind hier einerseits die über physikalische Mechanismen der Wärmeabgabe wirkenden Blutgefäße der Haut, die Schweißdrüsen und die Lungen, andererseits die Orte der chemischen Wärmebildung, die Muskeln und die Leber. Damit läßt sich für die Wärmeregulierung der Sachverhalt eines „kreiskausalen“ Zusammenhangs, eines geschlossenen, rückgekoppelten Regelkreises mit Meßglied, Regelwerk und Stellgliedern ebenfalls unter Beweis stellen.
„Fieber“ bedeutet in kybernetischer Sicht nicht etwa ein Versagen der Regelvorgänge infolge Überschreitung vielleicht der Stell- oder Störbereiche. Vielmehr handelt es sich um eine Sollwertverstellung. Im Temperaturregulierungszentrum wird unter dem Einfluß z. B. von Bakteriengiften der einzuhaltende Sollwert auf ein höheres Niveau eingestellt. Das gleiche ist bei starker Muskelarbeit der Fall. Auf dieses erhöhte Niveau wird dann wieder sehr genau eingeregelt.
Es hat sich nachweisen lassen, daß in gleicher Weise der Strukturplan anderer Regelungssysteme des Organismus aufgebaut ist, z. B. für die Regulierung der Atmung, des Blutdrucks, des pH-Wertes und des Zuckerspiegels im Blut, des Wasserhaushalts und des osmotischen Drucks und vieles andere mehr.

7.4. Blutzuckerregelung, Hypophysen-Nebennierenrindenachse

Ein Beispiel für biologische Regelkreise, in welchen vorwiegend hormonale Informationsmittel zum Einsatz gelangen, ist die Kohlehydratregulierung des Organismus (Abb. 44). Obwohl das hier dargestellte Blockschaltbild bereits 1954 veröffentlicht wurde (DRISCHEL), hat es im wesentlichen auch heute noch Gültigkeit. Daß der adäquate Reiz zur Auslösung blutzuckerregulierender Maßnahmen durch Änderungen des herrschenden Blutzuckerspiegels selbst dargestellt wird,

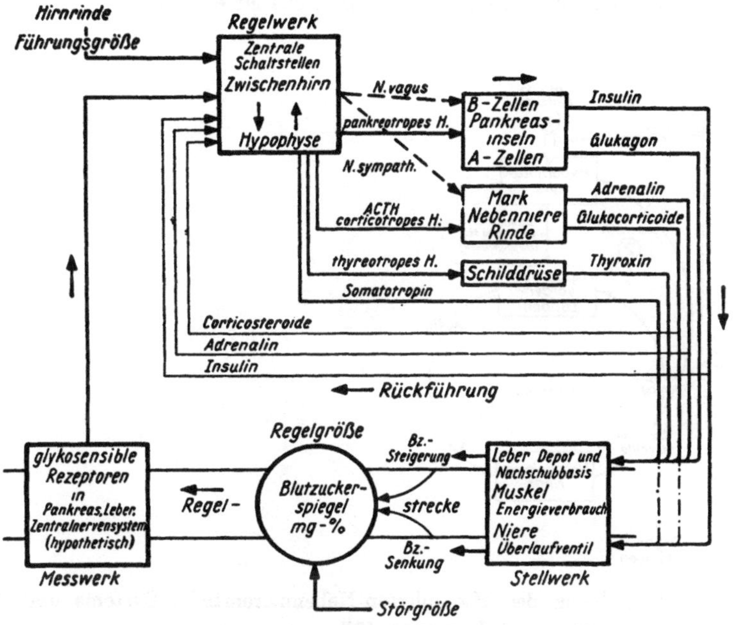

Abb. 44. Schema der Kohlehydratregulierung (nach DRISCHEL, [5]).

war schon relativ früh vermutet und ist in jüngerer Zeit auch experimentell exakt erwiesen worden. Der Blutzuckerspiegel als Ergebnis einer feinen Ausbalancierung zwischen Zuckerverbrauch in der Peripherie und Zuckernachschub wird durch ein Regulationssystem eingestellt, welches alle Kennzeichen eines vermaschten Regelkreises mit negativer Rückkoppelung aufweist. In kurzen Stichworten seien die Charakteristiken dieses Regelsystems skizziert: die Regelgröße: Blutzuckerspiegel; Meßglieder: glykosensible Elemente in Pankreas, Leber, Zwischenhirn — zwar noch hypothetisch (morphologisch nicht belegt), aber funktionell zwingend zu fordern; Regelwerk: Hypophysen-Zwischenhirnsystem; Stellglieder: Leber, Muskulatur, Niere, letzten Endes alle Körperzellen; im efferenten Schenkel sind als Informationsmittel außer dem vegetativen Nervensystem vorwiegend Hormone eingesetzt: die glandotropen Hormone des

Hypophysenvorderlappens, welche die untergeordneten Drüsen (Pankreas, Nebenniere und Thyreoidea) zur Absonderung der abhängigen Hormone veranlassen, dabei bemerkenswert: Rückwirkung des Hormons der abhängigen Drüse auf die Produktion des glandotropen Hormons durch die Hypophyse im Sinne einer Rückführung (Unterregelkreise im Gesamtregelsystem); die Hormone veranlassen teils blutzuckersteigernde Maßnahmen (Zuckerresorption aus dem Darm, Glykogenabbau und Zuckerneubildung in der Leber), teils blutzuckersenkende (Glucoseverbrennung in der Peripherie, Glykogenaufbau und Fettbildung aus Glucose); das Ergebnis ist der homöostatische Blutzuckerspiegel; der Sachverhalt eines geschlossenen Regelkreises ist evident.

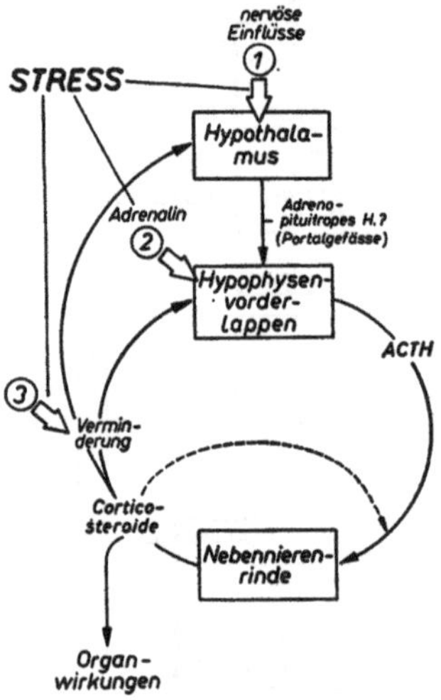

Abb. 45. Schema des Hypophysen-Nebennierenrinden-Systems und der Stresseinwirkung (nach Drischel, [6]).

Rückgekoppelte Mechanismen mit allen Merkmalen von Regelkreisen kennen wir auch sonst in der hormonalen Sphäre. Abb. 45 zeigt als Beispiel die beim „Stress" so wesentliche Hypophysen-Nebennierenrinden-Achse in ihrer kreiskausalen Struktur. Sie kann als Spezialfall für die allgemeine Beziehung Hypophyse zu abhängiger Drüse dienen. Die in der untergeordneten Drüse produzierten Hormone wirken derart auf die Hypophyse zurück, daß bei Erhöhung ihres Blutspiegels die Abscheidung des betreffenden glandotropen Hormons durch die Hypophyse gehemmt wird. Sinkt hingegen die Konzentration des abhängigen Hormons, so wirkt dies als Reiz auf die Hypophyse und führt hier zu einer vermehrten Hormonausschüttung. Die Nebennierenrindenhormone steuern also umgekehrt proportional zu ihrem Titer im Blut die ACTH-Sekretion der Hypophyse. Diese rückgekoppelte humorale Selbstregulierung, die den Corticosteroidspiegel innerhalb gewisser Grenzen automatisch konstant hält, ist bemerkenswert

unabhängig von zentraler vegetativer Beeinflussung. Bei Einwirkung eines Stress erfährt als Ausdruck des sog. „allgemeinen Adaptationssyndroms" (SELYE) die Regelung eine „Sollwertverstellung": Es werden größere Corticosteroidmengen als sonst benötigt, um die ACTH-Bildung im Hypophysenvorderlappen zu verringern (obligate Erhöhung des Nebennierenrindenhormonspiegels).
Außer der „Halteregelung", welche der Konstanthaltung einer Größe gegenüber Störeinflüssen dienen soll, ist die „Folgeregelung" ebenso wichtig. Dabei soll die Regelgröße einer von außen kommenden Führungsgröße folgen. Ein gutes Beispiel ist der Fixations- und Folgemechanismus des menschlichen Auges, welcher das optische Festhalten bewegter Objekte bei ständiger Abbildung im Punkte des schärfsten Sehens auf der Netzhaut ermöglicht (s. Kap. 9.1.).

7.5. Bedeutung des Regelkreismodells in der Biologie

Das Regelkreismodell erweitert das „klassische" Denkschema des Reflex„bogens" zum Regulations„kreis" und wird in vielen Fällen besser den natürlichen Verhältnissen im intakten Organismus gerecht. Die Bauteile des Reflexbogens und des Regulationskreises sind natürlich die gleichen (Abb. 46): Rezeptoren als

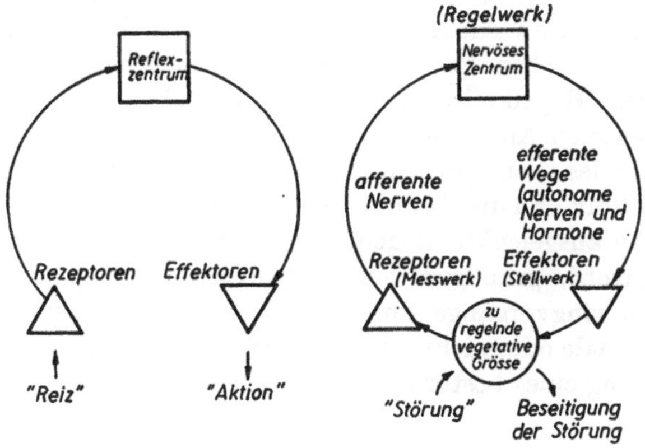

Abb. 46. Schema des Reflexbogens (links) und des geschlossenen Regulationskreises (rechts).

Meßglieder, nervöses Zentrum als Koordinationsorgan oder Regler, Effektoren oder Stellglieder. Eine Rückwirkung des Erfolgsorgans auf den Rezeptor ist aber in der Reflexvorstellung keineswegs von vornherein enthalten bzw. nicht explizit formuliert. Tatsächlich wirken im natürlichen Zusammenhang nicht nur die Rezeptoren über das Zentrum auf das Erfolgsorgan ein, sondern letzteres wirkt in einem ständig vorhandenen Wirkungskreislauf durch seine Tätigkeit auf die

Rezeptoren zurück; Zentrum und Peripherie — über deren Vorherrschaft man sich lange gestritten hat — werden dadurch in ein neues Verhältnis der völligen Gleichberechtigung zueinander gebracht. Beide sind gleichwertige Glieder eines Funktionskreises. Man kann sagen, die Reflextheorie hat die Untersuchung des „aufgeschnittenen“ Regelkreises zum Ziel (wie sie auch der Techniker durchführt), während in kybernetischer Sicht der natürlicherweise geschlossene Kreis berücksichtigt wird.

Daß der biologischen Forschung und der Medizin der Sachverhalt einer „kreiskausalen“ Geschlossenheit so lange entgehen konnte, liegt wohl in erster Linie daran, daß die Forscher mehrerer Generationen — dem klassischen Vorbild der Physik folgend — ihre Experimente meist so anlegten, daß Kreiswirkungen geradezu ausgeschlossen waren. Das Vorgehen anhand der linearen, beidseits „offenen Kausalkette“, des Reflexbogens, bot der Experimentalforschung zunächst geringere Schwierigkeiten.

Allerdings wäre die Kybernetik, wollte sie sich auf die mehr oder minder qualitative Struktur-Analogisierung biologischer Regelkreise beschränken, tatsächlich berechtigt dem Vorwurf ausgesetzt, sie „fülle lediglich alten Wein in neue Schläuche“ und schaffe lediglich eine „neue Nomenklatur für längt bekannte Sachverhalte“. Selbstverständlich sind kreiskausale und Rückkopplungsbeziehungen im Prinzip seit langem bekannt; man denke auch an v. Uexküll, v. Weizsäcker, den Kliniker Hoff und manche andere Autoren. Aber die Kybernetik führt eben weiter: Über reine Strukturähnlichkeiten hinaus faßt sie insbesondere die dynamischen Analogien ins Auge, d. h. Entsprechungen in der Funktion und im kinetischen Verhalten der betrachteten Systeme bei Belastungen und Störungen. Regelkreise in der Technik und in der Biologie sind auf Grund ihrer kreiskausalen Anordnung grundsätzlich „schwingungsfähige Gebilde“: Wird ein bestehendes Gleichgewicht gestört — und gerade solcher Störungen wegen haben die Technik und die Natur die Regelkreise entworfen —, so ist der Vorgang, in welchem die ausgelenkte Regelgröße ihrem alten oder einem neuen Beharrungszustand zustrebt, prinzipiell ein Schwingungsvorgang (Einschwingvorgang). Solche Einschwingvorgänge unter vergleichbaren Bedingungen verraten etwas über die optimale oder nichtoptimale Auslegung der Systemparameter hinsichtlich der Erreichung eines bestimmten Endzwecks.

7.6. Dynamik biologischer Regelkreise

Viele biokybernetische Systeme des Körpers lassen sich in erster, grober Annäherung durch lineare Differentialgleichungen 1. oder 2. Ordnung von der allgemeinen Form

$$T_2 \frac{d^2 x_a}{dt^2} + T_1 \frac{dx_a}{dt} + x_a = r_0 x_e + r_1 \frac{dx_e}{dt}$$

beschreiben. Darin bedeuten: x_e = Eingangsgröße (Störung), x_a = Ausgangsgröße (zu regelnder Zustand), T_1 und T_2 = Zeitkonstanten, r_0 und r_1 = Einflußgröße der Proportional- bzw. Differentialquotientenmessung der Störgröße. Für T_2 = null ergibt sich ein System 1. Ordnung.

Die rechte Seite der Gleichung bringt zum Ausdruck, daß auch bei biologischen Reglern meist nicht nur die Störgröße selbst „proportional" erfaßt, sondern auch ihr erster Differentialquotient nach der Zeit, d. h. die zeitliche Änderung, gemessen wird. Diese „Differentialquotienten-Empfindlichkeit" erhöht die Wirksamkeit der Regelung, weil sie eine Extrapolation in die Zukunft erlaubt. Die Parameter T_1 und T_2 bestimmen wesentliche Charakteristiken der Dynamik, so vor allem die „Dämpfung" der Einschwingvorgänge. Der physikalische Begriff „Dämpfung" hat hier zunächst einen abstrakten, formalen Gehalt, da wir nicht wissen, durch welche biologischen Bauteile der Wirkungsketten sie bewirkt wird. Aber es liegt ja gerade im Wesen der kybernetischen Betrachtungsweise, daß sie nicht nur zum Studium der dynamischen Eigenschaften einzelner Bauteile, sondern auch ganzer komplexer Systeme, deren inneren Aufbau wir nicht kennen, Anwendung finden kann.

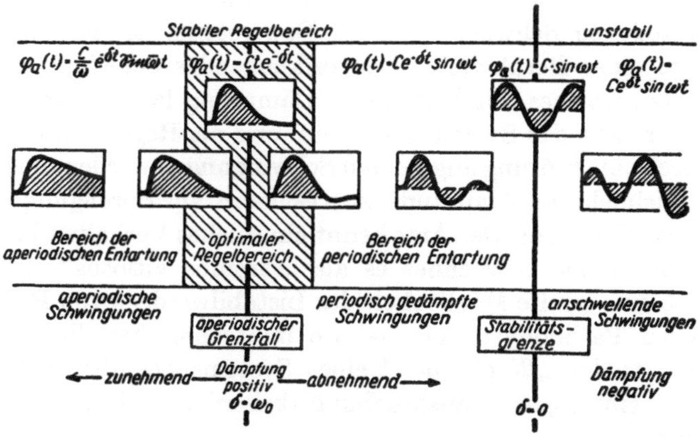

Abb. 47. Dynamisches Verhalten eines linearen Systems zweiter Ordnung in Abhängigkeit von der Systemdämpfung.

Bei Regelsystemen technischer wie biologischer Herkunft interessieren vor allem ihre „Stabilität", die in erster Linie durch die „Dämpfung" der Prozesse bedingt wird, sowie die „Regelgüte", d. h. ihre mehr oder minder optimale Einstellung. Wie diese Verhältnisse mit dem Einschwingverhalten zusammenhängen, ist am Beispiel eines linearen Systems zweiter Ordnung in Abb. 47 gezeigt.

Als „stabil" bezeichnet man ein System dann, wenn es nach einer Auslenkung des Gleichgewichts zu abklingenden Schwingungsvorgängen in ihm kommt. Die Einschwingprozesse können dabei einphasisch (aperiodisch) oder aber mehrphasisch (periodisch) sein. Theoretisch optimal ist der sogenannte „aperiodische Grenzfall": Bei „kritischem" Dämpfungsgrad resultiert ein raschestmögliches

Erreichen der Endlage ohne jedes Überschwingen. Ist die Dämpfung geringer, so kommt es zu einer oder mehreren Überschwingungen, zum periodischen Auspendeln, ehe der angestrebte Wert endgültig erreicht wird. Ist die Dämpfung größer als im Grenzfall (überaperiodische Dämpfung), so erfolgt eine verzögertes einphasisches Einschwingen, bei abnorm großer Dämpfung im Extremfall ein „Kriechvorgang". Es ist klar, daß weder der Kriechvorgang noch stark schwingende Pendelprozesse optimale Lösungen des Regulationsproblems darstellen.
Die „Güte" der Regulation (Regelgüte) kann erfaßt werden, indem man die Größe der „Regelfläche" planimetrisch bestimmt. Unter Regelfläche wird diejenige Fläche verstanden, die von der Einschwingkurve nach stoßförmiger Störung und dem später endgültig erreichten Gleichgewichtszustand eingeschlossen wird (in Abb. 47 schraffiert). Je kleiner die Regelfläche bei sonst gleichen Bedingungen, um so besser die Regelgüte und umgekehrt. Sinngemäßer als die Auswertung der einfachen, linearen Fläche erscheint dabei die der quadratischen Regelfläche, d. h. der Fläche unter der vorher quadrierten Verlaufskurve; negative, unter dem Einstellwert gelegene Kurventeile werden dadurch ins Positive geklappt und hinzuaddiert (s. Kap. 3.4.6.).
Die Grenze der Stabilität wird erreicht, wenn infolge fehlender Dämpfung ($\delta = 0$) die angestoßenen Schwingungen als Daueroszillation bestehenbleiben; es kommt nicht zu einer Beruhigung. Ein aufklingendes Schwingverhalten (in Abb. 47 ganz rechts), welches durch negative Dämpfung bzw. „positives" feedback bedingt wird, macht das System „instabil" und als Regelmechanismus unbrauchbar; die durch eine Störung angeregten Schwingungen werden nicht kleiner, sondern nehmen vielmehr an Amplitude zu; es kann zur Sprengung und Vernichtung des Systems kommen. Der Arzt kennt ein solches Verhalten biologischer Regelsysteme ebenfalls und bezeichnet es als „Circulus vitiosus". Es sei hier vermerkt, daß auch eine zweite Möglichkeit des Instabilwerdens von Regelkreisen in der menschlichen Pathophysiologie — wie im technischen Bereich — zur Beobachtung gelangt: das „Wegkippen" eines Systems bei übermäßig starker und lang dauernder einseitiger Beanspruchung (krisenhaftes Umschlagen in die polare Gegentendenz).
Als Beispiel für die Kinetik von Einschwingvorgängen regulierter Größen des Organismus sei das Verhalten des Blutzuckers als Ausdruck der Kohlenhydratregulation (s. o.) nach impulsförmiger Belastung aufgeführt. Die adäquate Testung dieses Regulationsapparates stellt eine orale oder intravenöse Erhöhung des Blutzuckergehaltes dar. Wir haben (Drischel [4]) an 27 Versuchspersonen beiderlei Geschlechts intravenöse stoßförmige Traubenzuckerbelastungen (Injektion innerhalb 1 min) mit 0,2 g Glucose pro kg Körpergewicht durchgeführt; das entspricht einer Gesamtmenge von 16—20 g Glucose. Der daraufhin erfolgende Zeitgang der Blutzuckerwerte (Doppelbestimmungen nach Hagedorn-Jensen) wurde in möglichst dichten Intervallen — zuerst alle 1—2 min, später alle 5 min — über insgesamt 3—4 h kontrolliert. Die Analyse der beobachteten Verläufe führte zur Abgrenzung bestimmter dynamischer Normtypen (Abb. 48), welche durch fließende Übergänge miteinander verbunden sind. Rechts sind charak-

teristische Einzelbeispiele von tatsächlich festgestellten Verlaufskurven, links schematisch die zugrunde liegenden Hauptschwankungen der Blutzuckerbewegung wiedergegeben. Am häufigsten vertreten war Typ *A*: ein günstig gedämpftes, aperiodisches Rückkehren der Glucosewerte in die Sollage ohne Überschwingen. Recht häufig fanden sich ferner Typ *B* und *C*. Bei *B* handelt es

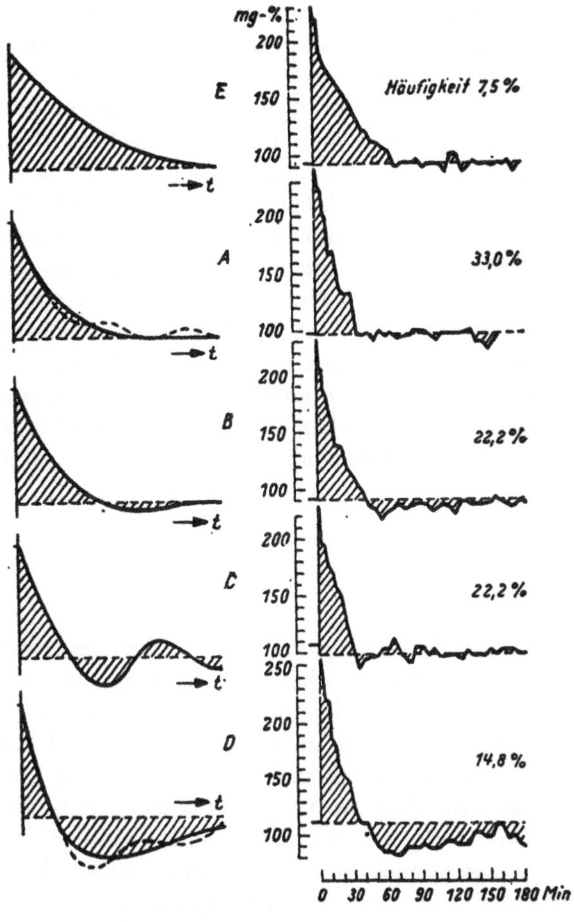

Abb. 48. Blutzuckerkinetik nach intravenöser Glucosestoßbelastung am Menschen (nach Drischel, [4]).

sich um schwach „unterkritisch gedämpfte" Einschwingvorgänge mit mäßigem einmaligen Überschwingen über die Sollage hinaus, bei *C* um mäßig „entdämpfte" Abläufe mit rhythmischem Auspendeln beiderseits der Endlage.

Es ist hier interessant zu erwähnen, daß der Organismus offenbar nicht so sehr den theoretisch optimalen aperiodischen Grenzfall anstrebt, sondern mäßig entdämpfte Einschwingvorgänge zuläßt und dadurch ein noch günstigeres Regel-

ergebnis erzielt. Auch im technischen Bereich dimensioniert man z. B. bei elektrischen Meßinstrumenten die Dämpfung oft so, daß die Einstellung nicht eben aperiodisch erfolgt, sondern man läßt 1—3 Überschwingungen zu und erhält für diesen Fall noch kürzere Einstell- und Beruhigungszeiten. Wo es im Organismus auf rasche angenäherte Einstellungen ankommt, scheint ein solches Prinzip gleichfalls verwirklicht zu werden.
Seltener waren die Typen *D* und *E* (Abb. 48) des Blutzuckerverhaltens nach Impulsstörung. Bei *D* liegt ein stärker entdämpfter Schwingvorgang mit erheblichem und lang dauerndem Unterschreiten der Sollage vor. Um ein verzögertes Ausschwingen von oben her ohne Überschreitung der Sollage im Sinne einer überaperiodischen Schwingung handelt es sich bei *E* (vergrößerte Dämpfung). Es ist offensichtlich, daß diese beiden Fälle nicht die günstigste Lösung des Regelproblems darstellen. Typ *E* leitet zu prädiabetischen Fällen über, *D* erinnert an das Verhalten bei Glykogenspeicherkrankheit. Das hier erläuterte Konzept darf nicht allzu starr gehandhabt werden; die Kinetik in den einzelnen Funktionsbereichen zeigt durch die verschiedenen Einflüsse meist eine so große Mannigfaltigkeit, daß viele Kurvenverläufe sich nicht — ohne den Ergebnissen Gewalt anzutun — in das in Abb. 48 gegebene Schema pressen lassen. Es wird im einzelnen sehr sorgfältig zu prüfen sein, wann von einer abnormen Vergrößerung oder Verringerung der Systemdämpfung zu sprechen ist. Das ist angesichts der hochgradigen Vermaschung und Interferenz der organismischen Regelsysteme nicht anders zu erwarten.

7.7. Funktionsprüfungen

Da die Intaktheit und optimale Einstellung der vegetativen Regelsysteme des Körpers bei Krankheiten eine oft lebensentscheidende Rolle spielen, ist der Arzt daran interessiert, durch Funktions- oder Regulationsprüfungen ein Urteil über bestimmte Regelungen bei seinen Patienten zu gewinnen. Man darf hoffen, daß die Anwendung kybernetischer Erkenntnisse und Verfahren für die Theorie und Interpretation solcher Funktionsproben wertvolle Beiträge liefern und es mit ihrer Hilfe gelingen wird, gerade die feineren individuellen Unterschiede in der Regulationsdynamik und Abweichungen von der Norm möglichst frühzeitig zu erkennen und prognostische sowie therapeutische Konsequenzen daraus zu ziehen.
Nahziel bei der dynamischen Auswertung von Einschwingkurven verschiedener regulierter Größen des Organismus ist die Aufstellung einer rationalen, von kybernetischen Prinzipien ausgehenden kinetischen Typologie der Reaktionsabläufe, die statistisch gesichert werden sollte. Das theoretische Fernziel besteht darin, die empirisch gewonnenen Kurvenverläufe und damit die entsprechenden Systeme durch Differentialgleichungen oder andere geeignete mathematische Formulierungen näherungsweise zu beschreiben. Eine solche mathematische Approximation darf dabei nicht nur formal sein — jede beliebige Kurve kann durch irgendein Polynom beschrieben werden —, sondern sie soll kausal sein,

das heißt von bestimmten Vorstellungen über Struktur und Funktion der untersuchten Systeme ausgehen (s. Kap 8.1.5.). Gerade hierfür bieten die Regelungstheorie und Kybernetik die geeigneten Ansätze, die uns bisher nicht zur Verfügung standen. Falls die aufgestellten mathematischen Gleichungssysteme wirklich den essentiellen Charakter der untersuchten Mechanismen erfassen, darf erwartet werden, daß entsprechende Systeme bei verschiedenen Individuen sich nicht in der Grundstruktur dieser Gleichungen unterscheiden, sondern lediglich durch die Werte der Koeffizienten oder „Konstanten" in diesen. Individualunterschiede würden dann in den Größen weniger „Parameter" beschreibbar und erfaßbar.
Bei der quantitativen Auswertung der Antwortkurven solcher Regelsysteme können dem Zeitverlauf leicht durch Ausmessung bestimmte Zeit- und Intensitätskennwerte entnommen werden, wie Latenz-, Gipfel- und Halbwertszeiten des Anstiegs und Abstiegs, Gipfelwert usw. Diese Kennwerte gestatten eine Reduzierung der kinetischen Mannigfaltigkeit auf wenige Größen, und mit ihrer Hilfe läßt sich das Beobachtungsmaterial statistisch durchdringen. Die Aufstellung einer rationalen, statistisch begründeten Typologie der Reaktionsabläufe ist dann möglich.

7.8. Bedeutung mathematischer Abstraktionen

Der denkökonomische Vorteil einer mathematischen Abstraktion sei am Beispiel der Blutzuckerabläufe demonstriert. An entsprechendem Beobachtungsmaterial ließ sich zeigen, daß die Durchschnittskurve des Blutzuckereinschwingens (alle 27 Einzelabläufe wurden arithmetisch gemittelt) in den ersten 50—60 min nach der intravenösen Glucosestoßinjektion in erster Annäherung durch eine Exponentialfunktion beschrieben werden kann. Trägt man die Mittelwertskurve in ein halblogarithmisches Koordinatensystem ein, so ergibt sich eine Gerade mit einer gewissen Steigung (für alle Eliminationsprozesse nichtreaktiver Substanzen charakteristisch).
Amerikanische Autoren sind in ähnlichen Untersuchungen zu dem Schluß gelangt, daß auch für die einzelne Person in den ersten 70 min dieser Sachverhalt zutrifft. Danach würde der Verlauf der Blutzuckerkurve beschrieben durch die Gleichung

$$C(t) = C(0) \cdot e^{-kt}$$

worin $C(t)$ den Glucoseüberschuß über Norm in mg-% zu einer beliebigen Zeit t, $C(0)$ den Glucoseüberschuß in mg-% zur Zeit 0 (sofort nach Injektion) und k die Eliminierungskonstante für Glucose aus dem Blut bedeuten. Die Autoren konnten zeigen, daß das Ergebnis bei der gleichen Person in wiederholten Tests im Prinzip übereinstimmend war, und ferner, daß eine Vergrößerung der zugeführten Glucosemenge das Verhalten des Systems nicht grundsätzlich änderte. Sowohl bei intravenöser Belastung mit 25 wie mit 35 g Glucose war die Eliminierungskonstante k die gleiche; im halblogarithmischen Raster ergaben sich zwei parallel verschobene Geraden mit der gleichen Steilheit, d. h. die Reaktionsweise ist in weiten Grenzen dosisunabhängig. Bei gesunden Menschen liegt die Eliminierungs-

konstante zwischen 3,0 und 4,84 mg-%/min, für mäßigen Diabetes beträgt sie 0,93–2,46 und für schweren Diabetes 0,25–1,64 mg-%/min.
Obwohl nach meinen eigenen Erfahrungen die Annäherung der individuellen Blutzuckerverläufe durch eine einfache Exponentialfunktion wegen stärkerer Abweichungen und Oszillationen etwas gewagt und nicht ohne weiteres erlaubt erscheint, ist die große Bedeutung einer derartigen mathematischen Interpretation in die Augen springend. Bei Unterstellung der Zulässigkeit derselben würde dies heißen, daß die individuellen Besonderheiten in der Dynamik der Blutzuckerregulierung durch einen einzigen Parameter, die Eliminationskonstante k, beschreibbar wären.
Kriterium für die Brauchbarkeit des kybernetischen Konzepts in Biologie und Medizin wird allgemein sein, ob erstens bestimmte biologische Prozesse nur mit Hilfe des kybernetischen Ansatzes und nicht mit den traditionellen Mitteln gelöst werden können – und dem scheint so zu sein – sowie zweitens, ob sich daraus eine kausal-mathematische Beschreibung der erfaßten Gesetzmäßigkeiten herleiten läßt, die gleichzeitig im gewissen Rahmen Voraussagen ermöglicht und schließlich die Hoffnung eröffnet, zu einer konsequenten Beeinflussung der Regelprozesse des Organismus, zu einer kybernetischen Therapie zu gelangen. Was wir derzeit benötigen, sind saubere und einwandfreie Experimente sowie eine Menge von Meßdaten, die wir mathematisch, meist unter Einsatz von Elektronenrechnern, verarbeiten müssen. Unsere verständliche Freude an vorausfliegenden und verallgemeinernden Spekulationen, zu denen gerade die Kybernetik als neue „interdisziplinäre" Wissenschaft verleitet, sollten wir dabei möglichst eindämmen.

Literatur

1. Anochin, P. K.: Über das einheitliche Zusammenwirken des Zentrums und der Peripherie in der Nerventätigkeit. J. Physiol. (UdSSR) **14**, 27 (1935).
2. Anochin, P. K.: New Conception on the Physiological Architecture of the Conditioned Reflex. Moskau 1959.
3. Bell, Ch.: Philos. Trans. **2**, 163 (1826).
4. Drischel, H.: Zur Dynamik der Blutzuckerabläufe nach intravenöser Glukosestoßbelastung bei gesunden Menschen. Z. ges. Inn. Med. **9**, 471 (1954).
5. Drischel, H.: Blutzuckerregelung; in Mittelstaedt H.: Regelungsvorgänge in der Biologie, Vorträge der Tagung 1954 in Darmstadt. München 1956.
6. Drischel, H.: Der heutige Stand der Kenntnisse von den endokrinen Regulationsstörungen. Regensburger Jahrbuch für Ärztl. Fortbildung **9** (1961).
7. Hensel, H.: in Precht, H., Christophersen, J., u. Hensel, H.: Temperatur und Leben. Berlin–Göttingen–Heidelberg 1955.
8. v. Holst, E., u. H. Mittelstaedt: Das Reafferenzprinzip. Naturwiss. **37**, 464 (1950).
9. Wagner, R.: Über Regelung von Muskelkraft und Bewegungsgeschwindigkeit bei der Willkürbewegung. Z. Biol. **83**, 59 (1925) und **86**, 367 (1927).
10. Wagner, R.: Probleme und Beispiele biologischer Regelung. Stuttgart 1954.

8

EINIGE SPEZIELLE BEISPIELE VON REGELUNGS-MECHANISMEN DES KÖRPERS

8.1. Der Pupillarapparat des Menschen

8.1.1. Aufgaben der Iris

Alle Beobachtungen am gesunden Menschen zeigen: Die Pupille verengt sich bei Erhöhung und erweitert sich bei Verringerung der am Auge herrschenden Beleuchtungsstärke. Da die Beleuchtungsstärke auf der Netzhaut der Leuchtdichte des betrachteten Gegenstandes und der Pupillenfläche proportional ist, wirken die Irisbewegungen Änderungen entgegen und sind somit Maßnahmen im Sinne einer Regelung der Netzhautbeleuchtung. Aus Abb. 49 geht aber hervor, daß

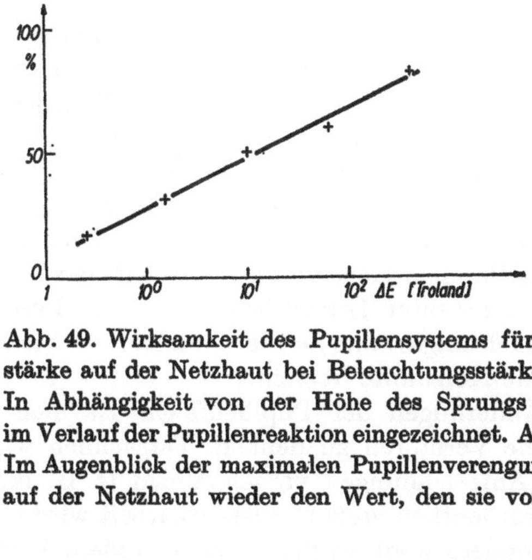

Abb. 49. Wirksamkeit des Pupillensystems für die Regelung der Beleuchtungsstärke auf der Netzhaut bei Beleuchtungsstärkesprüngen nach höheren Werten. In Abhängigkeit von der Höhe des Sprungs ΔE ist die stärkste Ausregelung im Verlauf der Pupillenreaktion eingezeichnet. Ausregelung 100% würde bedeuten: Im Augenblick der maximalen Pupillenverengung erreicht die Beleuchtungsstärke auf der Netzhaut wieder den Wert, den sie vor dem Sprung hatte.

dabei die Iris nicht in der Lage ist, die Beleuchtungsstärke konstant zu halten. Zu diesem Schluß kommt man auch, wenn man die Grenzen betrachtet, die dem System an der Pupille selbst gesetzt sind. Die Extremwerte liegen für den minimalen Pupillendurchmesser bei etwa 2 mm und für den maximalen Durchmesser bei 7 mm. Bei gleicher Umgebungshelligkeit verhalten sich die zugehörigen Beleuchtungsstärken auf der Netzhaut wie $7^2:2^2 = 49:4 \approx 12:1$. Die Umgebungshelligkeit ändert sich aber schon beim Übergang vom Freien (wolkenlos, mittag) in einen Raum mit heller künstlicher Beleuchtung wie etwa 100:1. Man weiß heute, daß die Iris für die Daueranpassung des Auges an unterschiedliche Helligkeiten eine untergeordnete Rolle spielt (dafür sind hauptsächlich neuronale und chemische Adaptationsmechanismen verantwortlich). Die Hauptbedeutung der Lichtreaktion liegt in dem raschen Blendschutz, den sie bei plötzlicher Erhöhung der Umgebungshelligkeit gewährt.

8.1.2. Besonderheiten, die den Pupillenregelkreis als Studienobjekt empfehlen

Es ist kein Zufall, daß eine ganze Reihe von Forschern ihre biokybernetischen Studien mit der Analyse des Pupillenregelkreises begann. Abgesehen davon, daß die regelnde Funktion der Iris buchstäblich offensichtlich ist, weist der Pupillenregelkreis Besonderheiten auf, die ihn vor anderen Regelsystemen auszeichnen.

Das Stellglied ist der Beobachtung und Beschreibung leicht zugänglich.

Die meisten Regelungssysteme des menschlichen Organismus sind sehr kompliziert aufgebaut. Gewöhnlich enthalten sie mehrere Stellglieder, die an verschiedenen Stellen im Körperinneren liegen. Manchmal sind die Stellglieder über den ganzen Organismus verteilt, wie z. B. die Vasomotoren bei der Blutdruckregulierung. Im Gegensatz dazu ist das Stellglied des Pupillenregelkreises, die Iris, der Beobachtung gut zugänglich und seine Funktion als Blende mathematisch leicht beschreibbar: Die Regelgröße — die Beleuchtungsstärke auf der Netzhaut — läßt sich ohne Schwierigkeit aus Pupillenfläche und Leuchtdichte des betrachteten Gegenstandes berechnen. Bei konstanter Leuchtdichte wird die Pupillenfläche zum direkten Maß für die Beleuchtungsstärke auf der Netzhaut — Stellglied und Regelgröße stimmen bis auf eine Konstante überein.

Für die Registrierung von Änderungen der Pupillenfläche ist man zunächst geneigt, an kinematographische Verfahren zu denken. Tatsächlich wurden auf diese Weise auch die ersten Aufzeichnungen vorgenommen (z. B. Machemer, Löwenstein). Trotz der außerordentlich großen Auswertearbeit wird auch heute noch derart registriert, insbesondere wenn es darum geht, andere Verfahren zu eichen.

Moderne Methoden sind dem Vorgehen bei der Aufzeichnung von Fernsehbildern verwandt (Löwenstein und Loewenfeld) oder entsprechen ihm direkt (Bouma). Sie erfordern einen beträchtlichen technischen Aufwand. Demgegenüber erhält man mit dem Verfahren nach Matthes und Drischel bei vergleichsweise geringem Aufwand elektrische Signale, die der Änderung der Pupillenfläche proportional sind. Dabei werden die Pupille und der umgebende Irisring mit infrarotem Licht bestrahlt (Abb. 50). Eine unmittelbar vor dem Auge befindliche Ringfotozelle fängt einen Teil des reflektierten Lichts auf, der mit guter Näherung der beleuchteten Irisfläche proportional ist. Schwankungen der Pupillenfläche ergeben auf diese Weise proportionale Änderungen des Fotostroms, die dann verstärkt und angezeigt werden.

Die Parameter des Systems lassen sich relativ gut konstant halten.

Das System der Lichtreaktionen der Pupille schließt Strukturen ein, die auch von anderen Eingangsgrößen beeinflußt werden. Auf diese Weise erklären sich die Konvergenzreaktionen und die Pupillenreaktionen bei psychischen Affekten. Daneben sind auch langsame, länger anhaltende Änderungen der Parameter des

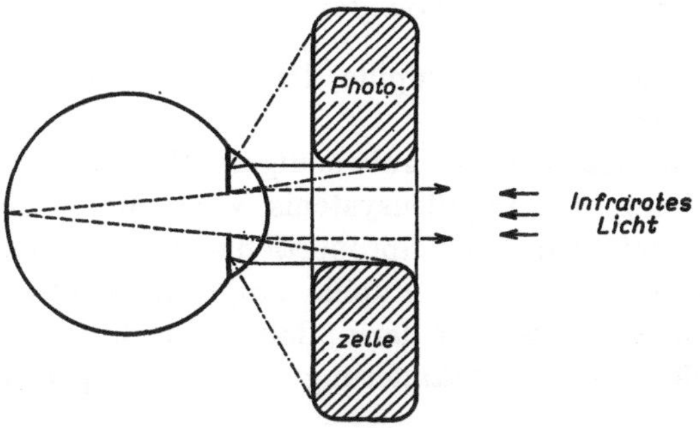

Abb. 50. Schema zur Registrierung der Pupillenreaktionen (Methode nach Drischel). Die strichpunktierten Linien deuten den Bereich an, in dem das von der Iris reflektierte Licht die Ringfotozelle trifft. Die gestrichelten Linien sollen deutlich machen, daß das von der Netzhaut reflektierte Licht aus geometrischen Gründen die Fotozelle nicht treffen kann.

Systems, z. B. der Tonuslage im vegetativen Nervensystem, zu erwarten. So entsteht z. B. ein Tagesrhythmus der Pupillendynamik (Tiedt). Durch weitgehend konstante Versuchsbedingungen gelingt es jedoch, diese zusätzlichen Einflüsse gering und damit die Parameter des Systems näherungsweise konstant zu halten. Die Analyse des Pupillensystems wird auf diese Weise wesentlich einfacher als die anderer Regelkreise des menschlichen Organismus, bei denen die Wirkungen verschiedener Einflußgrößen nur schwer oder überhaupt nicht voneinander zu trennen sind.

Der Pupillenregelkreis läßt sich leicht „aufschneiden".

Es ist ohne chirurgische Eingriffe möglich, den Regelkreis aufzuschneiden. Man braucht dazu lediglich den Durchmesser des einfallenden Lichtbündels kleiner als den geringsten Pupillendurchmesser zu wählen (ca. 2 mm, künstliche Pupille). Die Reaktion der Pupille wird dann nur noch vom einfallenden Licht und den Übertragungseigenschaften der Elemente von den Rezeptoren in der Netzhaut bis zur Iris, aber nicht von der Pupillenfläche bestimmt.

Der Verstärkungsfaktor des Systems ist durch die Versuchsbedingungen einstellbar.

Das von der Netzhaut auf Beleuchtungsstärkeänderungen ΔE abgegebene Signal ist nicht allein von der Änderung selbst, sondern auch vom Anfangswert E der Beleuchtungsstärke abhängig. Als die entscheidende Größe kann man näherungsweise $\frac{\Delta E}{E}$ einsetzen. Bringt man nun eine zentrale Blende vor der Pupille an oder sorgt man dafür, daß das Reizlichtbündel nur eine kleine Fläche am Pupillen- oder Irisrand trifft (STARK), so vergrößert sich der Anteil der Beleuchtungsstärkeänderung bei einer Irisbewegung an der Gesamtbeleuchtungsstärke. Das bedeutet: $\frac{\Delta E}{E}$ und damit das von der Netzhaut abgegebene Signal werden größer als bei voll ausgeleuchteter Pupille, der Verstärkungsfaktor bei der Signalübertragung hat sich erhöht.
Es gibt noch eine zweite, apparativ etwas aufwendigere Methode, die ebenfalls von STARK zur Untersuchung des Pupillensystems verwendet wurde. Dabei steuert man die Lichtquelle mit dem flächenproportionalen Signal der Pupillenregistrierung und schließt so den an der Pupille aufgeschnittenen Regelkreis wieder. Der Vorteil dieser Methode besteht darin, daß Verstärkung und Phasenbeziehung zwischen Pupillen- und Lichtänderung an einem Spezialverstärker beliebig einstellbar sind.

8.1.3. Das Verhalten der Pupille bei Beleuchtungsstärkeänderungen

Die Ermittlung der Übertragungseigenschaften des Systems erfolgte entsprechend dem in der Technik üblichen Vorgehen durch Registrierung der Pupillenreaktionen bei zeitlich verschieden geformten Reizlichtern. Es fanden Beleuchtungsstärkeschwankungen in Form von Sprüngen, Impulsen, Sinusverläufen und stochastischen Signalen Verwendung (z. B. LÖWENSTEIN, MACHEMER, DRISCHEL, BLEICHERT und WAGNER, STEGEMANN, STARK and SHERMAN, BAKER, STEBEL, SCHUBERT und THOSS). Dabei zeigte sich, daß die Antworten nicht nur vom Zeitverlauf des Reizes, sondern auch von seiner Stärke und der Größe des beleuchteten Retinaareals bestimmt werden. Verwendet man schwache, d. h. schwellennahe Reize und beleuchtet ein relativ kleines Areal (Feldgröße 5°), so erhält man die in Abb. 51 wiedergegebenen Antworten (eigene Ergebnisse). Dabei fallen insbesondere die Unterschiede der Antworten a und c_2 gegenüber c_1 ins Auge. Ein sprunghaftes Ansteigen (a und c_2) der Beleuchtungsstärke bewirkt eine rasche und starke Pupillenverengung, die überschießend verläuft. Eine sprunghafte Verringerung der Beleuchtungsstärke (c_1) führt zu einer relativ langsamen Pupillenerweiterung ohne Überschießen. Da die Erweiterung sehr träge verläuft, ist bei Impulsen von weniger als einigen Zehntelsekunden Dauer nichts mehr von ihr zu bemerken. Auf den Dunkelimpuls folgt dann als einzige Antwort eine vorübergehende Verengung der Pupille.
Die Pupillenreaktionen verlaufen also, bezogen auf den Ausgangswert, unsymmetrisch. Diese Nichtlinearität ist auch bei geringsten Reizstärken schon

vorhanden. Ein solches asymmetrisches Verhalten ist im Organismus häufig anzutreffen. Es entspricht einer einseitigen Differentialquotientenempfindlichkeit (unidirectional rate sensitivity) und wurde von CLYNES ausführlich beschrieben. CLYNES führte dieses Verhalten auf Eigenschaften der chemischen Informationsübertragung zurück, die an vielen Stellen im Organismus stattfindet (z. B. in den Synapsen).

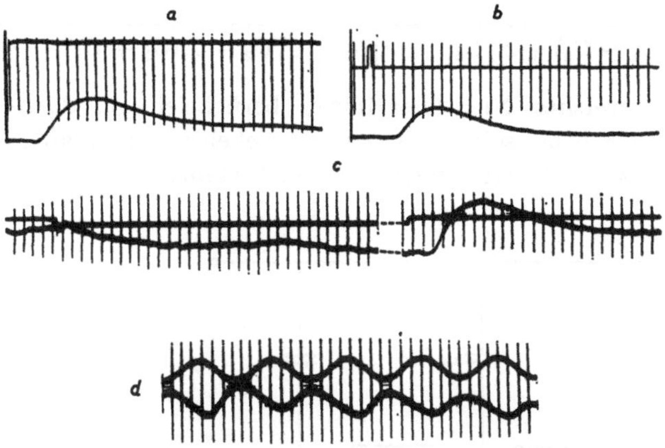

Abb. 51. Pupillenantworten auf Reize relativ geringer Intensität. Obere Spur: Reizlicht. Mittlere Spur links: c_1; rechts: c_2. Untere Spur: Änderung der Pupillenfläche. Auslenkungen nach oben entsprechen einer Verringerung der Fläche. Abstände der Zeitmarken: 0,1 s.

Bei Antworten auf sinusförmige Schwankungen der Lichtintensität macht sich die Unsymmetrie der Pupillenreaktion ebenfalls bemerkbar, weil Intensitätserhöhung und -verringerung einander ständig abwechseln. Die periodische Antwort der Pupille weicht stark von der Sinusform ab (Abb. 51). Gleichzeitig kommt es zu einer Dauerverengung. Die mittlere Pupillenweite ist während der Reizung mit sinusförmig schwankender Lichtintensität geringer als bei konstantem Licht der gleichen mittleren Stärke. Während die Pupille den einzelnen Lichtschwankungen nur bis zu einer Frequenz von ca. 3 s^{-1} folgt, ist die Dauerverengung mit einem Maximum bei 2 s^{-1} bis zu etwa 20 s^{-1} nachweisen (VARJU).

8.1.4. Modelle des Pupillenregelkreises

Im Laufe der Zeit wurden zunehmend kompliziertere Systeme als Modelle für die Pupillenreaktion angegeben. Die erste mathematische Beschreibung des Übergangsverhaltens der Pupille auf Hellsprünge großer Amplitude versuchte MACHEMER (1935) mit der Gleichung

$$r(t) = r + (r_0 - r)\, e^{-\frac{t}{T}}.$$

Darin bedeuten r den Pupillenradius und T eine Zeitkonstante (etwa 1 s). Dieses Übergangsverhalten entspricht dem eines Verzögerungsglieds 1. Ordnung (Tiefpaß).

STEGEMANN (1961) wählte als Grundlage für die Modellierung Antworten auf Hellimpulse. Sein Modell ist ein proportional übertragendes System mit Verzögerung 3. Ordnung (Abb. 52). Die Übertragungsfunktion lautet:

$$F(p) = \frac{1}{1 + p\left[R_1(C_1 + C_2) + R_2C_2\right] + p^2\left[R_1R_2C_1C_2 + L(C_1 + C_2)\right] + p^3R_2C_1C_2L}$$

Das erste Modell, welches Nichtlinearitäten berücksichtigt, dürfte das von CLYNES (1961) angegebene sein. CLYNES entwickelte am Analogrechner ein symmetrisches, aus zwei Übertragungssystemen bestehendes Modell: einem rein

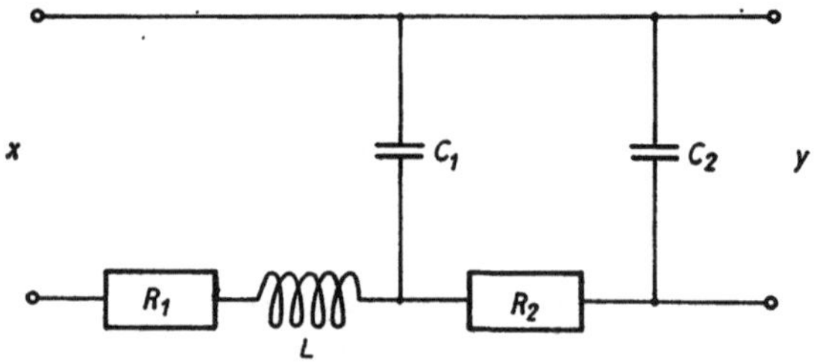

Abb. 52. Netzwerk nach STEGEMANN.

proportionalempfindlichen für die Pupillenerweiterung und einem proportional- und differentialquotientenempfindlichen für die Pupillenverengung (einseitige D-Empfindlichkeit). Die Übertragungsfunktionen der Systeme lauten:

$$F(p) = -\left[\frac{b e^{-T_5 p}}{1 + T_4 p} + \Omega \frac{a p e^{-T_3 p}}{(1 + T_1 p)(1 + T_2 p)}\right]$$

Darin bedeuten: $T_1, T_2 \ldots T_5$ Zeitkonstanten
a, b Empfindlichkeitskoeffizienten

Es soll gelten: $\Omega = 1$ für Steigerung der Lichtintensität
$\Omega = 0$ für Verringerung der Lichtintensität.

Die Arbeitsgruppe um STARK versuchte als erste, ein sowohl systemtheoretisch als auch physiologisch begründetes Übertragungsverhalten zu formulieren. Die Arbeiten von SOBEL, SANDBERG und STARK (1962) sowie SANDBERG und STARK (1962) enthalten vier Varianten zweier Modelltypen. Während beim ersten Modell BIOSIM Mark I versucht wird, mit einer lediglich unsymmetrischen Differentialquotientenempfindlichkeit auszukommen, weisen die übrigen eine echte einseitige D-Empfindlichkeit auf. Abb. 53 zeigt die Schaltung von Modell 1 aus der Arbeit von SANDBERG und STARK. Hier ist erstmals eine explizite Zuordnung von Modellelementen zu Übertragungselementen des Pupillenregelkreises versucht worden.

Ein weitgehend physiologisch bezogenes Modell des Pupillenverhaltens entwarfen HORNUNG und STEGEMANN (1963). Die Autoren unterscheiden die rasche Pupillenreaktion von einer langsamen adaptationsbedingten und gelangen so zu zwei

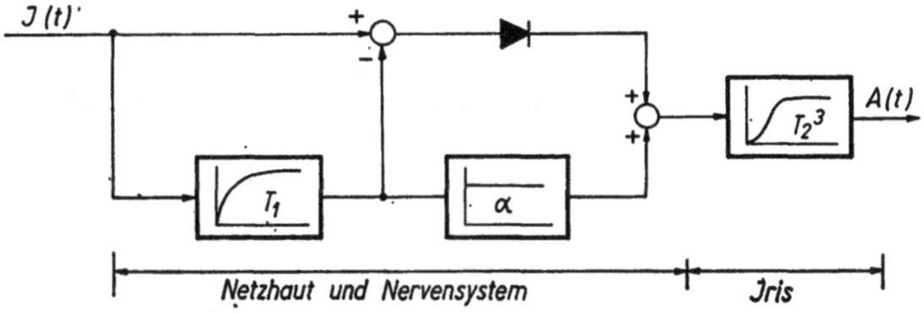

Abb. 53. Strukturbild des Modells von SANDBERG und STARK.

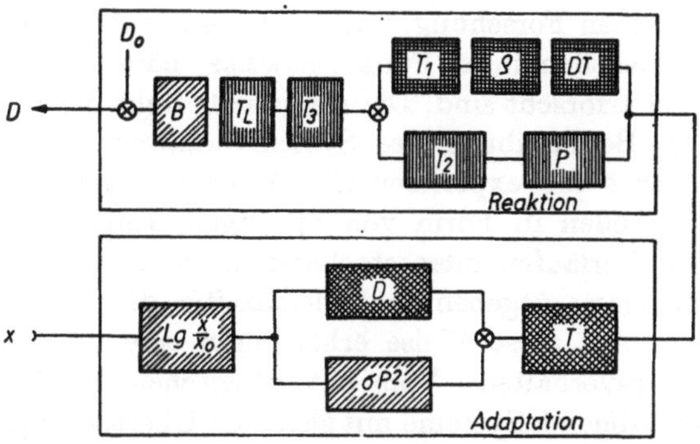

Abb. 54. Strukturbild des Modells von HORNUNG und STEGEMANN.

Teilsystemen „Adaptation“ und „Reaktion“ (Abb. 54). Im System „Adaptation“ wird mit den Elementen Lg $\frac{x}{x_0}$, σP^2 und dem Begrenzer B nach Addition von D_0 die Abhängigkeit des statischen Pupillendurchmessers von der retinalen Beleuchtungsstärke (x) nachgebildet. Das differenzierende Element D und das Verzögerungsglied T simulieren die langsame, adaptationsbedingte Einstellung auf diesen Endwert. Das System „Reaktion“ enthält in Anlehnung an STARK und SHERMAN eine Verzögerung 3. Ordnung mit den Zeitkonstanten T_1, T_2, T_3 und T. Bei ϱ handelt es sich um einen Gleichrichter, der nur für $\frac{dx}{dt} > 0$ durchläßt.

So wird die vom Hochpaß DT erzeugte Differentialquotientenempfindlichkeit einseitig. P ist ein Proportionalglied mit dem Übertragungskoeffizienten V.
Die Übertragungsfunktion für das Gesamtsystem lautet bei Vernachlässigung der Elemente $\mathrm{Lg}\frac{x}{x_0}$ und B, Linearisierung von P^2 und der Annahme $D_0 = 0$:

$$F(p) = \frac{1 + pT_D}{1 + pT}\left[\frac{V}{1 + pT_2} + \varrho\frac{pT_{DT}}{(1 + pT_{DT})(1 + pT_1)}\right]\frac{1}{(1 + pT_3)}e^{-pT_L}$$

$$\varrho = 1 \text{ für } \frac{dx}{dt} > 0 \qquad \varrho = 0 \text{ für } \frac{dx}{dt} \leqq 0$$

8.1.5. Struktur des Systems und Übertragungseigenschaften der Elemente — die Basis für eine dynamische Modellierung

Die Modellierung von Systemen wird in zunehmendem Maße zu einer gebräuchlichen Methode der biologischen Forschung, und zwar bei der Analyse von komplexen Systemen, die hinsichtlich ihrer Funktionsweise, häufig sogar in ihrer Struktur, nicht ausreichend erforscht sind. Die Aufgabe besteht darin, eine wenn möglich kausalanalytische Beschreibung des Systemverhaltens zu geben. Die Daten dafür liefert zunächst die experimentelle Analyse des Gesamtsystems (black-box-Methode). Störgrößen in Form von Sprüngen, Impulsen, Rampenfunktionen, sinusförmigen Verläufen oder stochastisch veränderlichen Größen werden auf den Systemeingang gegeben und gleichzeitig die interessierenden Ausgangsgrößen gemessen. Auf diese Weise erhält man eine vollständige Beschreibung des Übertragungsverhaltens. Vom physiologischen Aspekt ist dieses Ergebnis jedoch nicht befriedigend. Systeme mit gleichem Übertragungsverhalten können eine völlig verschiedene Struktur haben. Der Physiologe interessiert sich nicht nur für das Verhalten eines Systems im Ganzen, er will auch wissen, welche Strukturen einbezogen sind und wie sich diese Strukturen bei den Aktionen des Systems im einzelnen verhalten. Bei der Lösung dieser Aufgabe kann die Modellierung wertvolle Hilfe leisten, wenn sie gewisse Voraussetzungen erfüllt. Es wäre z. B. völlig sinnlos, sogenannte Gleichungsmodelle (Tettelbaum) aufzubauen, die wieder nur hinsichtlich des Gesamt-Übertragungsverhaltens mit dem System übereinstimmen. Interessant sind vielmehr Modelle, in denen Struktur und Funktion der Einzelelemente nachgebildet werden, soweit sie bekannt sind. Wieweit die Auflösung des Systems in Einzelelemente zu gehen hat, hängt von der Fragestellung ab. Prinzipiell besteht keine Grenze für die Abbildung immer feinerer Strukturen und fundamentalerer Funktionen. Es wird aber zweckmäßig sein, eine ins Einzelne gehende Analyse nur für Teile des Systems durchzuführen, an denen ein unmittelbares Interesse besteht. Die übrigen Elemente stellt man, soweit es der Aufbau des Systems zuläßt, in größeren Funktionseinheiten dar, um eine unnötige Komplizierung des Modells zu vermeiden. Für die auf diese Weise erhaltenen Modellbausteine müssen nun gesicherte bzw. mehr oder minder hypothetische Übertragungseigenschaften angesetzt und die zugehörigen Konstanten bestimmt werden. Das Bestimmen der Konstanten sollte mit Hilfe eines Optimierungsverfahrens geschehen oder zumindest damit beendet werden. Der Grad der Annäherung des Modellübertragungsverhaltens an das tatsächliche Übertragungsverhalten des Systems hängt nicht nur von der erfolgreichen Durchführung der Optimierung, sondern auch von der Wahl der hypothetischen Übertragungsfunktionen ab. Gegebenenfalls muß an dieser Stelle eine Korrektur vorgenommen werden. Häufig werden so neue Experimente angeregt, die dann gleichzeitig an Modell und modelliertem System erfolgen. Dieser ganze Prozeß der Anpassung des Modells, der einer Analyse des Systems gleichkommt, soll als dynamische Modellierung bezeichnet werden. Entsprechend der im Vorangegangenen gegebenen Darstellung soll dieser Prozeß durch folgende Schritte charakterisiert werden:

1. Morphologisch richtige Abbildung der Systemelemente, soweit diese für wichtig gehalten werden.
2. Experimentelle Bestimmung des Übertragungsverhaltens der Systemelemente. Ist das unter den gegebenen Umständen unmöglich, Näherung der Übertragungseigenschaften auf der Basis der bisherigen Kenntnisse. Gegebenenfalls ist dabei das Übertragungsverhalten des Gesamtsystems zu berücksichtigen.
3. Bestimmung der Modellparameter aus dem Verhalten des jeweiligen Teilsystems, soweit dieses bekannt ist. Für die übrigen Parameter sind Näherungswerte anzunehmen.
4. Optimierung der Modellparameter. Kriterium ist die Übereinstimmung des Modellverhaltens mit dem experimentell ermittelten Systemverhalten. Wird der angestrebte Grad der Übereinstimmung ($\Delta < \varepsilon$) nicht erreicht, ist erneut mit Schritt 2, evtl. sogar mit Schritt 1, zu beginnen.

Diesem Ablauf entspricht folgendes Signalflußdiagramm:

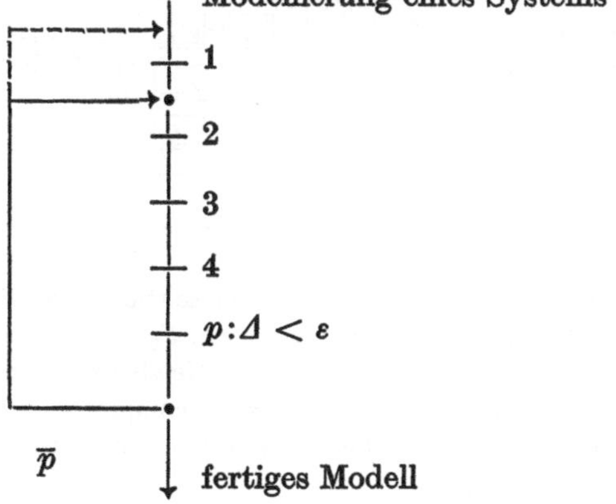

Realisierung für die Pupillenreaktion

Die beschriebene Art der Modellierung wurde für das System der Lichtreaktionen der Pupille erprobt (THOSS). Zunächst war zu entscheiden, welche Strukturen als Einzelelemente in das Modell aufgenommen werden sollten. Für die Rolle des Systems als Servomechanismus des Auges genügt die Abbildung des Gesamtverhaltens. Daneben lassen sich jedoch aus Untersuchungen der Pupille wichtige Schlüsse auf Empfindlichkeit und Adaptationsverhalten des visuellen Systems ziehen (DODT, SCHUBERT und THOSS), soweit diese Eigenschaften beiden Systemen gemeinsame Strukturen betreffen. Aus diesem Grunde war es wünschenswert, die Retina einzeln abzubilden. Eine dritte interessante Systemeigenschaft sind die Parameter des vegetativen Nervensystems. Entsprechend den Arbeiten von DRISCHEL ist es möglich, die Tonuslage im vegetativen Nervensystem nach der Lichtreaktion der Pupille zu beurteilen. Soll das Modell imstande sein, diese Änderungen nachzubilden, so müssen Sympathikus und Parasympathikus als getrennte Strukturen enthalten sein. Ebenfalls abgebildet werden müssen die zwischen diesen als interessant beschriebenen Strukturen liegenden Elemente, das sind die zentralnervösen Verschaltungen und die Irismuskulatur.

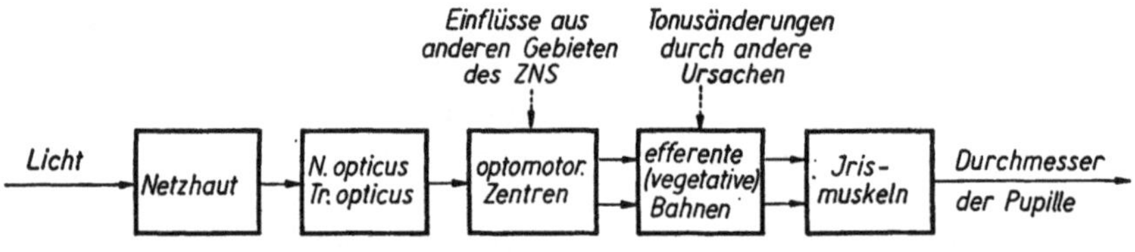

Abb. 55. Blockschaltbild des Systems der Lichtreaktionen der Pupille.

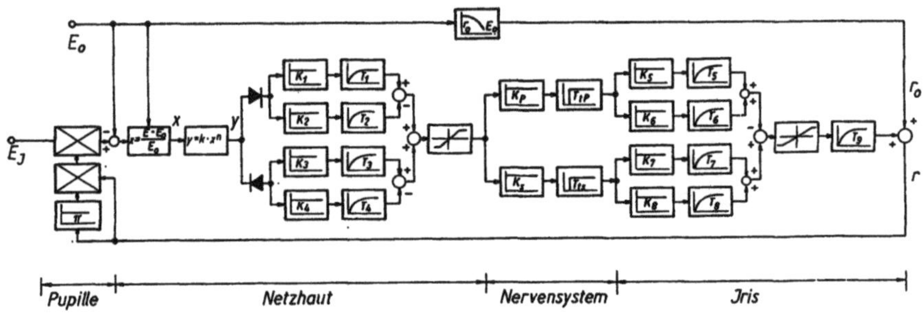

Abb. 56. Strukturbild des Modells zum System der Lichtreaktionen der Pupille. Es bedeuten: E_J — Beleuchtungsstärke in der Irisebene, E_0 — den jeweiligen Adaptationszustand bestimmende Beleuchtungsstärke der Netzhaut, E — momentane Beleuchtungsstärke der Netzhaut, r_0 — Pupillenradius entsprechend E_0, r — momentaner Pupillenradius, S — sympathisches System, P — parasympathisches System.

Auf Grund dieser Überlegungen ergibt sich das in Abb. 55 dargestellte Blockschaltbild. Für die angegebenen Strukturen wurden auf der Basis der bisherigen Kenntnisse Übertragungsfunktionen angenommen und das so erhaltene System auf einem Analogrechner modelliert. Abb. 56 zeigt das Strukturbild des Gesamtmodells. Für die Parameter wurden zunächst zumindest größenordnungsmäßig

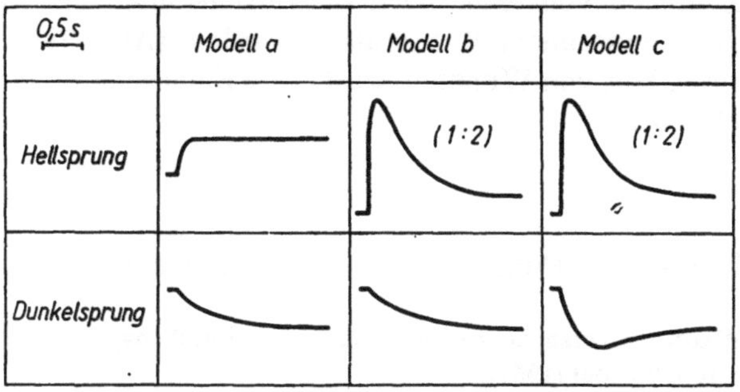

Abb. 57. Übergangsfunktionen der verschiedenen Netzhautmodelle, die bei der Modellierung erprobt wurden.

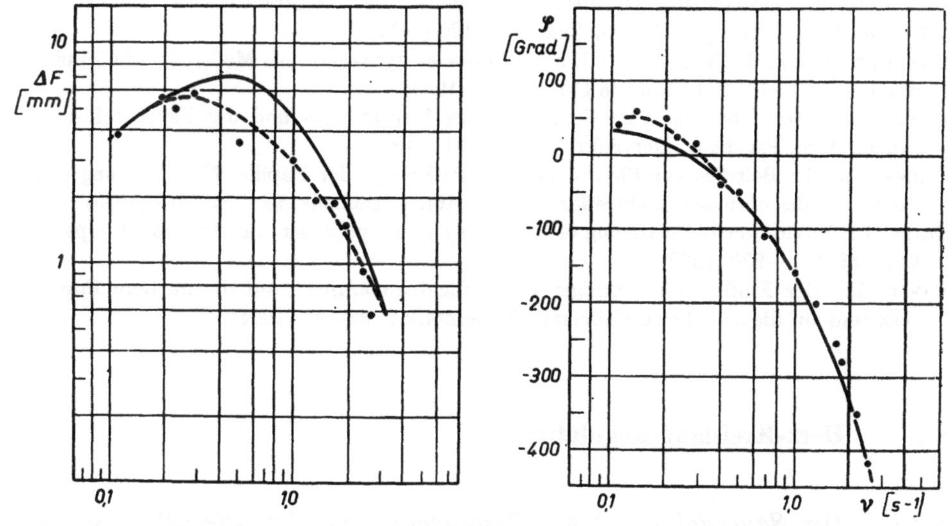

Abb. 58. Bode-Diagramm für das Pupillensystem (Punkte, Verlauf gestrichelt) und das Modell system (ausgezogene Linien).

richtige Werte angenommen und dann im Ergebnis des Vergleichs der Modellantworten mit den experimentell ermittelten Werten sinnvoll abgeändert. Erwies sich eine derartige Anpassung als unmöglich, so wurden die hypothetischen Elemente der Übertragungseigenschaften des Systems geändert. Als Beispiel dafür zeigt Abb. 57 das Übergangsverhalten der Retinamodelle, die im Verlauf der Anpassung Verwendung fanden. Während sich mit der Retina (*a*) zwar eine gute aber nicht völlig befriedigende Annäherung des Modells ergab, ließ sich mit (*b*) und (*c*) eine in allen Punkten zufriedenstellende Anpassung erhalten. Das Modell der Pupillenreaktionen lieferte umgekehrt auch Voraussagen, die sich nachträglich experimentell bestätigen ließen. So ergaben sich im Frequenzgang ein Amplitudenmaximum bei 0,5 Hz und ein Phasenvorhalt unterhalb 0,2 Hz, die bis dahin unbekannt waren. Abgesehen von einer leichten Verschiebung des Maximums konnte dieses Verhalten experimentell bestätigt werden (Abb. 58). In einer inzwischen erschienenen Arbeit von Webster wird diese Eigenschaft des Pupillensystems ebenfalls beschrieben.

Literatur (Zu 8.1. Der Pupillarapparat des Menschen)

Bleichert, A. und R. Wagner: Versuche zur Erfassung des Pupillenspiels als Regelungs-Vorgang. Z. f. Biologie **109**, 70—80 (1957).

Clynes, M.: Unidirectional rate sensitivity: A biocybernetic law of reflex and humoral systems as physiologic channels of control and communication. Ann. N. Y. Acad. Sci. **92**, 946—969 (1961).

Drischel, H.: Untersuchungen über die Dynamik des Lichtreflexes der menschlichen Pupille. Pflüg. Arch. ges. Physiol. **264**, 145—190 (1957).

Hornung, J. und J. Stegemann: Ein nichtlineares kybernetisches Modell für die Pupillenreaktion auf Licht. Z. f. Biologie **114**, 25—48 (1963).

Löwenstein, O.: Über die Variationsbreite des Lichtreflexes und der Psychoreflexe der Pupille. Arch. Psychiatr. Nervenkr. **82**, 285—314 (1927).

Machemer, H.: Beiträge zur Physiologie und Pathologie der Pupille. II. Mitteilung: Über den Ablauf des normalen Lichtreflexes. Klin. Mbl. Augenheilk. **94**, 305—319 (1935).

Stark, L.: Environmental clamping of biologic systems: pupil servomechanism. J. Opt. Soc. Amer. **52**, 925—930 (1962).

Varju, D.: Der Einfluß sinusförmiger Leuchtdichteänderungen auf die mittlere Pupillenweite und auf die subjektive Helligkeit. Kybernetik **2**, 33—45 (1964).

8.2. Herz-Kreislauf-Regulation

8.2.1. Der Sauerstoffbedarf des Organismus und der arterielle Blutdruck als Regelgrößen

Zur Aufrechterhaltung des Lebens und der Arbeitsfähigkeit einer Zelle oder eines Zellverbandes ist ein ständiger Energieumsatz erforderlich, dessen Ausmaß vom jeweiligen Ruhe- oder Tätigkeitszustand abhängt. Ein Maß für die Höhe der ablaufenden Stoffwechselvorgänge ist der für die Energiefreisetzung benötigte Sauerstoff. Dieser Sauerstoffbedarf kann beim Einzeller durch Diffusion aus der Umgebung vollkommen abgedeckt werden, während das beim Vielzeller nicht mehr möglich ist, zumal die Diffusionszeit vom Quadrat der Diffusionsstrecke abhängt. So würde ein Molekül Sauerstoff mehr als 50 Jahre benötigen, um lediglich durch Diffusion die Länge des menschlichen Körpers zu durchqueren, während dasselbe bei einer Amöbe in einigen Tausendstel einer Sekunde der Fall ist. Hochentwickelte Lebewesen benötigen deshalb ein spezielles System zur

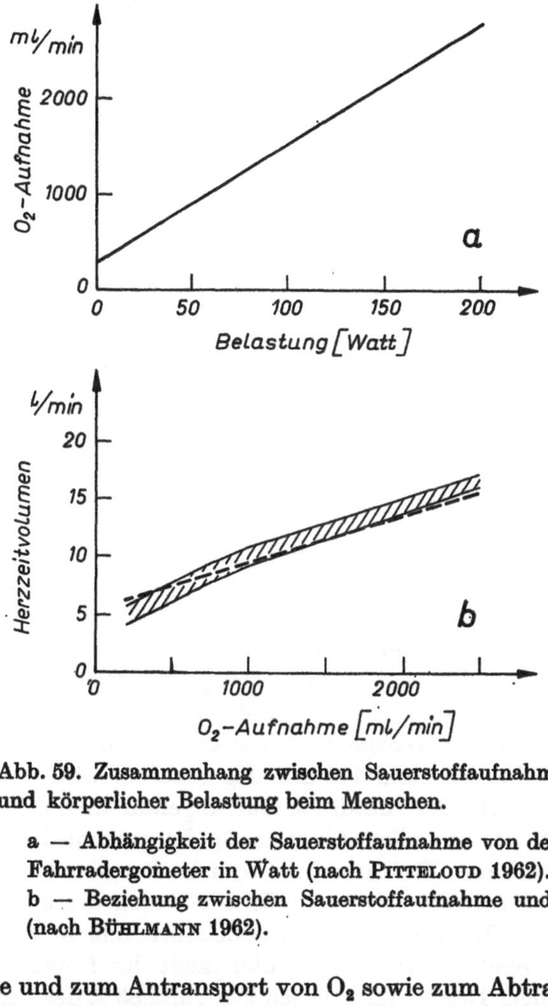

Abb. 59. Zusammenhang zwischen Sauerstoffaufnahme, Herzminutenvolumen und körperlicher Belastung beim Menschen.

a — Abhängigkeit der Sauerstoffaufnahme von der Belastung auf einem Fahrradergometer in Watt (nach PITTELOUD 1962).

b — Beziehung zwischen Sauerstoffaufnahme und Herzminutenvolumen (nach BÜHLMANN 1962).

Aufnahme und zum Antransport von O_2 sowie zum Abtransport der Stoffwechselendprodukte. Diese Aufgabe wird vom Kreislauf übernommen. Durch die Aufspaltung des Kreislaufsystems beim Menschen in Milliarden von Kapillaren wird die Berührungsfläche zwischen Blut und Gewebe und die Diffusionsstrecke in den einzelnen Organen wieder in günstige Relationen gebracht. So beträgt z. B. im sauerstoffempfindlichen Hirn- und Herzgewebe des Menschen der Diffusionsweg maximal 10—20 μ (= 0,01—0,02 mm).

Der Sauerstoffbedarf des Organismus ist somit die wichtigste Regelgröße für den Kreislauf. Von Bedeutung ist, daß das Blut eine exakt bestimmbare maximale Aufnahmefähigkeit für O_2 besitzt und daß ihm im Gewebe ein bestimmter Betrag an Sauerstoff entzogen wird. Deshalb ist das pro Zeiteinheit durch die Gewebskapillaren des Organismus fließende Blut dem Sauerstoffbedarf proportional. Entsprechend der jeweiligen körperlichen Belastung ergibt sich eine den wechselnden Bedürfnissen des Organismus angepaßte Sauerstoffaufnahme (Abb. 59). Da eine weitgehendst lineare Proportionalität zwischen dieser Größe und dem Herzminutenvolumen besteht (Abb. 596), kann an Stelle des Sauerstoffverbrauchs auch das Herzminutenvolumen als die wichtigste Regelgröße des Kreislaufs eingesetzt werden. Die für den Arzt am auffälligsten konstant gehaltene und leicht zu messende Regelgröße (eigentlich Hilfsregelgröße) ist jedoch der arterielle Blutdruck. Das steht in Analogie zu technischen Regelkreisen, bei denen nicht die Quantität an Versorgungsgut in der Zeiteinheit sondern beispielsweise der Druck in der Wasserleitung oder die Spannung im Stromversorgungsnetz auf einer konstanten Höhe gehalten werden. Die Bedeutung einer Regelung nach diesem Gesichtspunkt wird auch bei der Analyse des Kreislaufsystems deutlich.

8.2.2. Einteilung des Kreislaufs nach funktionellen Gesichtspunkten und Vielfalt der Regulationsmöglichkeiten

Nach funktionellen Gesichtspunkten hat man eine Einteilung in ein arterielles System und in ein Niederdrucksystem (Abb. 60) vorgenommen. Das arterielle System umfaßt die linke Herzkammer während der Systole (Zeit der Kontraktion der Herzkammer), die Aorta, alle größeren und kleineren Arterien einschließlich der Endarterien sowie ihre zahlreichen Aufzweigungen in die Arteriolen. Die relativ dickwandigen Arteriolen sind die Hauptwiderstandsgefäße des arteriellen Systems und bilden gewissermaßen Ventile. Diese sorgen dafür, daß 1. der arterielle Mitteldruck auf seiner Höhe von rund 100 mm Hg gehalten wird, daß 2. beim Übertritt in das Kapillarsystem der Blutdruck auf ungefähr 30 mm Hg herabgesetzt wird und daß 3. der jeweilige Abstrom in die verschiedenen Organsysteme gesteuert werden kann. Das arterielle System hat somit eine *Druckspeicherfunktion*. Das Niederdrucksystem umfaßt alle Venen des großen Kreislaufs, das rechte Herz, den Lungenkreislauf einschließlich linkem Vorhof sowie den linken Ventrikel während der Diastole (Füllungszeit der Herzkammer). In ihm herrscht nur ein geringer Druck, dafür liegen hier rund 85% des Gesamtblutvolumens des Kreislaufes gewissermaßen in Bereitschaft für den Auswurf des Herzminutenvolumens aus dem linken Ventrikel. Das Niederdrucksystem besitzt somit eine *Volumenspeicherfunktion*. An der Grenze zwischen beiden Systemen, funktionell aber noch zum Niederdrucksystem gehörend, erfüllt sich im Gewebskapillarraum die eigentliche Aufgabe des Kreislaufs.

Hieraus ergeben sich bereits drei Möglichkeiten der Kreislaufregulation nach unterschiedlichen Gesichtspunkten:

1. Regelung der lokalen Blutversorgung in den Unterregelkreisen der Organsysteme.
2. Regelung des Blutdrucks im arteriellen System.
3. Regelung des Blutvolumens im Niederdrucksystem.
   Eng verknüpft mit dem letztgenannten Regelmechanismus ist auch die
4. Regelung des Gesamtblutvolumens des Organismus.

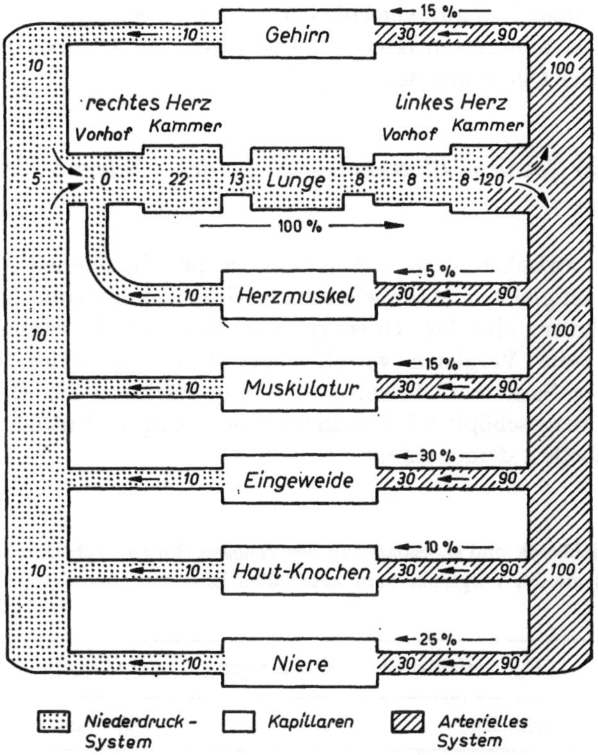

Abb. 60. Funktionelle Einteilung des Kreislaufs in das arterielle System und das Niederdrucksystem, zu dem auch die Kapillaren in den verschiedenen Organbereichen zählen. In den einzelnen Gefäßregionen des schematisierten Kreislaufsystems sind die jeweiligen Mitteldrucke (in mm Hg) eingetragen. Außerdem sind in Prozent des Herzminutenvolumens (= 100%) die Durchflußmengen der jeweiligen Organbereiche angegeben.

Das ist insbesondere der Fall, weil Änderungen des Blutvolumens des Niederdrucksystems repräsentativ sind für Änderungen des Gesamtblutvolumens des Organismus. Die beiden letztgenannten Regelkreise sind zur Zeit noch schwer überschaubar, so daß wir uns auf die Betrachtung der beiden erstgenannten

Regelkreise beschränken. Sie gestatten bereits die Klärung von Grundfragen der Kreislaufregulation und sind hinsichtlich ihrer experimentellen Analyse am weitesten fortgeschritten. Wir müssen aber berücksichtigen, daß der Kreislauf nicht nur die Aufgabe der Nutrition (Ernährung) verschiedener Organsysteme hat, sondern gleichzeitig im Dienste der Wärmeregulation und des Wasserhaushalts steht und außerdem sowohl mechanisch, chemisch als auch zentralnervös mit der Atmungsregulation gekoppelt ist. Bei Ausklammerung der letztgenannten Einflußgrößen ist die Kreislaufregulation immer noch schwer übersehbar, weil sie aus mehreren — mindestens den 4 oben genannten — vermaschten Regelkreisen besteht. Diese dienen dem Ziel auf verschiedenen Wegen, sind jedoch alle dem ordnenden Prinzip des komplexen Kreislaufzentrums untergeordnet und stehen sämtlich im Dienste der Ökonomie der Peripherie.

8.2.3. Regelung der lokalen Blutversorgung in den Unterregelkreisen der Organsysteme

Die Proportionalität zwischen dem Stromvolumen pro Zeiteinheit und dem Sauerstoffbedarf gilt im gleichen Maße wie für den Gesamtorganismus (Abb. 59b) auch für die Durchblutung einzelner Organsysteme. Lediglich die Steilheit dieser Beziehung variiert beim Vergleich verschiedener Unterregelkreise, da unter Ruhebedingungen der Sauerstoff beispielsweise am stärksten im Herzmuskel und im Hirngewebe ausgeschöpft wird, während die geringste Entnahme in der Niere erfolgt, wie Tabelle 1 demonstriert.

Tabelle 1
Verhalten von O_2-Partialdruck und O_2-Sättigung des venösen Blutes nach Durchfluß durch verschiedene Organsysteme im Vergleich zum arteriellen Blut und der daraus jeweils errechneten O_2-Abgabe

Organ	O_2-Partialdruck	O_2-Sättigung	O_2-Abgabe	
	mm Hg	%	%	ml/100 ml Blut
Arterielles Blut	95—100	95	0	0
Niere	60	90	5	1
Skelettmuskulatur	40	75	20	4
Gehirn	30	60	35	7
Herzmuskel	20	25	70	14

Unter Ruhebedingungen sind nach KROGH in einem quergestreiften Muskel auf einer Fläche von 1 mm^2 nur 4—5 von etwa 190 Kapillaren offen. Die übrigen sind durch Kontraktion ihrer Präkapillarsphinkter (glatte Verschlußmuskeln am arteriellen Schenkel der Kapillaren) verschlossen. Durch zeitweise Erschlaffung der einzelnen Sphinkter strömt das Blut während der Ruhe abwechselnd durch verschiedene Kapillarabschnitte. Die Regelgrößen dieses nutritiven Durchblutungsmechanismus liegen im Bereich des Zellstoffwechsels. Man kann eine Reihe von Metaboliten nachweisen, die einen durchblutungsfördernden Einfluß besitzen. In Frage kommen hierfür beispielsweise ATP, ADP, Adenylsäure, Milchsäure und andere, bzw. O_2-Mangel, CO_2-Überschuß und pH-Änderung. Diese Stoffe bzw. Stoffwechselprodukte wirken vom Gewebe aus auf die Präkapillarsphinkter als Stellglieder bzw. beeinflussen bei einer Erhöhung des Metabolit-

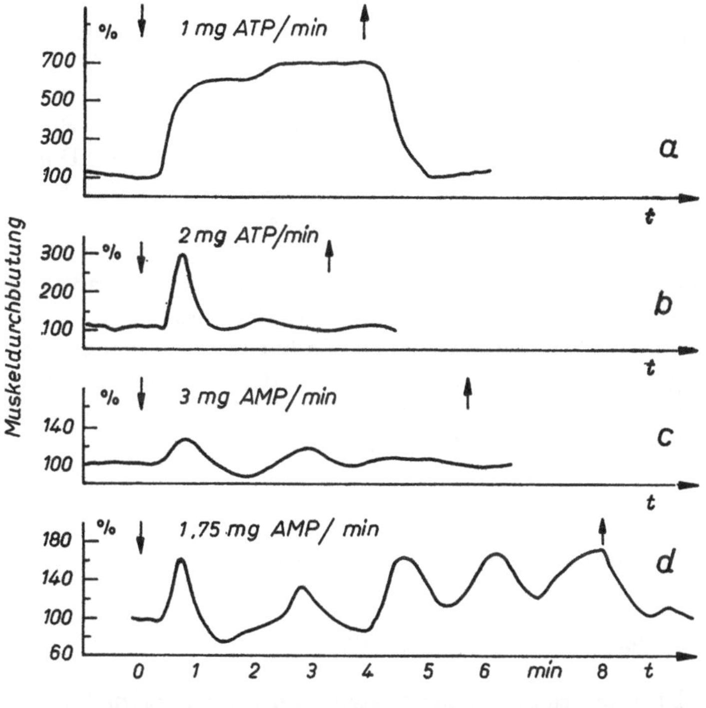

Abb. 61. Dynamik der Einschwingvorgänge der Muskeldurchblutung bei sprungförmiger Belastung durch ATP oder AMP-Infusion in die Muskelarterie (nach SCHOOP et al. 1956).

gehaltes im Interstitium auch die zuführenden Arteriolen, so daß daraus eine stärkere Kapillarisierung und somit eine vermehrte Durchblutung resultiert. Dies führt zu einer Ausschwemmung der Metaboliten, wodurch der Vorgang wieder eine gegenläufige Tendenz aufweist. Die Unterregelkreise erweisen sich als schwingungsfähige Systeme, wie das in Abb. 61 verdeutlicht wird. Die Dynamik der Einschwingvorgänge der Muskeldurchblutung bei einer sprungförmigen Belastung läßt eine unterschiedliche Reaktionstypologie erkennen. So ergeben sich aperiodisch gedämpfte Einschwingvorgänge mit Sollwertverstellung (Abb. 61a) oder mit Rückkehr auf den Sollwert (Abb. 61b). Daneben finden sich periodisch gedämpfte Einschwingvorgänge bei Konstanz des Sollwertes (Abb. 61c) sowie periodische ungedämpfte Einschwingvorgänge mit Sollwertverstellung (Abb. 61d). Ähnliche Formen der Einschwingkinetik wurden auch von GOLENHOFEN nach unterschiedlicher pharmakologischer Beeinflussung gefunden.

Die Bedeutung aller oben genannten Regelgrößen wird jedoch dadurch eingeschränkt, daß die bisher bekannten Metabolite weder einzeln noch zusammen bei experimenteller Gabe die erhebliche Vasodilatation bei körperlicher Arbeit voll erklären können. Interessant ist deshalb, daß man in den Unterregelkreisen der Drüsenorgane eine spezielle Regelgröße finden konnte, die eine erhebliche Durchblutungssteigerung bewirkt. So wurde in den Speicheldrüsen, der Bauchspeicheldrüse, den Schweiß- und Tränendrüsen sowie in der Niere die Bildung eines Enzyms nachgewiesen, das im Gewebe ein Plasmakinin formt. Dieses Polypeptid gibt seine Information an das Stellglied der präkapillaren Sphinkter bzw. der vorgeschalteten Arteriolen und bewirkt eine erhebliche Durchblutungssteigerung. Nach Verbesserung der Filtration von Flüssigkeit durch die Kapillarwand ins Gewebe wird das vermehrt gebildete Plasmakinin mit dem Lymphstrom wieder abtransportiert.

Die lokal bedingten Durchflußsteigerungen sind so ausgeprägt, daß sie auch durch stärkste zentral ausgelöste vasokonstriktorische Reize, die an den Arteriolen angreifen, nicht aufgehoben werden können. Es handelt sich demnach in den verschiedenen Organsystemen um Unterregelkreise, die die Bedarfsregelung autonom vornehmen und die gleichzeitig als Störgrößen für die Regelkreise des arteriellen Systems und des Niederdrucksystems auftreten.

8.2.4. Regelung des Blutdrucks im arteriellen System

8.2.4.1. Meßfühler im arteriellen System

Auf der Regelstrecke des arteriellen Systems wird der Blutdruck als Regelgröße auf seinem individuellen und altersabhängigen Sollwert gehalten. Das geschieht durch die Regeleinrichtungen der Meß- und Stellglieder unter Vermittlung der afferenten und efferenten Nerven als Signalüberträger und der Kreislaufzentren in der Medulla oblongata als Regler.

Wenn auch nicht so klar ausgesprochen, so beginnt die Entwicklung einer geschlossenen Theorie über die Blutdruckregulation bereits 1866 mit der Entdeckung des Nervus depressor durch CYON und LUDWIG in Leipzig. Sie konnten an diesem dünnen sensiblen Nerven, der neben dem Halsvagus verläuft, bei elektrischer Reizung eine depressorische — also den Blutdruck herabsetzende — Wirkung nachweisen. Schon in der ersten Veröffentlichung deuten beide Forscher die Möglichkeit einer Selbstregulation an, indem sie schreiben: „Durch ihn vermag der wesentlichste Motor des Blutlaufs die Widerstände zu regeln, die er selbst überwinden soll." In Abb. 62 ist dargestellt, daß die Rezeptoren für den linken N. depressor im Aortenbogen liegen, während die Rezeptorfelder des rechten N. depressor an der Verzweigungsstelle der rechten A. subclavia und der A. carotis communis sowie im weiteren Verlauf der A. carotis communis nachweisbar sind. 1924 wurden durch H. E. HERING zwei weitere Rezeptorzonen im Karotis-

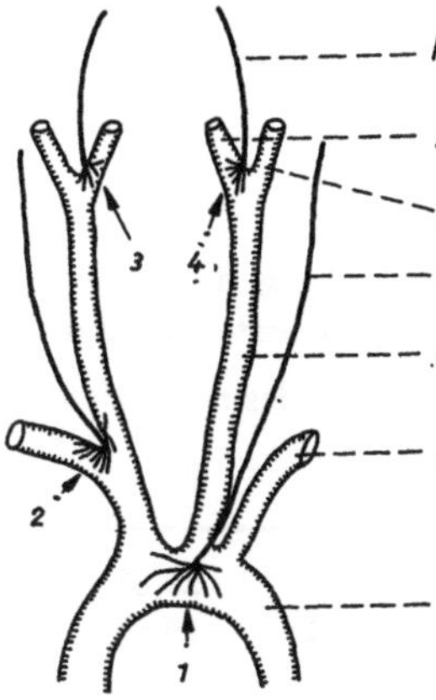

Abb. 62. Anatomische Lokalisation der 4 Hauptmeßfühler des Blutdruckregelkreises. 1 — Rezeptorfeld im Aortenbogen mit linkem N. depressor, 2 — Rezeptorfeld in A. subclavia (und A. carotis communis) rechts mit rechtem N. depressor, 3 und 4 — Rezeptorfelder im rechten und linken Karotissinus.

sinus der rechten und der linken Halsschlagader entdeckt. Damit waren die vier wesentlichsten Rezeptorenfelder zur Messung des arteriellen Blutdrucks bekannt. Diese Meßglieder werden als Baro- oder Pressorezeptoren bezeichnet. Der adäquate Reiz ist die Dehnung der Gefäßwand. Da sich nach O. FRANK die Wandspannung proportional dem Druck mal Gefäßradius dividiert durch die Wanddicke einstellt, wird der Blutdruck bzw. seine Änderung indirekt gemessen. In den letzten Jahrzehnten wurden zahlreiche weitere Meßfühler in nahezu allen Organarterien gefunden, denen man jedoch mehr eine Bedeutung für lokale Durchblutungsregelungen zuspricht.

Diese relativ große Zahl der Meßglieder ist ein Zeichen dafür, wie lebenswichtige Mechanismen im Organismus mehrfach abgesichert sind. Aber bereits KOCH konnte 1929 feststellen, daß die Hauptaufgaben von den Aorten- und Karotissinusrezeptoren erfüllt werden. Die Bedeutung dieser Meßglieder läßt sich durch einfache mathematische Überlegungen klären. Geht man von der Voraussetzung aus, daß alle vier Meßfühler quantitativ gleichwertig sind, und setzt man den Blutdruckzuwachs nach Ausschaltung aller vier Meßfühler gleich 100%, so entfallen auf jede Rezeptorzone 25%. Nach Ausschaltung des 1. Rezeptorfeldes steigt der Blutdruck jedoch nur um den vierten Teil von 25%, also um 6,25%, da durch die gegenregulatorische Wirkung der noch verbleibenden Meßfühler der Blutdruckanstieg teilweise aufgehoben wird. Bei Ausschaltung des zweiten Meßfühlers würde der Blutdruck zusätzlich um $\frac{25{,}0 + 6{,}25}{3} = 10{,}42\%$ steigen, bei Ausfall der dritten um $\frac{25{,}0 + 6{,}25 + 10{,}42}{2} = 20{,}83\%$ und schließlich beim vierten um $25{,}0 + 6{,}25 + 10{,}42 + 20{,}83 = 62{,}50\%$. Vergleicht man diese theoretischen Werte mit den Ergebnissen eines Versuchs von KOCH in Tabelle 2, so ergibt sich eine recht gute Übereinstimmung. Außerdem lassen sich die Werte angleichen an eine geometrische Reihe mit dem Koeffizienten $a = 2{,}5$.

Tabelle 2

Verhalten der Blutdruckerhöhung bei sukzessiver Ausschaltung der einzelnen Meßfühler des arteriellen Systems. Vergleiche der theoretisch und experimentell gefundenen Werte

Zusätzliche Blutdruckerhöhung in % bei weiterer Ausschaltung des *n*-ten Meßfühlers:

n	1.	2.	3.	4.
Theoretisch ermittelt:	6,25	10,42	20,83	62,50
Experimentell gefunden:	5,40	15,20	20,60	58,8

Gesamte Blutdruckerhöhung in % bei Ausschaltung von *n* Meßfühlern:

n	1.	2.	3.	4.
Theoretisch ermittelt:	6,25	16,67	37,50	100,00
Experimentell gefunden:	5,4	20,6	41,2	100,00
Geometrische Reihe:	6,25	15,62	39,06	97,66

8.2.4.2. Analyse der Funktion der Meßfühler mit der Methode des aufgeschnittenen Regelkreises

Weitere Kenntnisse über die Blutdruckregulation erhält man mit der Methode des aufgeschnittenen Regelkreises. Als vorteilhaft erweist sich hierbei die günstige anatomische Lage des Karotissinus. Durch einen geringfügigen operativen Eingriff gelingt es im Tierexperiment, ein sogenanntes Karotissinuspräparat herzustellen (Abb. 63b), bei dem die Karotisgabel mit der Rezeptorzone durch Unterbindung der zu- und abführenden Gefäße von der übrigen Regelstrecke isoliert wird. In dieses Präparat bindet man eine Kanüle ein, durch die man dem Meßfühler, d. h. dem Eingang des Reglers, von einem Druckreservoir aus bestimmte Drucke aufzwingen kann. Dabei muß darauf geachtet werden, daß der zugehörige Karotissinusnerv erhalten bleibt, während die afferenten Nerven der übrigen drei Haupt-Meßfühler durchschnitten werden. Durch stufenweise Erhöhung des nicht pulsierenden Druckes im Karotissinuspräparat erhält man die statischen Kennlinien des Regler in Abb. 63d und 63e, wenn man als Ausgangsgröße die Blutdruck- bzw. Herzfrequenzantwort nach Erreichen eines steady-state gegen die Eingangsgröße aufträgt. Die Herzfrequenz- und Blutdruckantwort (Abb. 63d + e), letztere von E. Koch 1929 als „Blutdruckcharakteristik“ bezeichnet, zeigen die typischen Kennlinien von Proportionalsteuerkörpern (Abb. 63a). Im Regelbereich von 60 bis 160 mm Hg führt im Sinne einer negativen Rückkopplung jede Steigerung des Druckes am Eingang des Reglers beispielsweise zu einer depressorischen, d. h. den Blutdruck herabsetzenden, und jede Senkung des Druckes zu einer pressorischen,

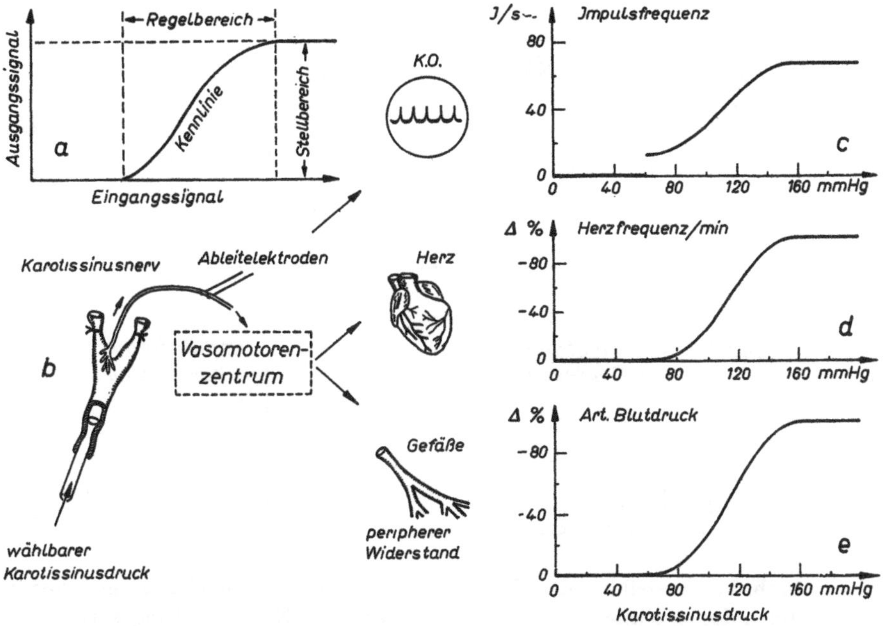

Abb. 63. Darstellung der Analyse der Kreislaufregulation am aufgeschnittenen Regelkreis im Tierexperiment. Durch künstliche Erhöhung des nicht pulsierenden Druckes im Karotissinuspräparat (*b*) erhält man die typischen Kennlinien eines Proportionalsteuerkörpers (*a*), und zwar für die Änderungswerte der Herzfrequenz (*d*) und des arteriellen Blutdrucks („Blutdruckcharakteristik“) (*e*). Die maximal möglichen Änderungen der Herzfrequenz und des Blutdrucks wurden dabei jeweils gleich 100% gesetzt. Analysiert man die bei steady-state-Druckverhältnissen gemessene Impulsfrequenz des zugehörigen afferenten Karotissinusnerven (*c*), so erhält man eine ähnliche Kennlinie (nach Befunden von Koch 1929 sowie Bronk und Stella 1934).

d. h. den Blutdruck heraufsetzenden, Antwort. Unterhalb von 60 (evtl. 40) mm Hg erfolgt keine Regelung durch die Pressorezeptoren, während oberhalb von 160 (evtl. 180) mm Hg der Stellbereich des Steuerkörpers nicht erweitert werden kann. Innerhalb des Regelbereiches zeigt die Kennlinie eine *s*-Form mit der größten Steilheit bei einem Eingangsdruck von 100—120 mm Hg, also im Bereich des

Sollwertes des mittleren arteriellen Blutdrucks. Geringe Abweichungen vom Sollwert werden somit besonders ausgeprägt gegenreguliert.
Weitere Information über die Funktion der Meßglieder gewinnt man durch elektrophysiologische Ableitungen von den Zellen der Rezeptoren bzw. von den afferenten Nervenfasern. In den Zellen der Meßfühler entsteht ein Generatorpotential, dessen Höhe mit zunehmendem Blutdruck steigt. Dieses amplitudenmodulierte Generatorpotential wird in Form eines Frequenzkodes zum Zentrum weitergeleitet. Durch Auszählung erhält man die in Abb. 63c dargestellte Beziehung zwischen den

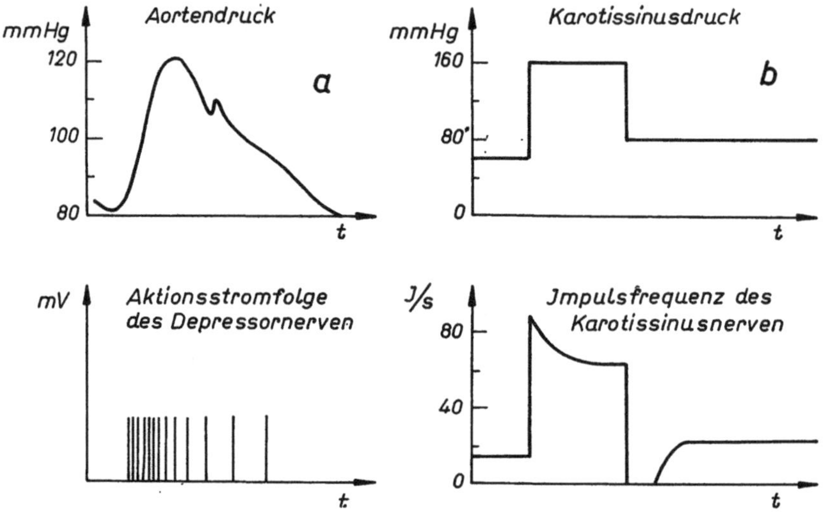

Abb. 64. Darstellung der Differentialquotientenempfindlichkeit der Pressorezeptoren des arteriellen Systems durch Analyse des Zusammenhanges zwischen den Druckschwankungen am Pressorezeptor und der am afferenten Nerv gemessenen Impulsfrequenz.

Abb. 64a. Zeitliche Zuordnung der Aktionsstromfolge des Depressornerven während einer Herzperiode bei normal zwischen 80 und 120 mm Hg pulsierendem Druck in der Aorta (nach PAINTAL 1955).

Abb. 64b. Verhalten der Impulsfrequenz des Karotissinusnerven bei sprungförmiger Änderung des Druckes im Karotissinuspräparat (nach BRONK und STELLA 1934/35).

Impulsfrequenzen des Karotissinusnerven und den eingestellten Drucken im Karotissinuspräparat. Unterhalb des Schwellendrucks von 60 mm Hg erhält das Zentrum keine Signale. Beim Schwellendruck ergibt sich nach BRONK und STELLA eine Impulsfrequenz von weniger als 20 Impulsen/s, die mit Erhöhung des Druckes s-förmig ansteigt — vergleichbar der statischen Kennlinie des Proportionalsteuerkörpers — und beim Druck von 160 mm Hg in eine Maximalfrequenz von 60—80 Impulsen/s nach Art einer Sättigungscharakteristik einmündet.

Im arteriellen System herrscht jedoch kein Gleichdruck, wie er hier für die Aufstellung der statischen Kennlinien verwendet wurde, sondern die Drucke pulsieren im Rhythmus der Herzfrequenz zwischen dem systolischen Druck von 120 mm Hg und dem diastolischen Druck von rund 80 mm Hg, woraus sich ein arterieller Mitteldruck von 100 mm Hg errechnet. Die Meßfühler messen nun tatsächlich nicht nur den Mitteldruck, sondern auch die Steilheit des Druckanstiegs, also den ersten Differentialquotienten des Druckes nach der Zeit (dP/dt). Das ist in Abb. 64a dargestellt, in der zu sehen ist, daß im Depressornerv während des Druckanstiegs in der Aorta vermehrt Aktionsströme auftreten. Die Meßfühler besitzen somit auch eine Differentialquotientenempfindlichkeit, was im Karotissinuspräparat besonders

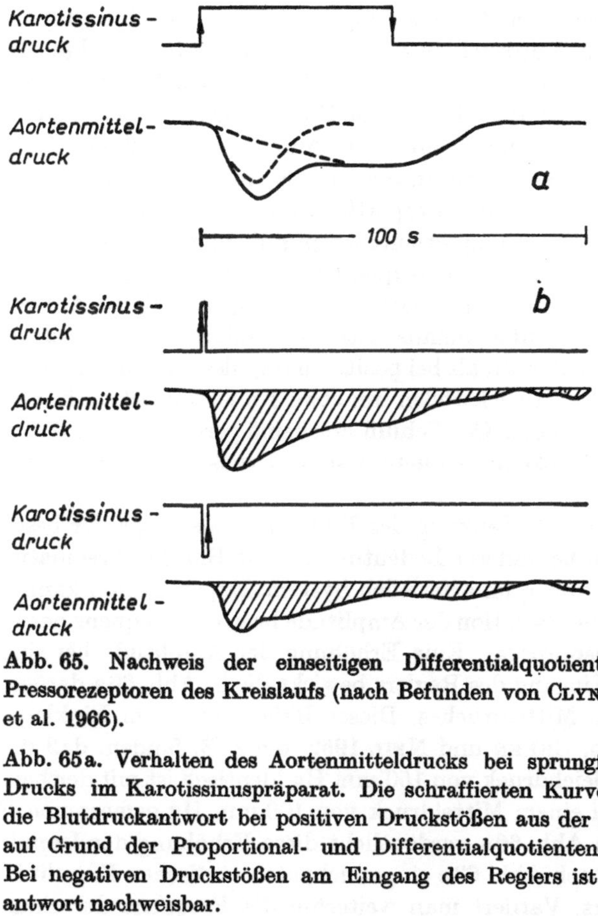

Abb. 65. Nachweis der einseitigen Differentialquotientenempfindlichkeit der Pressorezeptoren des Kreislaufs (nach Befunden von CLYNES 1968 sowie LEVISON et al. 1966).

Abb. 65a. Verhalten des Aortenmitteldrucks bei sprungförmiger Änderung des Drucks im Karotissinuspräparat. Die schraffierten Kurven deuten an, daß sich die Blutdruckantwort bei positiven Druckstößen aus der Summe der Antworten auf Grund der Proportional- und Differentialquotientenempfindlichkeit ergibt. Bei negativen Druckstößen am Eingang des Reglers ist nur eine Proportionalantwort nachweisbar.

Abb. 65b. Verhalten des Aortenmitteldrucks bei positiven und negativen Druckimpulsen von 1 s Dauer (Nadelfunktion) im Karotissinuspräparat. Erläuterungen siehe Text.

eindrucksvoll nachweisbar ist (Abb. 64b). Bei einer plötzlichen Druckzunahme von 60 auf 160 mm Hg ergibt sich eine überschießende Signalantwort, die bei Beibehaltung des Druckes auf die Impulsfrequenz zurückgeht, die unter statischen Bedingungen gefunden wurde und bereits in Abb. 63 dargestellt wurde. Bei plötzlicher Druckentlastung schweigt der Rezeptor, um sich dann auf die dem statischen Druck entsprechende Impulsfrequenz einzustellen. Die Meßfühler besitzen somit eine Differentialquotienten- und eine Proportionalempfindlichkeit. Das Gesamtsystem ist ein sogenannter P-D-Regler.

Das Regelsystem zeigt jedoch eine Unlinearität, die nach CLYNES in einer einseitigen Differentialquotientenempfindlichkeit zum Ausdruck kommt. Die Abb. 65a zeigt, daß sich die Sprungantwort des Blutdrucks auf die Druckerhöhung im Karotissinuspräparat aus der Summationsantwort des D- und P-Reglers ergibt. Bei der Antwort auf einen negativen Drucksprung ergibt sich nur eine Proportionalantwort. Bei Analyse der Blutdruckantwort besteht die Differentialquotientenempfindlichkeit somit bei positiven Druckstößen. Noch deutlicher wird dieses Verhalten bei der Antwort des Blutdrucks auf eine Nadelfunktion. Gibt man einen kurzen Rechteckdruckstoß von 1 s Dauer und einer Amplitude von 25 mm Hg einmal als positiven und zum anderen als negativen Impuls auf den Eingang des Reglers, so ist die Zeit für eine Antwort des Proportionalreglers zu kurz und man erhält in Abb. 65b stets eine Differentialquotientenempfindlichkeit mit relativ langdauernder Blutdruckabnahme von allerdings quantitativ unterschiedlichem Ausmaß. Die Antwort auf den positiven Druckstoß ist 1—1,5 mal größer als die Antwort auf den negativen Druckstoß. Darüber hinaus tritt das Minimum der Blutdruckantwort auf negative Impulse später auf als bei positiven Impulsen und auch die Totzeit des Reglers ist bei negativen Druckstößen um etwa 1 s verlängert, d. h. um die Zeitdauer des Rechteckimpulses. Der Schluß erscheint gerechtfertigt, daß der durch einen Pfeil in Abb. 65b gekennzeichnete positive Druckstoß jeweils der auslösende Impuls ist.

Die relativ langandauernde Senkung des Blutdrucks als Folge der beschriebenen Nadelfunktion ist von besonderer Bedeutung für die Blutdruckregulation bei den normalen Druckpulsationen im arteriellen System. Experimentell kann man diese Frage prüfen durch eine Variation der Amplitude bzw. der Frequenz der Impulseingabe am Karotissinuspräparat. Eine Erhöhung der Amplitude bei sinusfömiger Druckänderung am Eingang des Reglers bewirkt die in Abb. 66a dargestellte Abnahme des arteriellen Mitteldruckes. Dieser Befund steht im Einklang mit den Ergebnissen von EAD, GREEN und NEIL 1952, die z. B. fanden, daß die Impulsfrequenz bei einem Gleichdruck von 150 mm Hg identisch ist mit der bei normalen Druckpulsationen bei einem Mitteldruck von 100 mm Hg gemessenen Frequenz. Der Pfeil im Inset in Abb. 66a verdeutlicht diese Erhöhung der Impulsfrequenz im Vergleich zu der nach Abb. 63c eingezeichneten statischen Kennlinie des Proportionalsteuerkörpers. Variiert man weiterhin die Frequenz der sinusförmigen Druckimpulse am Karotissinus bei Konstanz des Mitteldrucks und möglichst gleichbleibender Blutdruckamplitude, so ergibt sich mit steigender Frequenz die deutliche Herabsetzung des arteriellen Mitteldrucks in Abb. 66b.

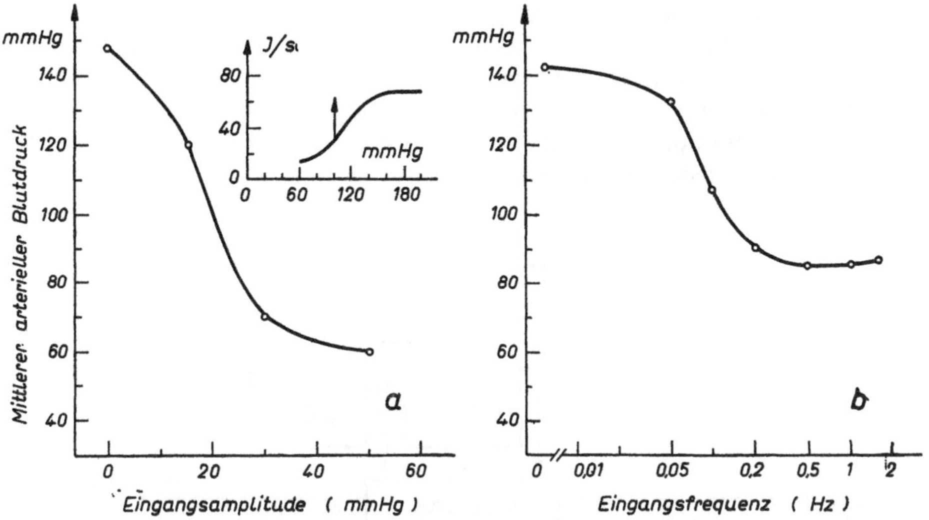

Abb. 66. Verhalten des Aortenmitteldrucks bei rhythmisch pulsierenden Drucken im Karotissinuspräparat (nach LEVISON et al. 1966).

Abb. 66a. Zunehmende Senkung des Aortenmitteldrucks bei steigender Druckamplitude, aber konstanter Frequenz und konstantem Mitteldruck am Eingang des Reglers. Das Inset zeigt die unter statischen Bedingungen erhaltene Impulsfrequenzantwort der Karotissinusnerven in Abhängigkeit von unterschiedlichen Mitteldrucken im Karotissinuspräparat, während der Pfeil den Impulsfrequenzzuwachs bei pulsierenden Drucken andeutet und damit die Senkung des Aortenmitteldrucks erklärt.

Abb. 66b. Zunahme des Aortenmitteldrucks bei steigender Frequenz der Druckschwankungen, aber konstanter Amplitude und konstantem Mitteldruck am Eingang des Reglers.

8.2.4.3. Funktion der Stellglieder des Blutdruckregelkreises

Bei der Analyse der Blutdruckantwort als Folge der Reizung der Meßfühler wurden bisher die für die Einstellung des Blutdrucks verantwortliche Stellglieder unberücksichtigt gelassen. Als Stellglieder im arteriellen System (Abb. 67) dienen das Herz als Zustromregler und die glatte Gefäßmuskulatur besonders in den Arteriolen als Abstromregler sowie das Nebennierenmark durch Ausschüttung von Adrenalin und Noradrenalin als zusätzlicher unterstützender Stellgliedmechanismus. Alle unterstehen in ihrer Tätigkeit dem ordnenden Prinzip des komplexen Kreislaufzentrums. Dieses Zentrum vergleicht den von allen Meßfühlern signalisierten Istwert des Blutdrucks mit dem vom Zentrum vorgegebenen Sollwert und regelt die Anpassung der Stellglieder an die Erfordernisse der Peripherié. Der Steuerbefehl wird den Stellgliedern über Sympathikus- und Vagusfasern kodiert in Form von frequenzmodulierten Signalen zugeleitet. Das Herz erhält seine Signale über den Herzvagus und Herzsympathikus, wobei der Vagus überwiegend für die Einstellung der Herzfrequenz und der Sympathikus vor allem für die Herzkraft verantwortlich ist. Die glatte Gefäßmuskulatur wird nahezu ausschließlich durch die sympathischen Vasokonstriktorfasern versorgt. Unter normalen Bedingungen beträgt die Impulsfrequenz in diesen Nervenfasern 1—3 Impulse/s. Sie kann jedoch maximal Werte von 10—20 Impulse/s erreichen, woraus sich die große Variabilität des Stellbereichs des Stellgliedes der glatten Muskulatur erklärt.

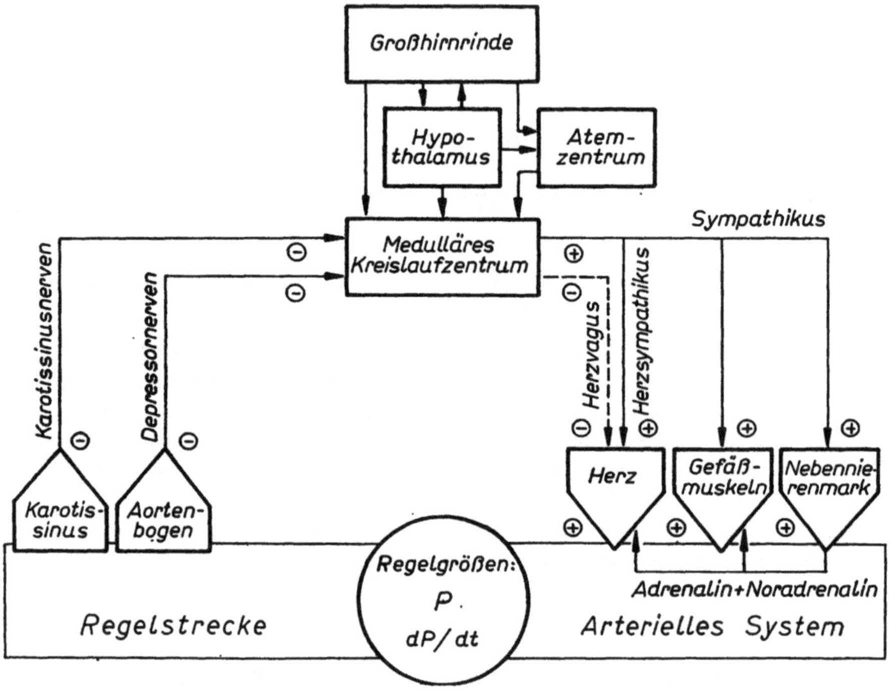

Abb. 67. Blockschema der Regelung des arteriellen Blutdrucks.

Die Regelung des arteriellen Blutdrucks erfolgt eigentlich durch 2 aufeinander abgestimmte Regelkreise, die die Gemeinsamkeit der Regelstrecke, der Regelgröße und der Meßglieder haben. Es sind dies der Abstromregler und der Zustromregler.

Die Aufgabe des Abstromreglers ist begrenzt, da nach dem OHMschen Gesetz: Druck = Stromstärke mal Widerstand ist. Ändert sich die Stromstärke, d. h. das Herzminutenvolumen nicht, so muß auch der periphere Widerstand konstant bleiben. Nach dem KIRCHHOFFschen Verzweigungsgesetz sind dann Variationen nur dergestalt möglich, daß die Parallelwiderstände sich gegenseitig ändern. Beim Auftreten einer Störgröße durch Senken des peripheren Widerstandes eines Organsystems und dementsprechend verstärktem Abfluß in diesen Unterregelkreis — z. B. bei Muskel- oder Verdauungsarbeit bzw. Thermoregulation — kann der Abstromregler lediglich durch kollaterale Vasokonstriktion die Durchblutung zur Zeit weniger wichtiger Organe abdrosseln. Es leuchtet ein, daß das nur eine begrenzte Regelung ist. PENAZ hat 1963 das Verhalten der Stellgliedanteile der glatten Muskulatur untersucht. Diese interessanten Untersuchungen wurden so durchgeführt, daß den sympathischen Vasokonstriktorfasern elektrische Signale konstanter Amplitude, aber sinusförmig variabler Frequenz aufgezwungen wurden. Die Antwort der Gefäßmuskulatur auf diese Frequenzmodulation wurde nach Art einer Ortskurve aufgetragen. PENAZ konnte feststellen, daß die Regelsignale in den Stellgliedern des kapazitiven Gefäßgebietes — also in der glatten Gefäßmuskulatur der Venen — mit beträchtlicher Verzögerung übermittelt werden, die in Wellen unter 16 s Dauer eine Phasenverschiebung von mehr als 180° zeigen. Bei größerer Verstärkung im Rückkopplungsmechanismus sind somit schon in den Eigenschaften eines einzigen Regelkreisgliedes die Bedingungen der dynamischen Instabilität gegeben. Hierzu sind jedoch zwei Einschränkungen zu machen: 1. muß man berücksichtigen, daß nach THRON und Mitarb. 1960 die Arteriolen etwas schneller reagieren und 2. fand STEGEMANN beträchtlich kürzere Laufzeiten des Blutdruckreglers. Dieser Unterschied ist dadurch erklärbar, daß es sich bei den letztgenannten Befunden um eine gemeinsame Wirkung des Abstromreglers und des Zustromreglers handelt.

Kann die Störgröße durch kollaterale Vasokonstriktion des Abstromreglers nicht ausreichend kompensiert werden, so muß der Zustromregler eingreifen und das Herzminutenvolumen steigern. Der Zustromregulierung obliegen alle wesentlichen Anpassungsvorgänge an plötzlich auftretende Störgrößen. Das geschieht sowohl durch Erhöhung der Herzfrequenz als auch der Herzkraft. Eine große Bedeutung kommt dabei der Herzfrequenz zu, sie kann (Abb. 67) auf drei Wegen erhöht werden. Zunächst nervös, und zwar 1. hauptsächlich durch Abnahme der über den Vagus in das Herz einlaufenden Signale, d. h. durch eine Abnahme des herzfrequenzsenkenden Vaguseinflusses, sowie 2. geringer durch Zunahme der Impulsaktivität im Herzsympathikus, d. h. durch Erhöhung des herzfrequenzsteigernden Sympathikuseinflusses, und schließlich 3. humoral durch vermehrte Ausschüttung von Adrenalin und Noradrenalin aus dem Nebennierenmark und Anflutung auf dem Blutwege. WEZLER (1949) hält die Herzfrequenzänderung bei schnellen Kompensationsvorgängen für die allein wirksame Größe. Immer wieder auffällig ist die sofort einsetzende Erhöhung der Pulsfrequenz. So ist häufig schon die erste Herzperiode verkürzt. Als Ursache wird hierfür eine sogenannte Mitinnervation durch höhere Zentren (siehe Abb. 67) angesehen, nämlich eine Beeinflussung des Kreislaufzentrums durch die Großhirnrinde z. B. bei motorischen und durch diskrete Bezirke im Hypothalamus bei vegetativen Vorgängen. Die erhebliche Bedeutung, die hierbei der Herzfrequenz zukommt, geht daraus hervor, daß das Herzminutenvolumen bis zu einer Herzfrequenz von 150—170 Schlägen pro min weitestgehend proportional mit der Herzfrequenzänderung ansteigt.

Wir dürfen somit feststellen, daß der Einfluß von Störgrößen auf die Regelgröße Blutdruck im arteriellen System sofort und überwiegend durch den Zustromregler ausgependelt wird, während dem Abstromregler mehr allgemeine und begrenzte

Aufgaben zufallen. Meßglieder und Stellglieder des Regelkreises des arteriellen Blutdrucks in Abb. 67 sind nach dem Prinzip der negativen Rückkopplung bzw. der Verpolung aufgebaut, wobei eine Abnahme der Summe der Impulse aus allen Meßgliedern (siehe + und — Zeichen) eine Erhöhung der Impulssumme zu den Stellgliedern bewirkt und umgekehrt. Somit wird jede gerichtete Druckänderung an den Meßfühlern zu einem dieser Änderung entgegengesetzten Effekt an den Stellgliedern führen und damit die Konstanz der Regelgröße bedingen.

8.2.5. *Blutdruckschwankungen 3. Ordnung und Möglichkeit der Instabilität des Blutdruckregelkreises*

Im arteriellen System bestehen unterschiedliche Blutdruckschwankungen um den Sollwert, die entweder atemsynchron sind mit einer bevorzugten Periodendauer von 4—5 s oder von längerer Dauer mit etwa 10 s. Die letzteren werden als Blutdruckschwankungen 3. Ordnung oder HERING-TRAUBE-MAYER-Wellen, kurz HTM-Wellen, bezeichnet. Die auslösende Ursache dieser Schwingungen ist bis heute umstritten. Derartige Schwankungen um einen Sollwert sind bei technischen Regelungssystemen bekannt. WAGNER (1954) nahm deshalb an, daß diese HTM-Wellen Eigenschwingungen des Regelkreises sind und daß ihre Frequenz vor allem durch die Kontraktionsgeschwindigkeit der glatten Gefäßmuskulatur bestimmt wird. Diese Ansicht hat den Vorteil, daß man sowohl für die Konstanthaltung des Sollwertes als auch für die Schwankungen um den Sollwert eine einheitliche Deutung geben kann. MECHELKE und CHRISTIAN (1960) nehmen an, daß der Regelkreis unter pathologischen Bedingungen instabil werden kann, so daß auch aufklingende Schwingungen möglich sind. KOEPCHEN und THURAU (1957) haben der Ansicht WAGNERS widersprochen und festgestellt, daß diese Schwankungen durch den rhythmischen Einfluß des Atemzentrums auf das medulläre Kreislaufzentrum (Abb. 67) entstehen. Es ließ sich nachweisen, daß diese Blutdruckschwankungen insbesondere bei willkürlich verlangsamter Atmung häufig ganzzahlige Vielfache der Atemfrequenz sind, was die Ansicht der Synchronisierung von Atmung und Blutdruckwellen stützt. Hinzu kommt, daß bei Ausschaltung der vier Haupt-Meßglieder des arteriellen Systems und der Rezeptoren des Niederdrucksystems diese Schwingungen erhalten bleiben; sie werden allerdings nach KRÜGER (1933) und KOEPCHEN (1962) in Amplitude und Frequenz modifiziert. Der letzte Befund läßt auch die Möglichkeit einer zusätzlichen Beeinflussung des Kreislaufzentrums durch Eigenschwingungen des Regelkreises zu, so daß die nachweisbaren Blutdruckschwankungen 3. Ordnung durch Überlagerung verschiedener Rhythmen hervorgerufen werden könnten.

Die Ortskurve von Regelkreisen, die das Verhältnis der Ausgangs- zur Eingangsamplitude und die Phasenverzögerung bei unterschiedlicher Frequenz der sinusförmigen Eingangssignale abzulesen gestattet, erlaubt eine Aussage, ob der Regelkreis instabil werden kann und wenn ja, bei welcher Eingangsfrequenz. Man verwendet hierzu das Stabilitätskriterium von NYQUIST (s. o., Kap 3.4.5.), indem man den kritischen Punkt der Ortskurve aufsucht. In Abb. 68a ist die Ortskurve des aufgeschnittenen Blutdruckregelkreises unter der Bedingung der Reizung eines Karotissinusfeldes nach STEGEMANN (1966) aufgetragen. Es ergibt sich, daß der Regelkreis hervorragend stabil ist, da Stabilität gegeben ist, wenn der kritische

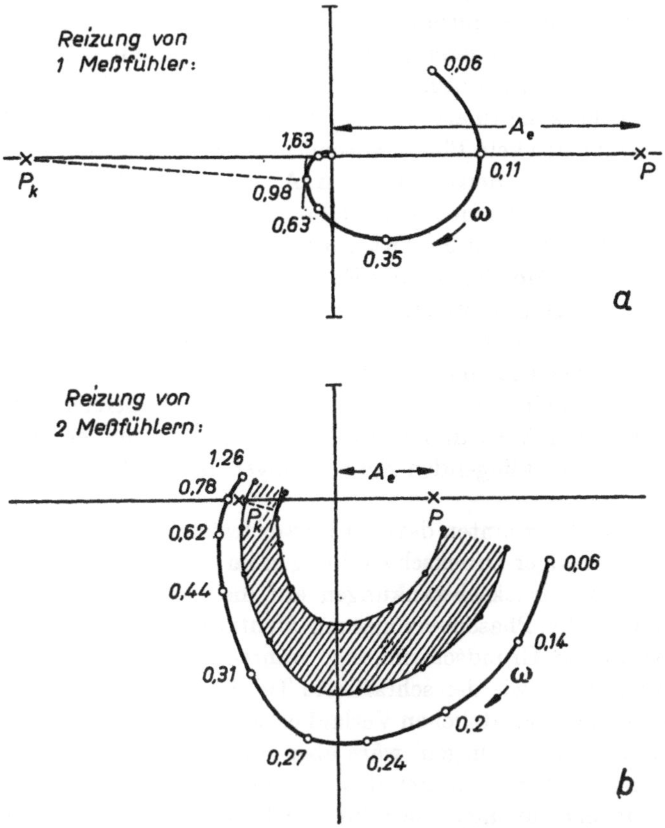

Abb. 68. Experimentell gewonnene Ortskurven bei Reizung eines Karotissinuspräparates (*a*) (nach STEGEMANN 1966) oder bei gleichzeitiger Reizung von zwei Karotissinuspräparaten (*b*) (nach Befunden von LEVISON et al. 1966). Abgelesen werden kann das Verhältnis der Ausgangs- zur Eingangsdruckamplitude sowie die Phasenverzögerung bei Variation der Frequenz der sinusförmigen Eingangssignale.

Punkt P_k links von der Ortskurve liegt, auf der ein Beobachter nach wachsenden Frequenzen hin wandert. STEGEMANN stellte jedoch in Rechnung, daß es sich hier nur um einen von 4 Meßfühlern handelt, so daß bei der Funktion von mehreren Meßfühlern die Ortskurve weiter nach links herausrücken könnte, wobei die Möglichkeit

des Auftretens abklingender Schwingungen gegeben ist. Für kleine Dämpfungen liegt der kritische Punkt P_k in der Nähe der Ortskurve und man kann durch Fällung des Lotes auf die Ortskurve — in Abb. 68a allerdings nur mit größter Zurückhaltung anwendbar! — die Eigenfrequenz des Regelvorganges ermitteln. Es ergibt sich eine Kreisfrequenz von $\omega = 0{,}98$ Hz, das sind 156 mHz, was einer Periodendauer von 6,4 s entspricht und im unteren Frequenzbereich der HTM-Wellen liegt.
LEVISON und Mitarbeiter (1966) haben Untersuchungen durchgeführt, bei denen sie gleichzeitig beide Karotissinusmeßfühler durch sinusförmige Drucke im Frequenzbereich von 0,01—0,2 Hz gereizt haben. Aus den mitgeteilten BODE-Diagrammen (der Amplitudenverhältnisse und der Phasenverschiebung) ist die in Abb. 68b dargestellte Ortskurve konstruiert worden. Sie gestattet einige bemerkenswerte Aussagen: 1. Es ergibt sich kein Phasenvorhalt im Gegensatz zu den Befunden von STEGEMANN. 2. Das Amplitudenverhältnis $A:A_e$ steigt zunächst mit wachsender Frequenz, um dann wieder abzunehmen, bleibt jedoch immer größer als eins. 3. Der kritische Punkt liegt rechts von der Ortskurve. Dieser Befund spricht dafür, daß im arteriellen System die Möglichkeit der Entstehung aufklingender Schwingungen gegeben ist, wie sie von MECHELKE und CHRISTIAN (1960) für gewisse pathologische Bedingungen angenommen wurden. Bei einer Phasenverschiebung von 180° ergibt sich eine Kreisfrequenz von $\omega = 0{,}78$, das sind 124 mHz Eingangsfrequenz und entspricht einer Schwingungsdauer von 8 s, liegt also im Bereich der arteriellen Blutdruckschwankungen 3. Ordnung. Da es sich jedoch um ein nichtlineares System handelt, sind aufklingenden Schwingungen durch das System Grenzen gesetzt.
LEVISON und Mitarbeiter konnten darüber hinaus feststellen, daß bei zusätzlicher Aufpfropfung sinusförmiger Druckschwankungen im Frequenzbereich der normalen pulsatorischen Blutdruckschwankungen auf die langsameren sinusförmigen Druckschwankungen die Phasenverzögerung identisch ist mit der bei isolierter Eingabe der langsamen Grundschwingung, während das Amplitudenverhältnis $A:A_e$ um 20—50% sinkt, wie der schraffierte Teil in Abb. 68b belegt. Die Ortskurve bliebe in ihrem grundsätzlichen Verlauf erhalten, der kritische Punkt würde jedoch wieder links von ihr liegen, wäre aber nahe der Ortskurve, so daß man nach dem oben angeführten Verfahren das Lot auf diese Kurve fällen könnte. Die dann resultierende Schwingungsdauer für mögliche abklingende Schwingungen liegt zwischen 8 und 9 s.
Diese Befunde bei gleichzeitiger Reizung zweier Hauptmeßfühler sprechen für die Möglichkeit des Auftretens abklingender Schwingungen im Frequenzbereich der Blutdruckschwankungen 3. Ordnung. Es ist denkbar, daß diese Verhältnisse bei Berücksichtigung aller vier Meßfühler noch ausgeprägter werden. Damit besteht die Möglichkeit, daß für die Entstehung der HTM-Wellen neben dem Einfluß des Atemzentrums auch Eigenschwingungen des Regelkreises des arteriellen Blutdrucks mitbeteiligt sein können. Das würde für eine Verschiebung der Kennlinie des Blutdruckreglers nach niedrigeren Blutdruckwerten sprechen. Ein solches Verhalten wurde tatsächlich von THRON und Mitarbeitern (1968) (Abb. 69a und 69b) bei Untersuchungen am geschlossenen Regelkreis beim wachen kreislauf-

gesunden Menschen gefunden. Sie änderten den transmuralen Druck (Abb. 69c) und damit die Weite der Karotisgefäße, indem sie von außen auf die Halsgegend durch einen fest an Thorax und Kopf aufsitzendem Zylinder einen Überdruck bzw. Unterdruck ausübten und das Verhalten des arteriellen Mitteldrucks (Abb. 69a) sowie der Herzfrequenz (Abb. 69b) analysierten. Dabei ergaben sich besonders ausgeprägte Gegenregulationen bei dem niedrigen Karotissinusdruck von 70—80 mm Hg.

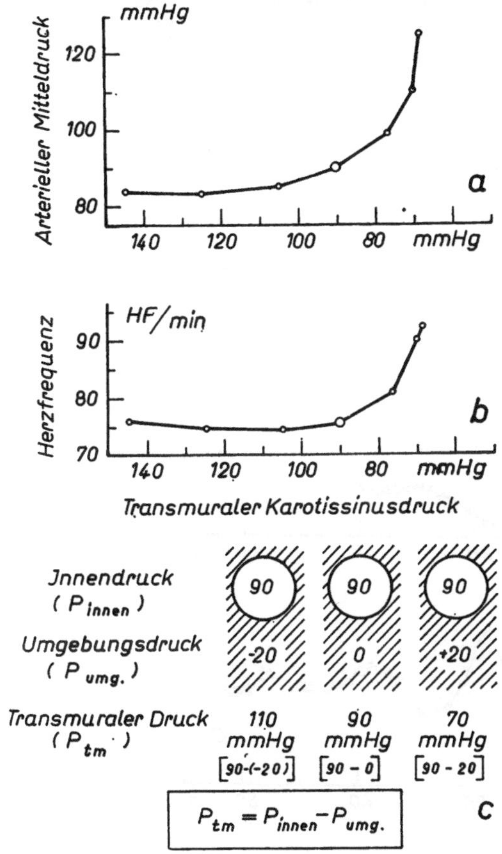

Abb. 69. Verhalten des arteriellen Mitteldruckes (*a*) und der Herzfrequenz (*b*) bei Variation des transmuralen Karotissinusdrucks (nach THRON et al. 1968). Teil *c* verdeutlicht den Begriff „transmuraler Druck", der die Beziehung Gefäßinnendruck minus Umgebungsdruck des Gefäßes charakterisiert. Die drei angeführten Beispiele belegen, daß es trotz gleichem intravasalen Druck von 90 mm Hg durch Variation des Umgebungsdrucks zu sehr unterschiedlichen transmuralen Drucken kommt. Da diese Variation der transmuralen Drucke eine entsprechende Änderung der Gefäßweite und dementsprechende Dehnung (also Reizung) der Rezeptorfelder bedingt, kommt es zu der dargestellten Beeinflussung des arteriellen Mitteldrucks (*a*) und der Herzfrequenz (*b*).

8.2.6. *Analyse des geschlossenen Blutdruckregelkreises des Menschen beim Aufstehversuch*

Beim geschlossenen Blutdruckregelkreis des Menschen stößt die Anwendung der Frequenzganganalyse auf methodische Schwierigkeiten. Die Methode der Wahl ist deshalb die Sprungfunktion. Aus dem Verhalten der Regelgröße bei Einwirkung eines Rechtecksprunges auf den Eingang des Reglers lassen sich nach DRISCHEL (1953) Aussagen über seine Stabilität und Regelgüte (siehe Abb. 47 Seite 101) machen. Als besonders günstig erweist sich hierfür der Aufstehversuch, da er nur eine geringe Belastung darstellt und auch kranken Personen zugemutet

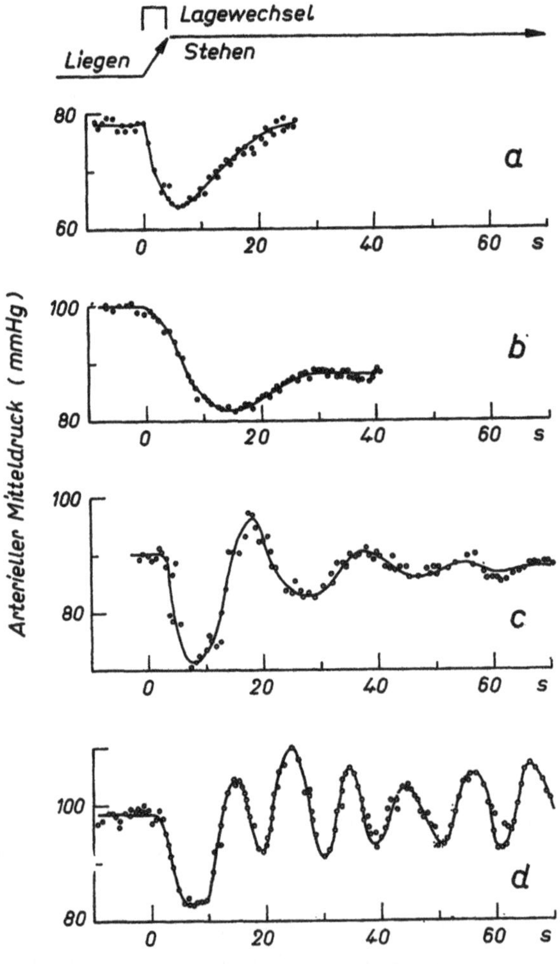

Abb. 70. Unterschiedliches Verhalten des Aortenmitteldrucks des Menschen beim Übergang vom Liegen zum Stehen (nach Befunden von MECHELKE und CHRISTIAN 1958). Erläuterungen siehe Text.

werden kann. Durch den Lagewechsel als sprungförmige Störgröße ergibt sich ein Versacken von größeren Blutmengen in die abhängigen Körperpartien, woraus eine Verminderung des venösen Rückstroms zum Herzen resultiert. Der Zustromregler kann das normale Herzminutenvolumen nicht in ausreichender Menge fördern, so daß der arterielle Mitteldruck absinkt und die Gegenregulation über die Haupt-Meßfühler des arteriellen Systems einsetzt. Aus dem Verhalten von Herzfrequenz und Blutdruck lassen sich nach regeltheoretischen Gesichtspunkten Rückschlüsse auf die Kreislaufregulation ziehen. Abb. 70 zeigt die Variabilität der beobachteten Einschwingformen des Blutdruckregelsystems. Unter Normalbedingungen zeigt sich ein kurzes Absinken des Blutdrucks mit Rückführung auf den Sollwert in rund 20 s (Abb. 70a), also ein aperiodisch gedämpfter Einschwingvorgang mit hervorragender Regelgüte. In pathologischen Fällen kommt es durch fehlerhafte Rückwirkung zu einer falsch dimensionierten Regelantwort, die durch eine verlangsamte Einschwingkinetik oder durch eine unvollständige Rückführung auf den alten Wert gekennzeichnet ist. So ergeben sich überaperiodisch gedämpfte Einschwingvorgänge mit Sollwertverstellung (Abb. 70b) oder periodisch gedämpfte Schwingungen mit Verschlechterung der Regelgüte (Abb. 70c). Schließlich gibt es Beispiele, bei denen es nach Überschreiten der Stabilitätsgrenze zum Auftreten von periodisch ungedämpften Schwingungen kommen kann (Abb. 70d). Die Dauer dieser Schwingungen liegt bei rund 10 s, also im Frequenzbereich der HTM-Wellen. Es handelt sich beim letzten Beispiel um pathologische Kreislaufregulationsformen, die gegebenenfalls zum Kollaps führen können.

Auch die Dynamik des Herzfrequenzverhaltens beim Übergang vom Liegen zum Stehen in Abb. 71 zeigt Einschwingvorgänge. Die regulativen Herzfrequenzänderungen sind jedoch nicht nur Ausdruck für die Normalisierung des Blutdruckverhaltens im arteriellen System, sondern sie werden durch Beeinflussung der Volumenverhältnisse im Niederdrucksystem, insbesondere in der Lunge, und durch zentrale Einflüsse mitbestimmt. Nach Drischel unterscheidet man zwei Grundtypen (Abb. 71) mit einer Reihe von Zwischentypen. Beim A-Typ kommt es zum sofortigen Frequenzanstieg bedingt durch Impulse aus dem motorischen Teil der Großhirnrinde. Der weitere Frequenzverlauf wird bestimmt durch die Meßfühler im arteriellen System und im Niederdrucksystem. Hierbei ist die Volumenabnahme in den Lungengefäßen mit von Bedeutung, denn das linke Herz kann bei Störung des venösen Rückstroms zum Herzen noch für einige Herzschläge das in der Lunge gespeicherte Blut ausschöpfen. Mit Verbesserung des venösen Rückstroms nimmt das Blutvolumen im Thorax wieder zu und die Herzfrequenz sinkt. Gleichzeitig normalisiert sich der Blutdruck im arteriellen System, wodurch die Herzfrequenz ebenfalls erniedrigt wird. Die Herzfrequenz erreicht ihren Tiefstwert jedoch erst nach rund 21 s, also zu einem Zeitpunkt, an dem der arterielle Blutdruck bei stabilen Kreislaufverhältnissen bereits wieder normalisiert ist (Abb. 70a). Dagegen kommt es erst nach 2—3 min zu einer allmählichen Einstellung der Herzfrequenz auf einen Endwert, der geringfügig über der Ausgangsfrequenz liegt, was als ein Hinweis auf die Bedeutung anderer Regelkreise gewertet werden muß. Beim B-Typ in Abb. 71 kommt es schnell zu einer beträchtlichen Erhöhung der Herzfrequenz, die auf diesem neuen Sollwert gehalten wird. Für die Bedeutung des Niederdrucksystems spricht, daß bei einer hohen Umgebungstemperatur von 45 °C, bei der ein Teil des Blutvolumens des Niederdrucksystems in die Hauptgefäße verlagert ist, stets ein B-Typ nachweisbar ist, während bei einer Umgebungstemperatur von 15 °C, bei der die Haut nur gering durchblutet wird, stets ein A-Typ zu finden ist. Obwohl das regulatorische Verhalten des Niederdrucksystems noch weitestgehend unbekannt ist, erhält man dennoch aus der Analyse der Herzfrequenz beim Aufstehversuch nach der Typologie von DRISCHEL und insbesondere aus der Einstel-

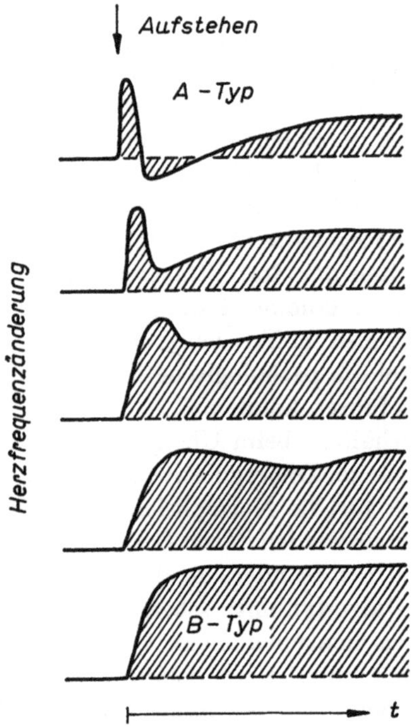

Abb. 71. Reaktionskinetisches Verhalten der Herzfrequenz beim Übergang vom Liegen zum Stehen. Dargestellt sind der A- und B-Typ sowie die Übergangstypen nach DRISCHEL. Erläuterungen siehe Text.

lung des Sollwertes im Stehen verwertbare Aussagen über das komplexe Geschehen der Kreislaufregulation. So ist der Typ A insbesondere bei sportlich trainierten oder ansonsten körperlich leistungsfähigen Personen nachweisbar, während der B-Typ bei weniger leistungsfähigen sowie vegetativ labilen Personen, bei Menschen mit leptosomem Körpertyp und in der Erholungsphase nach längeren Erkrankungen auftritt.

Die genaue Analyse der Sprungfunktions-Antwortcharakteristiken des Blutdrucks und der Herzfrequenz beim Lagewechsel nach regeltheoretischen Gesichtpunkten ermöglichen somit dem Arzt Rückschlüsse auf das Stabilitätsverhalten der Kreislaufregulation. Es handelt sich bei diesem Testverfahren um erste Anfänge der Anwendung des biokybernetischen Konzepts bei der Diagnostik von Kreislaufstörungen.

8.2.7. Möglichkeiten der Nutzung des biokybernetischen Konzepts für medizinisch-therapeutische Zwecke

In jüngster Vergangenheit hat es erste Versuche gegeben, das biokybernetische Konzept auch für therapeutische Zwecke zu nutzen. So ist die Einpflanzung von sogenannten „Schrittmachern" in den Thorax, die das Herz rhythmisch reizen, wenn der normale Herzrhythmus auf Grund von krankhaften Veränderungen nicht mehr vollauf gewährleistet ist, bereits zu einer Routineoperation für Herzkliniken geworden. Darüber hinaus hat man in den letzten Jahren bei der essentiellen Hypertonie — d. h. einer Bluthochdruckkrankheit, bei der eine Funktionsuntüchtigkeit der Meßglieder besteht — Reizelektroden am Karotissinusnerven eingepflanzt und nach deren Einheilung durch elektrische Reizung eine Senkung des arteriellen Blutdrucks erzielt. Die essentielle Hypertonie läßt sich im Tierversuch nachahmen durch Ausschaltung aller 4 Hauptmeßfühler mittels Durchschneidung ihrer afferenten Nerven. Es entsteht dabei der sogenannte Entzügelungshochdruck. ZERBST hat 1969 einen elektronischen Meßfühler gebaut, der den Blutdruck mißt und diese Information durch entsprechende Impulsübertragung auf den Karotissinusnerven dem Herz-Kreislauf-Zentrum vermittelt. Es war damit möglich, den Blutdruck beim Entzügelungshochdruck zu normalisieren und alle weiteren künstlich gesetzten Blutdruckänderungen auszupendeln. Sollte es sich als möglich erweisen, einen solchen elektronischen Meßfühler in Miniaturform herzustellen und operativ einzupflanzen, so ergäben sich günstige Voraussetzungen zur Therapie der essentiellen Hypertonie. Allerdings fehlen noch langjährige Erfahrungen auf diesem Gebiet, die die Grenzen und Möglichkeiten einer solchen Behandlung erst sorgfältig klären müssen, so daß derzeit noch vor übereilten Hoffnungen gewarnt werden muß.
Wir wissen noch zu wenig über einige Regelkreise besonders im Niederdrucksystem. Ein Eingriff in einen Regelkreis hat stets auch Rückwirkungen auf die anderen Regelkreise. Erst wenn diese gegenseitigen Beeinflussungen genauer bekannt sind, kann an die Aufstellung eines geschlossenen Konzepts der Kreislaufregulation gedacht werden.

Literatur (Zu 8.2. Kreislaufregulation)

1. BRONK, D. W., and G. STELLA: The response to steady pressures of single end organs in the isolated carotid sinus. Amer. J. Physiol. **110**, 708 (1935).
2. BÜHLMANN, A.: Beziehungen zwischen Herz- und Lungenfunktion. Schweiz. med. Wschr. **92**, 573 (1962).

3. Clynes, M.: Unidirectional rate sensitivity: A biocybernetic law of reflex and humoral systems as physiologic channels of control and communication. Annals New York Academy Sciences **92**, 946—969 (1961).
4. Clynes, M.: Biocybernetic principles of dynamic asymmetry: Unidirectional rate sensitivity, rein control (or: How to create opposites from a single measure). In: H. Drischel und N. Tiedt: Biokybernetik, Bd. I, 29—49, Leipzig 1968.
5. Cyon, E. v. und C. Ludwig: Die Reflexe eines der sensiblen Nerven des Herzens auf die motorischen der Blutgefäße. Ber. Verh. Sächs. Akad. Wiss. **18**, 307 (1866).
6. Drischel, H.: Bausteine einer dynamischen Theorie der vegetativen Regulation. Wiss. Zschr. Univ. Greifswald, Math.-Naturwiss. Reihe **2**, 99—164 (1952/53).
7. Drischel, H., H. Fanter, H. Gürtler, H. Labitzke und F. Priegnitz: Das Verhalten der Herzfrequenz gesunder Menschen beim Übergang vom Liegen zum Stehen. Arch. Kreislaufforsch. **40**, 135—167 (1963).
8. Drischel, H., H. Löffler, N. Tiedt und K. Wegener: Der Einfluß der Umgebungstemperatur und Luftfeuchtigkeit auf das Pulsfrequenzverhalten gesunder Menschen beim Aufstehversuch. Verh. Ges. exp. Med. **18**, 159—165 (1967).
9. Ead, H. W., J. H. Green, and E. Neil: A comparison of the effects of pulsatile and nonpulsatile blood flow through the carotid sinus on the reflexogenic activity of the sinus baroreceptors in the cat. J. Physiol. **118**, 509 (1952).
10. Golenhofen, K.: Zur Rhythmik der Blutgefäße. In: Probleme der zentralnervösen Regulation. Bad Oeynhausener Gespräche V, Berlin—Göttingen—Heidelberg 1962.
11. Koch, Eb.: Die reflektorische Selbststeuerung des Kreislaufs. Dresden und Leipzig, Steinkopf 1931.
12. Koepchen, H. P.: Homoiostase und Rhythmus in der Kreislaufregulation. In: Probleme der zentralnervösen Regulation. Bad Oeynhausener Gespräche V, Springer Berlin—Göttingen—Heidelberg 1962.
13. Koepchen, H. P. und K. Thurau: Untersuchungen über die Zusammenhänge zwischen Blutdruckwellen und Ateminnervation. Pflügers Arch. **267**, 10 (1958).
14. Krüger, K.: Ist der Sinus caroticus bei der Entstehung der Blutdruckwellen höherer Ordnung beteiligt? Z. Biol. **94**, 135 (1933).
15. Levison, W. H., G. O. Barnett, and W. D. Jackson: Nonlinear analysis of the baroreceptor reflex system. Circulation Res. **18**, 673—682 (1966).
16. Mechelke, K. und P. Christian: Formen und Bedeutung abnormer Regelungsvorgänge im Kreislauf. Zschr. Kreislaufforsch. **47**, 246—260 (1958).
17. Paintal, A. S.: A study of ventricular pressure receptors and their role in the Bezold reflex. Quart. J. exp. Physiol. **40**, 348—363 (1955).
18. Penáz, J.: Frequenzgang der vasomotorischen Reaktionen der kapazitiven Gefäße des Kaninchenohrs; ein Beitrag zur Deutung des Plethysmogrammes. Pflügers Arch. **276**, 636—651 (1963).
19. Pitteloud, J. J.: Theoretische Grundlagen der Herzfunktionsprüfungen. Schweiz. med. Wschr. **92**, 712 (1962).
20. Schoop, W. und Th. Pfleiderer: Die Bedeutung eines lokalen Regelmechanismus für die Muskeldurchblutung bei intraarterieller Dauerinfusion von Adenylsäuren. Zschr. Kreislaufforsch. **46**, 304—311 (1956).
21. Stegemann, J. und K. Geisen: Zur regeltheoretischen Analyse des Blutkreislaufes. IV. Phasen- und Amplitudenverhalten der Druck–Strom–Stärke-Beziehung des arteriellen Systems auf sinusförmige Druckänderungen im isolierten Carotissinus des Hundes. Pflügers Arch. **287**, 276—285 (1966).

22. THRON, H. L., K. D. SCHEPPOKAT und A. HINTZE: Über das Verhalten der kapazitiven und der Widerstandsgefäße der menschlichen Hand im Verlaufe einer durch tiefe willkürliche Inspiration ausgelösten kurzdauernden Vasokonstriktion. Pflügers Arch. **270**, 239 (1960).
23. THRON, H. L., K. KELLER, P. ECKERT und G. BIAMINO: Die stationäre Funktionscharakteristik der arteriellen Pressorezeptoren im Rahmen der Blutdruckhomöostase beim wachen kreislaufgesunden Menschen. In: H. Drischel und N. Tiedt: Biokybernetik, Bd. I, 221—226, Leipzig 1968.
24. WAGNER, R.: Probleme und Beispiele biologischer Regelung. Stuttgart 1954.
25. WEZLER, K.: Zur Physiologie des Blutdruckes. Verh. dt. Ges. Kreislaufforsch. **15**, 1—39 (1949).
26. ZERBST, E., K.-H. DITTBERNER, and V. KÖTTER: Blood pressure regulatory mechanisms studied by the use of an electric pressoreceptor analog. 2. Internat. Symp. Biokybernetik Leipzig 1969. In: H. Drischel und N. Tiedt: Biokybernetik, Bd. III, Jena—Leipzig 1971.

8.3. Modelle zur Atmungsregulation

Physiologische Erfahrungen der letzten 100 Jahre ließen das Prinzip der „chemischen Atmungsregulation" formulieren. Es besagt, daß Änderungen des Kohlensäuredruckes (pCO_2), des Sauerstoffdruckes (pO_2) oder der Wasserstoffionenkonzentration (pH) im Organismus Verstellungen des Atemzeitvolumens hervorrufen, die ihrer Ursache entgegenwirken. Die Funktionsweise des zugrundeliegenden Apparates schien sich zwanglos aus der morphologischen und funktionellen Abgrenzbarkeit seiner Bestandteile: Atemzentrum, Chemorezeptoren, peripherer Atemapparat als „Chemoreflex" zu ergeben: Abweichungen vom homöostatischen Zustand verursachen adäquate Reizung der Chemorezeptoren, die — über Vermittlung des Atemzentrum — „reflektorisch" eine entsprechende Reaktion des peripheren Atemapparates auslösen. Entscheidender Nachteil dieses Reflex-Konzepts ist sein prinzipielles Unvermögen, die Zeit als wesentliche Dimension biologischen Geschehens ausreichend zu berücksichtigen. Infolgedessen beziehen sich auch alle quantitativen Beschreibungen der klassischen Atmungsphysiologie nur auf statische Zustände (s. Abb. 72). Eine Darstellung des Prinzips der chemischen Atmungsregulation nach regelungstheoretischen Gesichtspunkten müßte über dieses Niveau hinausführen. Denn sie enthält das zeitliche Verhalten von Größen innerhalb eines Wirkungsgefüges von vornherein.

In der Nomenklatur des Regelkreises wären: der pCO_2, pO_2 und pH im Organismus → geregelte Größen; Chemorezeptoren, Atemzentrum und peripherer Atemapparat als Fühler, Verstärker und Stellglied Bestandteile des Reglers; die Gesamtheit des Organismus wäre Regelstrecke. Störungen der geregelten Größen könnten (normale Lebensumstände vorausgesetzt)

1. durch Änderung von Art und Größe des Stoffwechsels im Körpergewebe ausgelöst werden,
2. durch Änderung des O_2- oder CO_2-Gehaltes der Einatmungsluft.

Die gewünschte quantitative Beschreibung der skizzierten Regelungseinrichtung setzt Kenntnis der Übertragungsfunktionen ihrer Glieder, Regler und Strecke voraus, deren experimentelle Bestimmung infolge unzureichender Zugänglichkeit allerdings nicht durchführbar und deren vollständige Ableitung aus Verschaltung

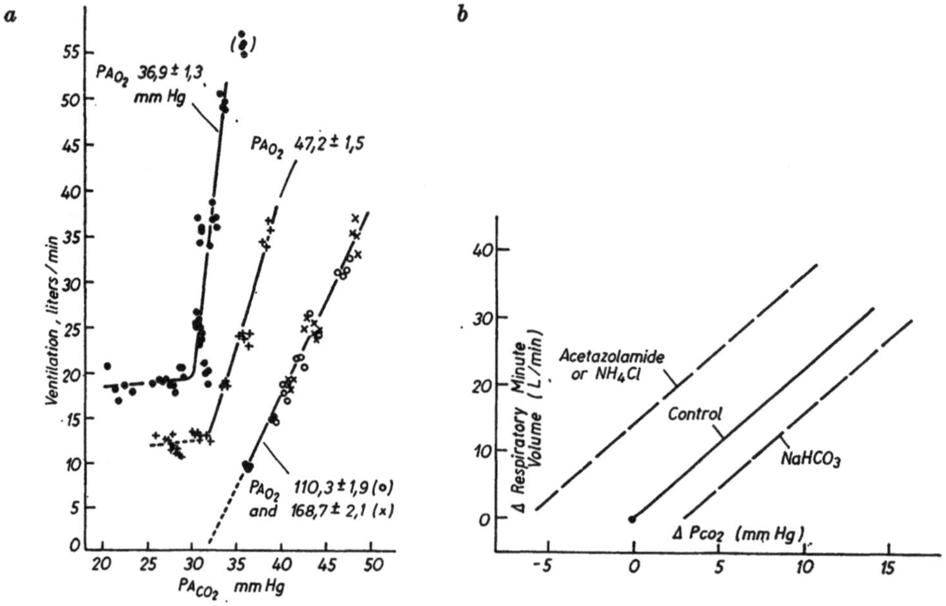

Abb. 72. Sog. CO_2-**Antwortkurven**, die die Abhängigkeit der Größe des Atemzeitvolumens vom CO_2-Druck im Organismus darstellen. Sauerstoffdruck (Abb. 72a) und Wasserstoffionenkonzentration (Abb. 72b) lassen sich als Parameter der CO_2-Antwortkurve ausdrükcn. Die CO_2-Antwortkurven lassen keine Aussage über den Zeitverlauf zu, mit dem bei Änderungen des CO_2-Druckes ein neues Atemzeitvolumen eingestellt wird. (Abb. aus Handbook of Physiology, Respiration Vol. I).

und Eigenschaften von Unterelementen beim derzeitigen Wissensstand ebenfalls unmöglich ist. So bleibt als letztes der Versuch, die notwendigen Beziehungen aus einem vereinfachten und teilweise hypothetischen Modell der Wirklichkeit zu gewinnen.

Dieser Weg wurde erstmalig 1954 durch Grodins beschritten, um die Regulation des pCO_2 im Organismus bei variierter CO_2-Konzentration der Einatmungsluft darzustellen. Wir folgen diesem Entwurf, da er als Grundkonzept aller detaillierteren Nachfolger anzusehen ist.

Regelsystem zur Konstanthaltung des pCO_2 im Organismus:

8.3.1. Beschreibung der Strecke (verbale Formulierung)

Von allen Eigenschaften der Strecke (= gesamter Organismus) interessieren für unser Anliegen nur solche, die Einfluß auf die geregelte Größe haben. Unter diesem Aspekt scheint eine Aufteilung der Strecke in die Abschnitte

Körpergewebe
Kreislauf
und Alveolarluftvolumen

zweckmäßig (s. a. Abb. 73). Körpergewebe und Alveolarluftvolumen der Lunge sind Räume, in denen CO_2 enthalten ist. Der Kreislauf ist ein diese Räume verbindendes Transportsystem für CO_2. Der Alveolarluftraum besitzt außerdem eine (verstellbare!) Verbindung zur umgebenden Atmosphäre, die Lungenventilation. Der Gewebs-CO_2-Raum erhält ständigen CO_2-Zustrom aus den Stoffwechselprozessen. (Der Zusammenhang zwischen CO_2-Gehalt des Gewebes und resultierendem Gewebs-CO_2-Druck ergibt sich aus der CO_2-Bindungskurve des Gewebes). Ob über den Transportweg „Kreislauf" CO_2 vom Gewebe in die Lunge transportiert wird oder umgekehrt, hängt lediglich von der CO_2-Konzentrationsdifferenz der beiden Räume ab. Tritt eine Änderung der CO_2-Konzentration in einem der Räume auf (beispielsweise im Alveolarluftraum, ausgelöst durch Erhöhung des CO_2-Druckes in der umgebenden Atmosphäre) dann wird sich diese Änderung auf

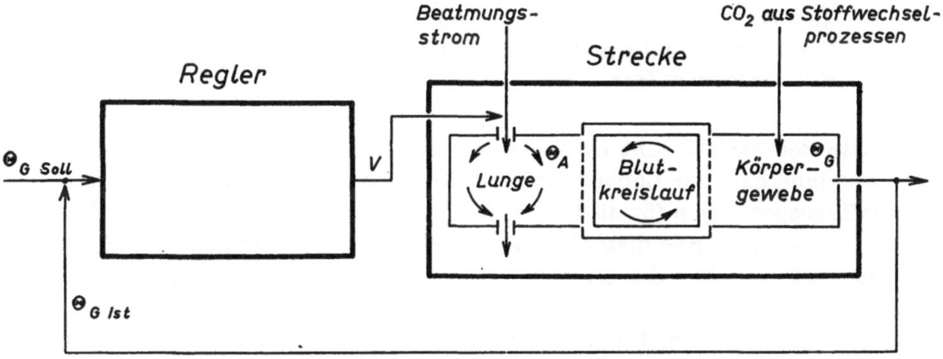

Abb. 73. Blockschaltbild zur Regelung des pCO_2 eines Organismus mittels der äußeren Atmung (n. GRODINS u. Mitarb.).

Erläuterung s. Text.

Θ_A CO_2-Konzentration in der Alveolarluft.

Θ_G CO_2-Konzentration im Gewebe.

die gesamte Strecke übertragen. Es ist offensichtlich, daß der zeitliche Verlauf eines solchen Vorganges abhängig vom CO_2-Fassungsvermögen des Alveolarluftraumes und des Geweberaumes sowie der CO_2-Transportkapazität der Lungenventilation und des Kreislaufs ist.

8.3.2. Beschreibung der Strecke (mathematische Formulierung)

Ehe versucht wird, die geschilderten Verhältnisse quantitativ zu formulieren, ist es zweckmäßig darüber nachzudenken, welche Vereinfachungen gegenüber der Wirklichkeit tragbar sind. Es soll damit eine Minderung des mathematischen Aufwandes erreicht werden, ohne wesentliche Verfälschung der interessierenden Größen.
Die Ventilation erfolgt rhythmisch und ändert das Alveolarluftvolumen gemäß der Frequenz und dem Ausmaß der Atembewegungen. Da uns zunächst nur das Atemzeitvolumen (= Atemfrequenz × Atemhubvolumen) interessiert, ist es möglich, die periodische Ventilation durch einen kontinuierlichen Gasstrom entsprechender Größe zu ersetzen und den Alveolarluftraum als konstant anzusehen. Diese Betrachtungsweise beinhaltet noch eine Vernachlässigung des Totraumes sowie der geringfügigen Unterschiede zwischen Einatmungs- und Ausatmungsvolumen, die dann bestehen, wenn der respiratorische Quotient ungleich 1 ist.

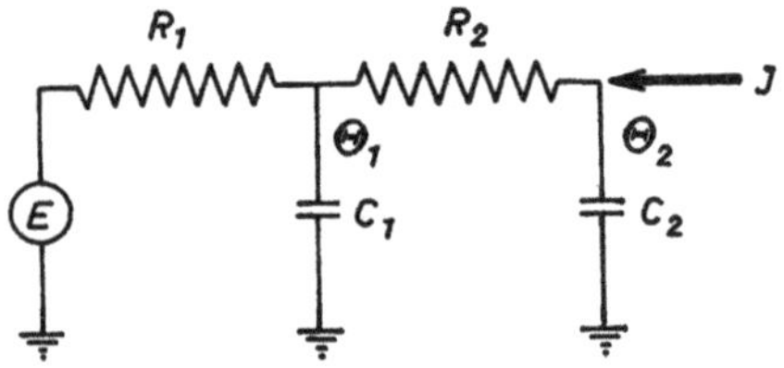

Abb. 74. Elektrisches Analogschaltbild für die Regelstrecke des Regelkreises zur Konstanthaltung des pCO_2 im Organismus (n. GRODINS u. Mitarb.). Erläuterungen s. Text.

Innerhalb der Strecke gibt es Totzeiten: die Gasdiffusionszeiten innerhalb des Gewebes, innerhalb der Lungen, zwischen Gewebe und Blut, Blut und Lunge, sowie die Transportzeiten für die Gasübertragung zwischen Atmosphäre und Lunge, Lunge und Gewebe. Alle diese Zeiten sind sehr kurz (im Sekundenbereich) gegenüber dem Zeitverhalten der geregelten Größe (Minutenbereich) und sollen deshalb vernachlässigt werden.
Der pCO_2 des arteriellen Blutes weicht nur geringfügig (durch kleine venöse Beimischungen) vom alveolären pCO_2 ab, so daß wir beide gleichsetzen können.
In der Beschreibung der Strecke wird der Begriff „Gewebsraum" verwendet. Tatsächlich ist dieser Raum heterogen, der Stoffwechsel der einzelnen Bestandteile unterschiedlich. Wenn wir einen pCO_2 des Gewebsraumes definieren wollen, dann kann es sich nur um einen Mittelwert handeln. Wir setzen also den pCO_2 eines als homogen betrachteten Körpergewebsraumes gleich dem pCO_2 des gemischten venösen Blutes.
Es soll weiter vereinbart werden, daß der Blutstrom zwischen Lunge und Körpergewebe unter den hier interessierenden Bedingungen kontinuierlich und konstant sei (also unabhängig vom pCO_2) und seine Größe dem gesamten Herzminutenvolumen entspräche (d. h. wir lassen sogenannte Kurzschlußblutmengen außer

Acht), daß für arterielles Blut, venöses Blut und Körpergewebe die gleiche (linearisierte) CO_2-Bindungskurve gültig wäre.
Für die solchermaßen vereinfachte Strecke läßt sich ein unkompliziertes elektrisches Analogschaltbild aufzeichnen, s. Abb. 74.
R_1 und R_2 sind Ohmsche Widerstände, C_1 und C_2 Kapazitäten, Θ_1 und Θ_2 elektrische Potentiale.
Zwischen elektrischen und physiologischen Größen bestehen die folgenden Analogien:

elektrische Ladung $\equiv CO_2$
elektrisches Potential $\equiv CO_2$-Konzentration

$$R_1 \equiv \frac{1}{\text{alv. Ventilation}}$$

$C_1 \equiv$ Lungenvolumen

$$R_2 \equiv \frac{1}{\text{Herzminutenvolumen}}$$

$C_2 \equiv$ Gewebsflüssigkeitsvolumen

Herzminutenvolumen und alveoläre Ventilation sind also Leitfähigkeiten analog. Die CO_2-Produktion des Gewebes entspricht einer Stromquelle I, die direkt auf C_2 wirkt, der CO_2-Gehalt der eingeatmeten Luft einer Spannungsquelle E, die über R_1 auf C_1 wirkt. Prinzipiell kann das im Vergleich zum physiologischen Prototyp einfach erscheinende Gebilde für alle die Regelstrecke betreffenden Überlegungen und Berechnungen stellvertretend benutzt werden.
Das zeitliche Verhalten von Θ_1 oder Θ_2 innerhalb eines solchen Netzes wird durch eine Differentialgleichung beschrieben. Selbstverständlich besteht die Möglichkeit, diese Gleichung auch ohne Umweg über das anschauliche Ersatzschaltbild direkt abzuleiten, und zwar wie folgt (n. GRODINS): Gleichungen über Gasaustausch und Gleichgewichtszustände der Strecke:

Verwendete Symbole:

Konstante:

K_1 — Gewebs-CO_2-Produktion (l/min); die Gewebes-CO_2-Produktion wird hier als konstant angesehen, da experimentell die Änderung des pCO_2 im Organismus leichter durch Änderung des CO_2-Gehaltes der Einatmungsluft als über Änderung der CO_2-Produktion im Gewebe erreicht werden kann.
K_2 — Gewebsflüssigkeitsvolumen (l)
K_3 — Herzminutenvolumen (l/min)
K_6 — Lungenvolumen (l)
K_7 — % CO_2 in der Einatmungsluft
G_1 — Barometerdruck (mm Hg)
G_2 — Anstiegssteilheit der linearisierten CO_2-Absorptionskurve (für arterielles und venöses Blut sowie Gewebsflüssigkeit) (l CO_2/l Blut/mm Hg pCO_2)
G_3 — extrapolierter Schnittpunkt der CO_2-Absorptionskurve mit der Ordinate (l CO_2/l Blut)

Bekannte Zeitfunktionen

V — alveoläre Ventilation (l/min)

Unbekannte Zeitfunktionen

$\dot{x}_1$ — in der Exspirationsluft transportierte CO_2-Menge (l/min)
$\dot{x}_2$ — im art. Blut transportierte CO_2-Menge (l/min)
$\dot{x}_3$ — im venösen Blut transportierte CO_2-Menge (l/min)
x_4 — CO_2-Volumen im Gewebe (l)
x_5 — CO_2-Volumen in der Lunge (l)
Θ_G — CO_2-Konzentration im Gewebe
Θ_A — CO_2-Konzentration in der Lunge

Für die Lungen gilt:

$$x_5 = K_7 \cdot V + \dot{x}_3 - \dot{x}_1 - \dot{x}_2$$

$$\frac{x_5}{K_6} = \frac{\dot{x}_1}{V}$$

Für das Gewebe:

$$x_4 = K_1 + \dot{x}_2 - \dot{x}_3$$

$$\frac{x_4}{K_2} = \frac{\dot{x}_3}{K_3}$$

Aus der CO_2-Bindungskurve erhält man unter Berücksichtigung der oben gemachten vereinfachenden Annahmen

$$\frac{\dot{x}_2}{K_3} = G_2 \frac{G_1 \cdot x_5}{K_6} + G_3$$

Aus diesen 5 Grundgleichungen mit 5 unbekannten Zeitfunktionen läßt sich ein Ausdruck gewinnen, der die Strecke mit nur einer unbekannten Zeitfunktion beschreibt. Sinnvoll wäre im vorliegenden Fall, nach

$$\frac{x_4}{K_2} = \Theta_G \qquad \text{oder} \qquad \frac{x_5}{K_6} = \Theta_A$$

Θ_G — CO_2-Konzentration im Gewebe $\qquad$ Θ_A — CO_2-Konzentration der Alveolarluft

aufzulösen, da beide als die geregelte Größe unseres Systems in Betracht kommen könnten.
Die bisherigen Überlegungen zwingen also zu einer präziseren Definition der geregelten Größe, für die bisher nur festgelegt war, daß es sich um den pCO_2 „im Organismus“ handele. Da der Entscheid für eine der Alternativen maßgeblich durch die Reglereigenschaften beeinflußt wird, soll er zunächst noch aufgeschoben werden.

In beiden Fällen ergibt sich — wie bei dem elektrischen Analogon — als Beschreibung der Strecke eine lineare Differentialgleichung 2. Ordnung.

$$\frac{K_2K_6}{K_3V}\ddot{\Theta}_G + \left(\frac{K_6}{V} + \frac{G_1G_2K_2}{V} + \frac{K_2}{K_3}\right)\dot{\Theta}_G + \Theta_G = \frac{K_1}{K_3} + \frac{K_1G_1G_2}{V} + G_3 + G_1 \cdot G_2 \cdot K_7$$

$$\text{bzw.} \left(\frac{K_2K_6}{K_3V + K_2\dot{V}}\right)\ddot{\Theta}_A + \frac{K_3K_6 + K_2K_3G_1G_2 + K_2V}{K_3V + K_2\dot{V}}\dot{\Theta}_A$$

$$+ \Theta_A = \frac{K_1K_3 + K_3K_7V + K_2K_7\dot{V}}{K_3V + K_2\dot{V}}$$

8.3.3. *Beschreibung des Reglers* (verbale Formulierung)

Der Regler besteht aus Chemorezeptoren, Atemzentrum und peripherem Atemapparat (Atemmuskeln, Thoraxskelett). Die Signalübertragung zwischen diesen Teilen erfolgt nervös. Im Gegensatz zur Strecke ist beim derzeitigen Stand des Wissens eine Ableitung der Reglereigenschaften aus physiologischen Grundprinzipien seiner Bestandteile nicht möglich. Bekannt ist lediglich die — innerhalb gewisser Grenzen — lineare Abhängigkeit der Ventilationsgröße vom alveolären bzw. arteriellen pCO_2 im Gleichgewichtszustand (CO_2-Antwortkurve, s. Abb. 72). Diese empirisch ermittelte Beziehung läßt sich als Reglerbeschreibung benutzen, wenn man annimmt, daß statische und dynamische Eigenschaften des Reglers übereinstimmen. (Eine solche Übereinstimmung besteht tatsächlich nur, wenn der Regler verzögerungsfrei überträgt. Im vorliegenden System verlaufen neurale Prozesse so hoher Geschwindigkeit, daß die Übertragungsdauer im Regler wahrscheinlich vernachlässigbar kurz im Vergleich zu der in der Strecke ist).

8.3.4. *Beschreibung des Reglers* (mathematische Formulierung)

CO_2-Antwortkurven haben die Form

$$V = K_4\, pCO_{2_A} - K_5$$

K_4 — (Anstiegssteilheit der CO_2-Antwortkurve)

pCO_{2_A} — alveolärer bzw. arterieller CO_2-Druck

K_5 — Konstante (extrapolierter Schnittpunkt der CO_2-Antwortkurve mit der Ordinate).

Eine entsprechende, den Regler charakterisierende Zeitfunktion würde lauten

$$V(t) = K_4\, pCO_{2_A}(t) - K_5,$$

wenn der arterielle (bzw. alveoläre) pCO_2 als Eingangsgröße wirksam wäre und

$$V(t) = K_4\, pCO_{2_G}(t) - K_5',$$

wenn der Gewebs-pCO_2 verwendet würde (pCO_{2_G}-Gewerbs-CO_2-Druck).

(Beide Gleichungen gehen durch Parallel-Verschiebung des Koordinatensystems auseinander hervor. Das ergibt sich aus den eingangs gemachten Annahmen: gleiche CO_2-Bindungskurve für Blut und Gewebe, keine Beeinflussung des Herzminutenvolumens und der Gewebs-CO_2-Produktion durch den CO_2-Gehalt der Einatmungsluft, gleicher pCO_2 in venösem Blut und Gewebe.)

Ehe nun eine Verknüpfung von Regler- und Streckengleichung erfolgen kann, muß die aufgeschobene Entscheidung über die geregelte Größe erfolgen. Die Ventilationsvergrößerung nach Einatmung von CO_2 verläuft, wie experimentelle Erfahrung lehrt (s. Abb. 75), erheblich verzögert gegenüber der schnellen Adaptation des

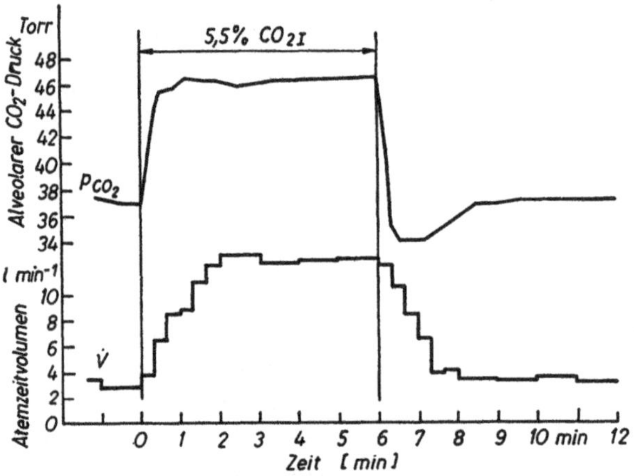

Abb. 75. Zeitverlauf des alveolären CO_2-Druckes und des Atemzeitvolumens bei sprungförmiger Änderung der Kohlensäurekonzentration in der Einatmungsluft. (Der stufenförmige Verlauf des Atemzeitvolumens ist methodisch bedingt). (Abb. v. LOESCHCKE).

alveolären und arteriellen pCO_2. Wäre die arterielle CO_2-Konzentration geregelte Größe, dann müßte diese Verzögerung (in der Größenordnung von Minuten) im Regler erfolgen, ein Umstand, der den Kenntnissen über die Geschwindigkeit zentralnervöser Informationsverarbeitung (und den daraus abgeleiteten Annahmen über das Reglerverhalten im Modell — siehe Reglergleichung —) widerspricht. Die Alternative, geregelte Größe sei die Gewebs-CO_2-Konzentration, findet zudem eine gute Stütze in Untersuchungen, die sich mit der gleichzeitigen Messung von Ventilation, arteriellem und venösem pCO_2-Verlauf (in Carotis und Jugularis) bei CO_2-Atmung befassen (HESSER, LAMBERTSEN und Mitarbeiter). Es zeigt sich dabei, daß die engste Korrelation zwischen dem pCO_2-Zeitverlauf des hirnvenösen Blutes und dem Verlauf der Ventilationsänderung besteht. In einem Modell, das Gewebsunterschiede nicht berücksichtigt, ist die Verwendung der Gesamtgewebs-CO_2-Konzentration die beste Annäherung an die Wirklichkeit.

8.3.5. *Beschreibung des geschlossenen Kreises* (verbale Formulierung)

Verknüpft man Regler- und Streckengleichung, so ergeben sich als Ausdruck für das Verhalten der geregelten Größe und der Stellgröße im geschlossenen Kreis nichtlineare Differentialgleichungen 2. Ordnung. Die Nichtlinearität rührt von der Rückkopplung auf einen Parameter der Strecke her. Im elektrischen Analogmodell (s. Streckenbeschreibung) würden gleiche Verhältnisse entstehen, wenn eine lineare Abhängigkeit der Leitfähigkeit $\frac{1}{R_1}$ von der am Kondensator C_2 herrschenden Spannung eingeführt würde.

8.3.6. *Beschreibung des geschlossenen Kreises* (mathematische Formulierung)

Die Verbindung von Regler- und Streckengleichung erfolgt durch Substitution. Dazu ist eine formale Adaptation der Reglergleichung an die Streckengleichung Voraussetzung:

Nach Substitution von:

$$pCO_{2_G} = \frac{\Theta_G - G_3}{G_2}$$

(aus der CO_2-Absorptionskurve)

ist $$V(t) = \frac{K_4}{G_2} \cdot \Theta_G(t) - K_5''$$

$$(K_5'' = K_5' + K_4 G_3/G_2)$$

Mit $\Theta_G(t) - \Theta_{G\,\mathrm{Soll}}$, der Abweichung des Istwertes vom Sollwert, als Eingangsgröße wird die endgültige Form der Reglergleichung

$$V(t) = \frac{K_4}{G_2}\,[\Theta_G(t) - \Theta_{G\,\mathrm{Soll}}] + K_5'''$$

$$\left(K_5''' = \frac{K_4}{G_2}\,\Theta_{G\,\mathrm{Soll}} - K_5''\right)$$

Aus Substitution der Reglergleichung in die Streckengleichung folgt

$$A\,\ddot{\Theta}_G + B\,\dot{\Theta}_G \cdot \Theta_G + C\,\dot{\Theta}_G + \Theta_G^2 - D\,\Theta_G = E$$

und — da V linear von Θ_G abhängt — auch

$$A'\,\ddot{V} + B'\dot{V} \cdot V + C'\,V + V^2 + D'\,V = E'$$

(A, B, C, D, E und A', B', C', D', E' sind Kurzbezeichnungen für Ausdrücke, die sich aus den eingeführten Konstanten ergeben).

Um den Zusammenhang zwischen alveolärem bzw. arteriellem pCO_2 und Atemzeitvolumen (genau: alveolärer Ventilation) darzustellen, läßt sich eine Beziehung

$$pCO_{2_A} = \Theta_A \cdot G_1 = \left(\frac{K_2}{K_3 \cdot K_4}\right) \cdot \dot{V} + \left(\frac{1}{K_4}\right) V + \frac{K_5}{K_4} - \frac{K_1}{K_3 \cdot G_2} - \frac{G_3}{G_2}$$

erhalten.

8.3.7. *Ergebnisse*

Für nichtlineare Differentialgleichungen höherer Ordnung lassen sich Lösungen z. B. mit Hilfe von Analogrechnern gewinnen. Auf diese Weise berechneten GRODINS und Mitarbeiter zeitliche Verläufe für die Ventilationsgröße und den alveolären bzw. arteriellen pCO_2 bei verschiedenen CO_2-Konzentrationen der Einatmungsluft. Ein Vergleich mit experimentellen Daten offenbart eine Übereinstimmung theoretischer und wirklicher Verläufe, die angesichts der erheblichen Vereinfachungen im vorgestellten System erstaunlich ist (Abb. 76).

Daß das Modell beim Abschalten einer CO_2-Einatmung wirklichkeitsgetreu ein „undershoot" im alveolären (= arteriellen) pCO_2-Verlauf bei erhöhter und nur langsam abfallender Ventilation zeigt, verdient besonders hervorgehoben zu wer-

a

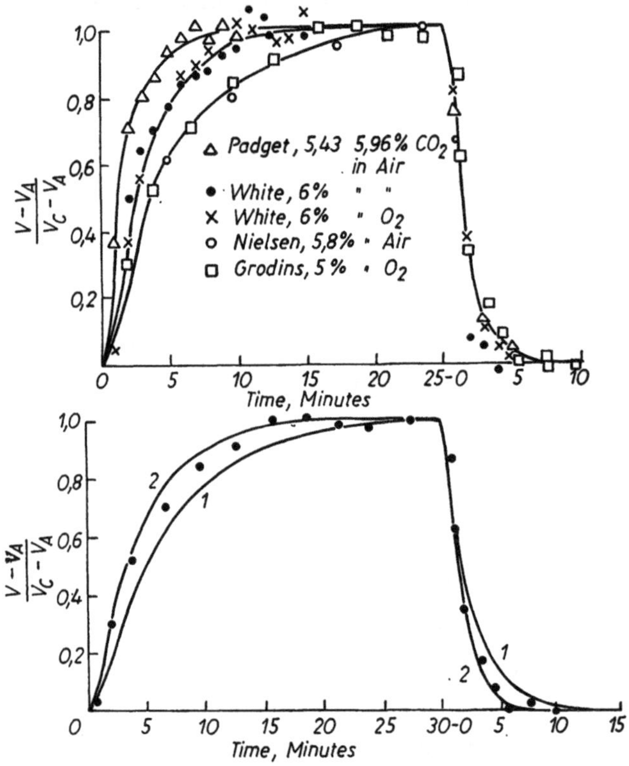

Abb. 76a. Zeitverlauf des Atemzeitvolumens bei sprungförmiger Änderung der CO_2-Konzentration in der Einatmungsluft (jeweils zum Zeitpunkt 0).

Ordinate: AZV (normiert).

Abszisse: Zeit.

Oben: Zusammenstellung experimenteller Ergebnisse verschiedener Autoren; unten: 1 + 2 berechnete Verläufe, punktiert: Mittelwerte von 6 Versuchspersonen für 5% CO_2 in der Einatmungsluft. (v. GRODINS u. Mitarb.)

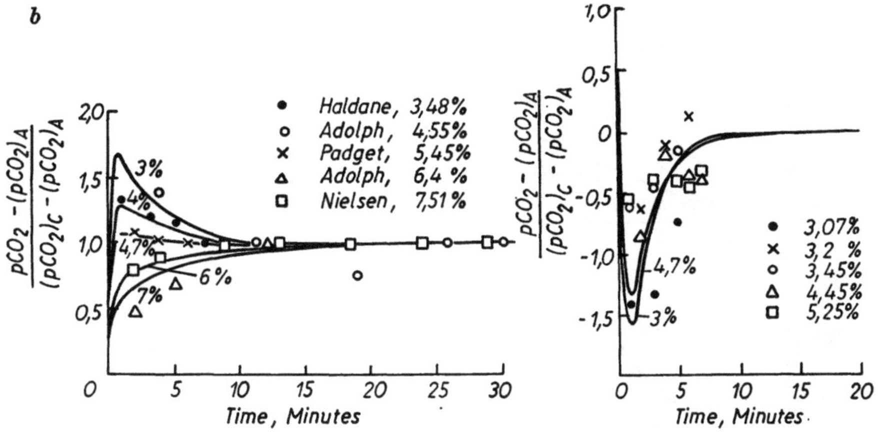

Abb. 76b. Verlauf der alveolären Kohlensäurekonzentration; links: nach dem Anschalten rechts: nach dem Abschalten von Störungen (erhöhter CO_2-Gehalt der Einatmungsluft) unterschiedlicher Größe. Einzeln markierte Werte experimentell ermittelt, durchgezogene Kurven berechnet. Ordinate: alveolärer CO_2-Druck (normiert), Abszisse: Zeit. (v. GRODINS u. Mitarb.)

den, denn es beweist, daß sich diese Erscheinung ohne weiteres aus der Struktur und den physikalischen Eigenschaften des abgebildeten Systems ergibt. Zur Deutung war ursprünglich u. a. eine „Hysteresis" der Erregung des Atemzentrums bemüht worden (GOLLWITZER-MEYER). Hier offenbart sich, daß die Modellierung biologischer Systeme über ihren genannten Zweck hinaus, natürliche Vorgänge quantitativ voraussagbar zu machen, nützlich sein kann: sie vermag „Erklärungen" zu liefern, wo übliche Vorstellungskraft und „lineares Denken" infolge der hohen Komplexheit biologischer Vorgänge versagen.

Außerdem ermöglicht ein solches Modell, den Einfluß der verschiedensten Parameteränderungen auf die dynamischen Eigenschaften des betrachteten Systems zu untersuchen. Es zeichnet sich damit die Möglichkeit ab, die Wirkung pathologischer Änderungen am Atemapparat sowie diejenige von therapeutischen Eingriffen quantitativ vorauszusagen (s. Abb. 77).

Dabei darf das vorgestellte Modell nur als erster Schritt auf dem Wege einer adäquaten Beschreibung der Regulation der äußeren Atmung gewertet werden. Notwendige und teilweise schon durchgeführte Verbesserungen beziehen sich:

1. auf größere Detailgenauigkeit im Rahmen des vorliegenden Konzepts (da sich der pCO_2 des Hirngewebes als wahrscheinlichste geregelte Größe offenbart hatte (s. o.), schlug DEFARES eine Auftrennung der Strecke in einen Hirn- und einen Restkörperabschnitt vor, bei gleichzeitiger Berücksichtigung der starken Abhängigkeit der Hirndurchblutung vom herrschenden pCO_2);
2. auf die Einbeziehung des pO_2 und pH als geregelte Größen (entsprechende Modelle liegen von MILHORN und Mitarbeiter und GRODINS und Mitarbeiter vor);
3. auf den Versuch, die Arbeitshyperpnoe zu simulieren, die bekanntlich ohne Abweichung des mittleren pCO_2, pO_2 oder pH zustande kommt.

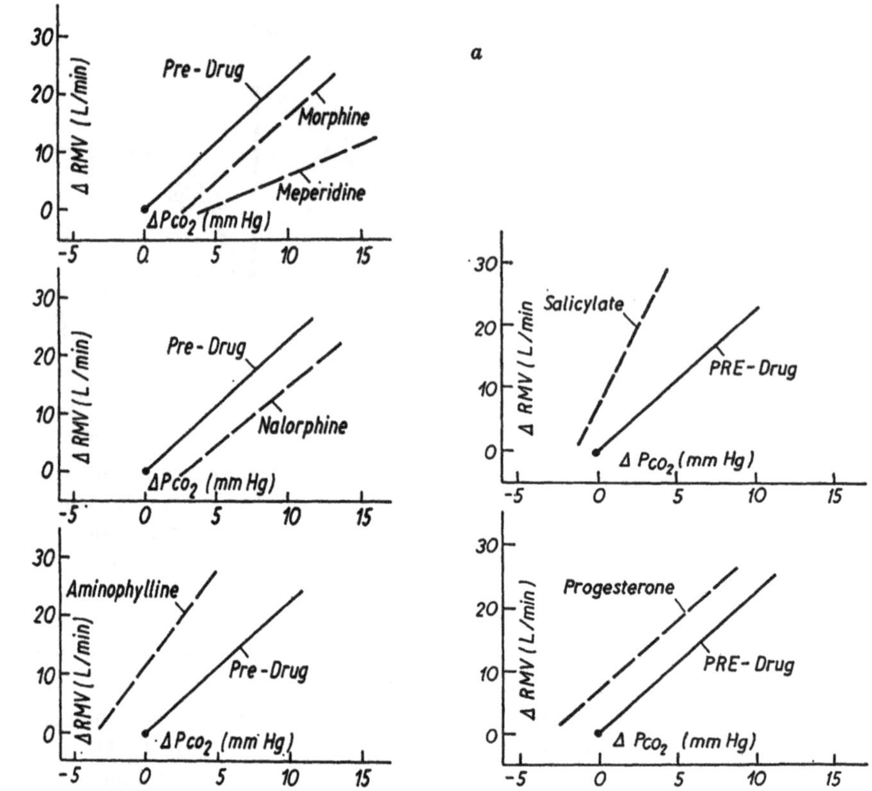

Abb. 77a. Änderung des Verlaufes der CO_2-Antwortkurve unter dem Einfluß von Medikamenten.
(Abb. aus Handbook of Physiology Section: 3 Respiration)

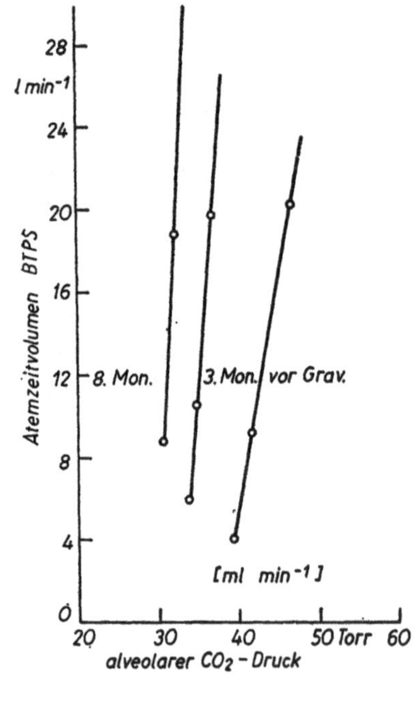

Abb. 77b. Änderung des Verlaufes der CO_2-Antwortkurven unter Hormoneinfluß während einer Schwangerschaft.
(Abb. v. LOESCHCKE).

(Die hier anzunehmende zusätzliche Beeinflussung des Atemzentrums könnte sowohl durch nervöse Signale zentralen oder peripheren Ursprungs erfolgen (KAO, DEJOURS und HARTUNG und Mitarbeiter) als auch durch die Bewertung der vergrößerten periodischen pO_2 und pCO_2-Schwankungen, die — bei gleichbleibendem Mittelwert — eine vertiefte Atmung begleiten). (GRODINS, YAMAMOTO).
Zum Bewertungsmaßstab bestehender und künftiger Modelle sollte (nach YAMAMOTO) die Menge darin berücksichtigten sicheren biologischen Wissens und das Verhältnis gemacht werden, in dem Annahmen zu gewonnenen, mit der Wirklichkeit übereinstimmenden Ergebnissen stehen.

Literatur

1. American Physiol. Society **1964**, Section 3: Handbook of Physiology. Respiration Vol. 1 + 2.
2. DEFARES, J. G.: Principles of feedback control and their application to the respiratory control system. Handbook of Physiology, Section 3, Respiration, Vol. I, S. 649.
3. DEFARES, J. G.: Progress in Biocybernetics. Hrsg.: N. Wiener u. P. Schade, Elsevier Publishing Comp. Amsterdam—London—New York 1964.
4. DEJOURS, P.: The regulation of breathing during muscular exercise in man. A neurohumoral theory. In: The Regulation of Human Respiration, od. by D. J. C. CUNNINGHAM, and B. B. LLOYD. Oxford: Blackwell, 1963.
5. GOLLWITZER-MEYER, K., und O. PINOTTI: Pflügers Arch. **249**, (1947), 3.
6. GRAY, J. S.: The multiple factor theory of the control of respiratory ventilation.
7. GRODINS, F. S., GRAY, J. S., SCHROEDER, K. R., NORINS, A. L., and JONES, R. W.: Respiratory Response to CO_2-Inhalation. A theoretical Study of a Non Linear Biological Regulator. J. Appl. Physiol. **7** (1954), 283.
8. GRODINS, F. S., and G. JAMES: Mathematical Models of Respiratory Regulation. Ann. N. Y. Acad. Sci. **109** (1963), 852.
9. HARTUNG, M., H. VENRATH, W. HOLLMANN, W. ISSELHARDT und D. JAENCKNER: Über die Atmungsregulation unter Arbeit. Forschungsberichte des Landes Nordrhein-Westfalen Nr. 1738, Westdeutscher Verlag Köln-Opladen 1966.
10. HESSER, C. M.: Acta physiol. scand. 18, Suppl. 64 (1949).
11. HORGAN, J. D., and R. L. LANGE: Institute of Electrical and Electronic Engineers. Convention Record, pt. **9** (1963), 149.
12. KAO, F. F.: Regulation of Respiration during muscular activity. Amer. J. Physiol. **185** (1956), 145.
13. LAMBERTSEN, C. J., R. H. KOUGH, D. Y. COOPER, G. L. EMMEL, H. H. LOESCHKE und C. F. SCHMIDT: J. Appl. Physiol. **5** (1953), 803.
14. LOESCHKE, H. H.: Homoiostase des arteriellen CO_2-Druckes und Anpassung der Lungenventilation an den Stoffwechsel als Leistung eines Regelsystems. Kliwo **38** (1960), 366.
15. MILHORN, H. T., R. BENTON, R. ROSS, and GUYTON, A. C.: A Mathematical Model of the Human Respiratory Control System. Biophysic. J. **5** (1965), 27.
16. MILHORN, H. T., and A. C. GUYTON: An analog computer analysis of Cheyne-Stokes breathing. J. Appl. Physiol. **20** (1965), 328.
17. YAMAMOTO, W. S., and W. F. RAUB: Models of the Regulation of External Respiration in Mammals. Problems and Promises. Computers and Biomedical Research **1**, (1967), 65—104.

8.4. Dynamische Wechselbeziehungen zwischen Herz-Kreislauf-System und Atmung

Zur Modellierung der respiratorischen Arrhythmie

Wie in den vorangegangenen Abschnitten schon teilweise angedeutet, existieren eine Vielzahl wechselseitiger, sich ständig oder nur vorübergehend realisierender Einflüsse von Kreislauf und Atmung. Anhand eines Ersatzschaltbildes des Kreislaufes (Abb. 78) soll noch einmal kurz ein einigendes Funktionsprinzip des Kreislaufs deutlich gemacht werden. Die parallel geschalteten regelbaren Widerstände der Kreislaufperipherie können als Unterregelkreise mit dem örtlichen venösen P_{O_2}, P_{CO_2} und pH als geregelten Größen betrachtet werden, die über die resultierenden Widerstandveränderungen auf den Gesamtkreislauf zurückwirken.

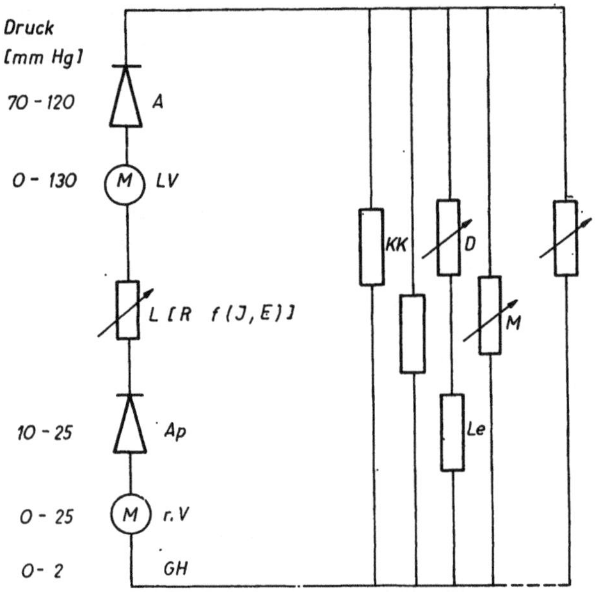

Abb. 78. Ersatzschaltbild des Kreislaufes. Herz und Lunge sind hintereinander geschaltet, die einzelnen Organkreisläufe parallel geschaltet. *GH* — große Hohlvenen; *rV* — rechtes Herz; *A. p* — Lungenarterie; *L* — Lunge n. Kreislauf; *LV* — linkes Herz; *A* — Aorta; *Le* — Leber; *D* — Darm; *KK* — Koronarkreislauf; *M* — Muskulatur; *I* — Einatmung; *E* — Ausatmung.

Für die schrittweise Behandlung von Details der komplexen Herz-Kreislauf-Regulation nach der allgemeinen Theorie der automatischen Regulierung kann man das Modell von Grodins (1963) als beispielhaft bezeichnen, besonders in seinem didaktischen Wert für biologisch geschulte Experimentatoren (Rosonoer, 1966). Aus Platzgründen ist eine ausführliche Darstellung dieses Vorgehens hier nicht möglich.

Das die Transportkapazität des Blutes für Sauerstoff bestimmende Herzzeitvolumen wird durch die Herzfrequenz und das Schlagvolumen des Herzens eingestellt. Darunter versteht man allgemein das Herzzeitvolumen des linken Ventrikels, dessen Beziehungen zum Herzzeitvolumen des rechten Ventrikels und die Koordination der Tätigkeit aller Herzabschnitte hier ebenfalls nur erwähnt werden. Die Herzfrequenz als eine Stellgröße des Herzzeitvolumens ist sowohl abhängig von der Frequenz des autorhythmisch Erregung bildenden Sinusknotens des Herzens als auch von der Stärke der Wirkung einer Anzahl extrakardialer Einflußfaktoren (Abb. 79).

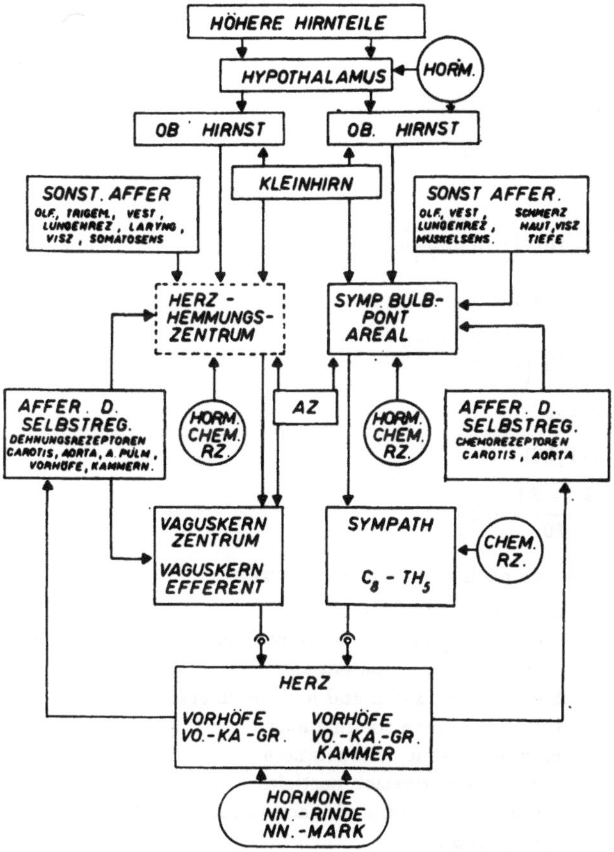

Abb. 79. Übersicht über die wichtigsten Einflußgrößen der Herztätigkeit. (Nach B. LUEKEN: Verhdl. d. Ges. f. exp. Med. d. DDR, 8, 1966, 155—207).

Neben der Beschreibung der ausgelösten Erregung des Nerven gibt die Ionentheorie der Erregung nach HODGKIN und HUXLEY auch für die rhythmische Erregungsbildung im Sinusknoten (repetitive Aktivität nach STÄMPFLI, 1952) eine mögliche Erklärung. Die bei untersuchten Membranen gefundenen Gleichrichtereigenschaften entstehen nicht unmittelbar bei Beginn des Stromflusses, sondern erst nach einer gewissen Verzögerung. Wahrscheinlich ist der Gleichrichtereffekt das Resultat einer durch die Beeinflussung des Membranpotentials erzeugten Permeabilitätsänderung. Das nichtlineare Verhalten des Membranwiderstandes bei Senkung des Membranpotentials läßt sich durch die verzögerte Zunahme der Kaliumpermeabilität erklären. Verzögerte Veränderung der Natrium-

$$J = C_M \frac{dV}{dt} + \bar{g}_K n^4 (V - V_K) + \bar{g}_{Na} m^3 h (V - V_{Na}) + \bar{g}_L (V - V_L)$$

where

$$dn/dt = \alpha_n (1 - n) - \beta_n n,$$

$$dm/dt = \alpha_m (1 - m) - \beta_m m,$$

$$dh/dt = \alpha_h (1 - h) - \beta_h h,$$

and

$$\alpha_n = 0{,}01\,(V + 10) / \left(\exp \frac{V + 10}{10} - 1\right)$$

$$\beta_n = 0{,}125 \exp (V/80)$$

$$\alpha_m = 0{,}1\,(V + 25) / \left(\exp \frac{V + 25}{10} - 1\right)$$

$$\beta_m = 4 \exp (V/18)$$

$$\alpha_h = 0{,}07 \exp (V/20)$$

$$\beta_h = 1 / \left(\exp \frac{V + 30}{10} + 1\right)$$

Abb. 80. Gleichungen nach HODGKIN und HUXLEY

J — membrane current density
V — membrane potential difference, outside minus inside
V_{Na}, V_K, V_L — ionic equilibrium potentials
g_{Na}, g_K, g_L — Sodium, potassium and leak conductances
g_m — total membrane conductance
g_{Na}, g_K, g_L — maximum ionic conductances
n — potassium activation particles
m, h — sodium activation and inactivation particles
α, β — rate constants)

permeabilität in Abhängigkeit vom Membranpotential zusammen mit dem nichtlinearen Verlauf des Ausstroms von Kalium können zur Erklärung der oszillatorischen Tendenz des Erregungsmechanismus herangezogen werden (HODGKIN, 1951).

Die Chlorpermeabilität bedarf besonderer Berücksichtigung. Der Argumentation von TRAUTWEIN (1961) folgend muß beachtet werden, daß Ersatz des Chlors in der Badlösung durch leicht permeierende Ionen (Nitrat, Bromid usw.) zu Depolarisation und Frequenzabnahme bei abnehmendem Widerstand führt, der umgekehrte Effekt wird bei den gering permeierenden Ionen beobachtet. Danach müßte das Chlorpotential zwischen dem maximalen und minimalen diastolischen Potential liegen und eine hohe Chlorpermeabilität stabilisierend auf das diastolische Membranpotential wirken. Da die Anionenpermeabilität der Herzmuskelfaser

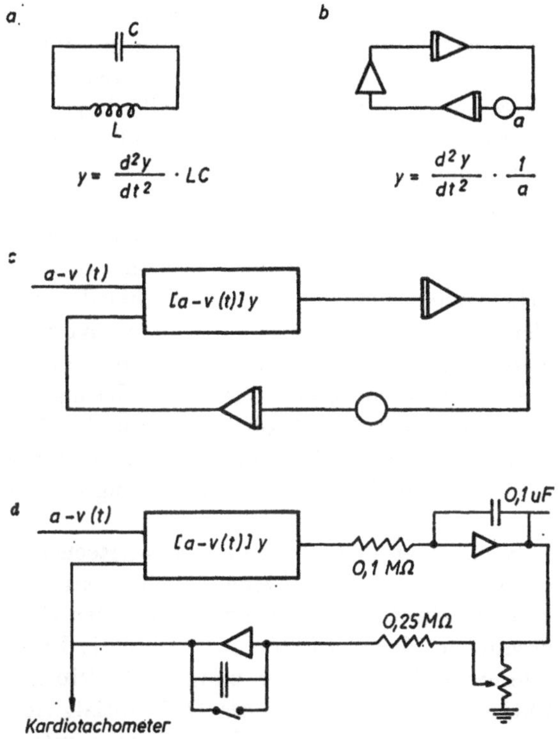

Abb. 81.

a — Einfacher Schwingungskreis;
b — Analogschaltung für Schwingungskreis;
c — Prinzipschaltung für Generator wechselnder Frequenz unter dem Einfluß einer Störgröße;
d — Realisierung von c) durch N. Clynes angedeutet.

jedoch klein ist, kommt in der Diastole eine relativ große Labilität zustande und schon eine geringe Abnahme der Kationenpermeabilität kann das Membranpotential sprungförmig vermindern.

Entscheidenden Einfluß auf die Geschwindigkeit der Erregungsbildung im Sinusknoten hat der N. vagus, der die Höhe des Membranpotentials und die Steilheit der Depolarisation der Zellen des Sinusknotens, aber auch die Permeabilität der Zellmembranen und das Verhältnis der Ionenkonzentrationen des Kaliums und

Kalziums beeinflußt, woraus Änderungen der Herzfrequenz resultieren. Man kann sich vorstellen, daß die Eigenfrequenz des Sinusknotens durch die Atmung im Sinne einer Störgrößenaufschaltung moduliert wird (Parin und Bajewski, 1966). Dafür spricht, daß die respiratorische Arrhythmie besonders bei jugendlichen Personen beobachtet werden kann, deren Kreislauf labil ist. Es muß noch erwähnt werden, daß eine parasympatische Beeinflussung des Herzens eine im Vergleich zur Steigerung der Herzkraft durch den Einfluß der Nn. cardiaci nur geringe Verminderung der Kraft der Kontraktionen des Herzmuskels hervorruft.

Im einfachsten Fall kann die rhythmische Erregungsbildung im Sinusknoten mit den elektrischen Vorgängen in einem einfachen Schwingungskreis verglichen werden. Um eine gedämpfte Schwingung zu vermeiden, muß allerdings der eigentlich unvermeidbare Ohmsche Widerstand des Stromkreises mit Null angenommen werden (Abb. 81 a). Eine einfache Analogschaltung für den gleichen Spannungsverlauf wäre entsprechend (Abb. 81 b).

Bei der Simulation der Herzfrequenz des Menschen auf einen Analogrechner stützte sich M. Clynes (1960) auf die Kenntnis der sich über eine sensible Bahn des N. vagus realisierenden Selbststeuerung der Atmung (Hering-Breuer-Reflex), das Wissen um den zentralen Einfluß des Atemzentrums auf das Kreislaufzentrum (Heymans, 1929) und die Möglichkeit eines durch Vagusreizung bedingten Herzstillstandes. Er selbst hatte eine typische biphasische Veränderung der Herzfrequenz bei stoßförmiger In- und Exspiration beobachtet. Für den liegenden, in Ruhe befindlichen Menschen erwies sich die Messung der atembedingten Thoraxexkursionen als verwertbares Maß für den Einfluß der Atmung auf die Herzfrequenz.

Die Abb. 82 zeigt die Übersicht über das verwandte Meß-, Rechen- und Registriersystem. Die Kardiotachometer gestatten eine Amplitudenschreibung der Herzfrequenz, die Schaltung für die Gewichtsfunktion verwertet Frequenz und Amplitude der Thoraxbewegungen, der Oszillator produziert die Eigenfrequenz, beschrieben durch eine Differentialgleichung 2. Ordnung, im Multiplikator moduliert mit der Gewichtsfunktion für die Atmung. Als Differentialgleichung eines harmonischen Oszillators, der die Veränderung der Herzfrequenz unter dem hemmenden Einfluß des N. vagus beschreibt, kann formuliert werden:

$$\frac{1}{a - v} \cdot \frac{d^2y}{dt^2} + y = 0$$

Dabei entspricht a der grundlegenden Herzfrequenz r nach der Beziehung

$$r = \frac{1}{2\pi} \sqrt{a}, \text{ wenn } \omega^2 = a$$

gesetzt wird in der Formel für die Kreisfrequenz; v = Vagushemmung. Y ist das Ausgangssignal des Impulsgenerators und stellt eine periodische Funktion dar. Ein Maximalwert für y entspricht in unserer Betrachtung dem Moment der Erregung des Impulsgenerators des Herzens.

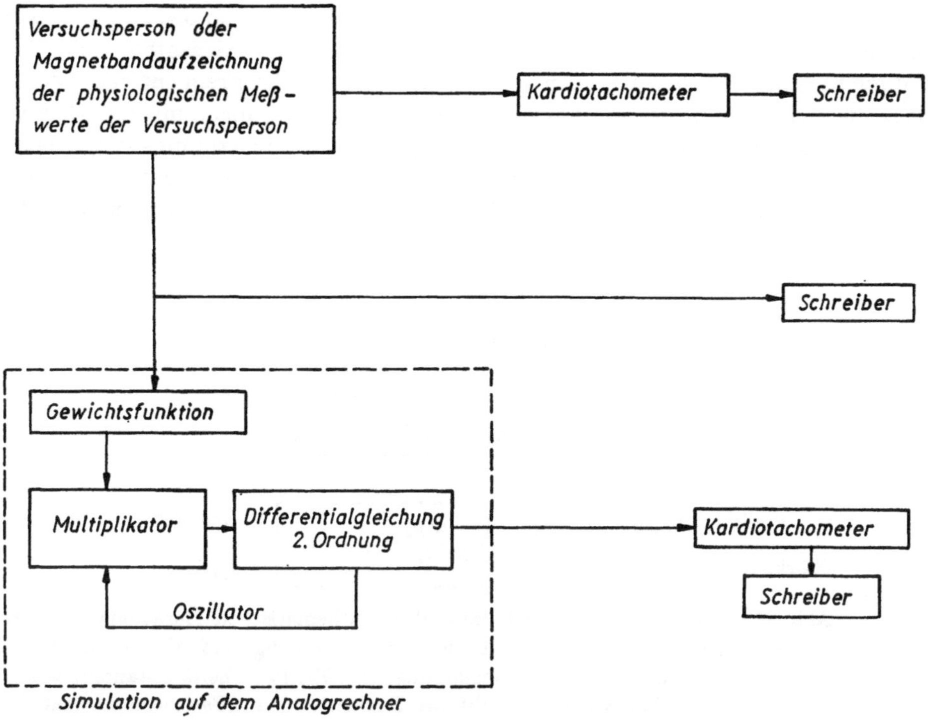

Abb. 82. Blockschaltbild des Simulationsprozesses, das die Schreibung der aktuellen und simulierten Herzfrequenz zeigt, beide durch die Atmung der Versuchsperson beeinflußt. Alleiniges Eingangssignal in den Analogrechner ist ein elektrisches Signal proportional zum Thoraxumfang, das das ventilierte Volumen charakterisiert.

Da die Frequenz der Veränderungen von v vergleichbar ist mit der Frequenz der Veränderungen von y und diese Parameter durch eine umgekehrt proportionale Abhängigkeit verbunden sind, wird die Gleichung unlinear. Bei konstanter Vagushemmung läßt sich die Frequenz bestimmen aus:

$$r = \frac{1}{2\pi}\sqrt{a - v}$$

Wird die Vagushemmung genügend stark, so daß $v = a$ wird, dann kommt es zum Herzstillstand. Wenn die Herzfrequenz bei völligem Fehlen der Vagushemmung gleich r_0 wird, dann kann die Gleichung in folgender Form geschrieben werden:

$$\frac{1}{4\pi^2 r^2 - (v_0 + \Delta v)} \frac{d^2y}{dt^2} + y = 0,$$

v_0 = normaler Vagustonus,

Δv = Tonusänderung.

Da nach OTSUKA u. a. die beginnenden Potentialveränderungen des Impulsgebers Sinusform haben, wurde in Übereinstimmung mit dem oben Gesagten das in Abbildung 81 gezeigte Schema für einen Generator wechselnder Frequenz verwandt. Es zeigte sich, daß die genaue Form der Generatorschwingungen unwesentlich ist im Vergleich mit der Kurvenform der Übertragungsfunktion Atmung—Vagushemmung, die grundlegenden Einfluß auf die Generatorschwingungen hat. Die Modellierung der Gewichtsfunktion hat für das Modell insgesamt die entscheidende Be-

a

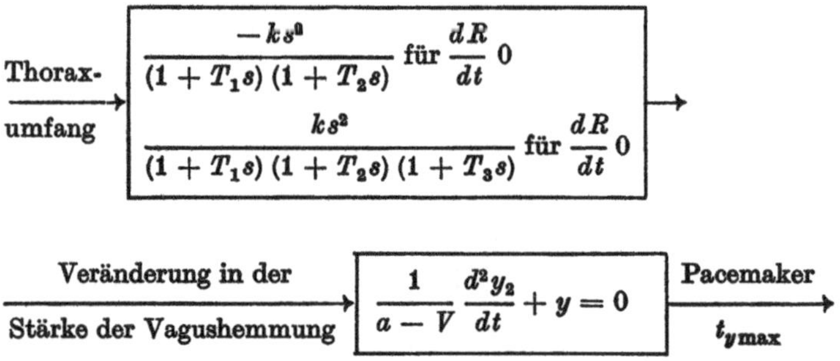

Abb. 83a. Schematische Darstellung der mathematischen Beziehung zwischen Thoraxumfang, Veränderungen in der Vagushemmung und Herzfrequenz. R — Thoraxumfang; V — Vagushemmung; T_1, T_2, T_3 — Zeitkonstanten; k, k — Empfindlichkeitskonstanten; a gibt die Beziehung zur „Basisherzschlagzahl" r nach Formel $a = 4\pi^2r^2$ an; $Ty_{\max}$ — Zeit der Impulsabgabe, die dem Maximum der Variablen y entspricht und eine periodische Lösung hat; t — Zeit; s — Laplace-Operator.

b

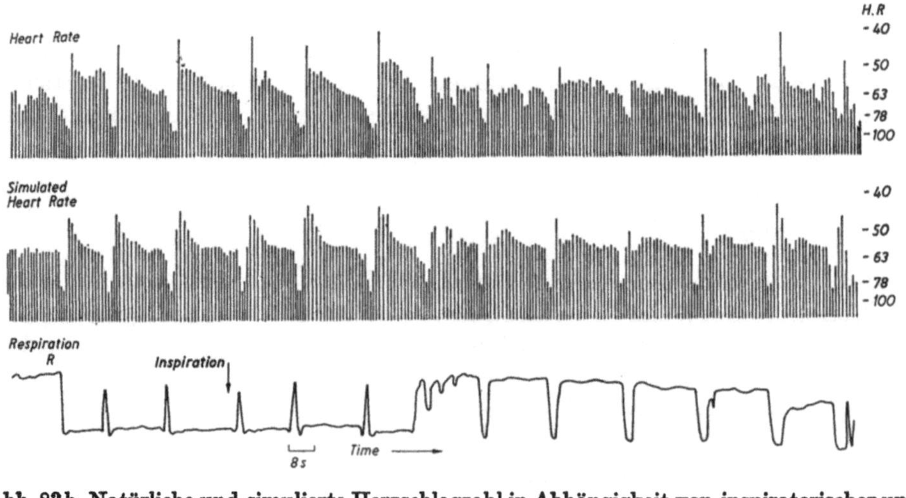

Abb. 83b. Natürliche und simulierte Herzschlagzahl in Abhängigkeit von inspiratorischer und exspiratorischer Impulsatmung. (Nach M. CLYNES: J. of Appl. Physiol., 15 (1960), 863—874).

deutung. Sie gestattet, dynamische Charakteristiken der Übertragungsfunktion aufzustellen, die für die Modellierung des Prozesses im Abschnitt Atmung—Vagushemmung notwendig sind.

Auf Grund der beobachteten biphasischen Veränderungen der Herzfrequenz bei stoßförmiger In- und Exspiration mit einer Latenzzeit des Reflexes für die Beschleunigungsphase von 4s und von 10s für die Dezelarationsphase und ihrer gleichen Richtung bei In- und Exspiration formulierte CLYNES Laplace-transformierte Übertragungsfunktionen mit mehreren Verzögerungsgliedern Ts, was einer entsprechenden Zahl von Vorhaltegliedern bzw. einer Differentialempfindlichkeit 2. Ordnung entspricht (siehe Abb. 83a, links). Bei Einsetzen der Übertragungsfunktionen in die Differentialgleichung 2. Ordnung, die den Oszillator charakterisiert, muß eine Rücktransformation der Übertragungsfunktionen in den Zeitbereich erfolgen. Die ausführliche Rechnung soll ebenso wie das vollständige Analogschaltbild nicht zur Darstellung kommen. In Abb. 83b ist das Ergebnis der simulierten Herzfrequenz bei stoßförmiger In- und Exspiration mit folgender Atempause entsprechend der Reflexdauer, um Überlagerungen zu vermeiden, ersichtlich.

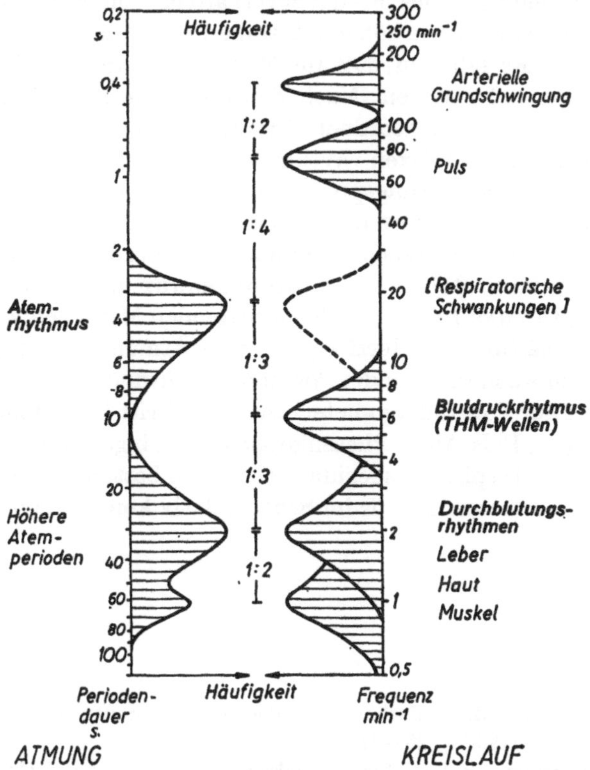

Abb. 84. Beziehungen zwischen verschiedenen Atmungs- und Kreislaufrhythmen anhand der Frequenz bzw. der Periodendauer. (Nach G. HILDEBRANDT: Zschr. f. d. ges. Inn. Méd. u. i. Grenzgeb., 22 (1967), 13, 206—213).

Für die geschilderten Bedingungen wurde ein Korrelationskoeffizient von 0,93 mit der experimentellen Herzfrequenz gefunden.

Obwohl die Genese der beobachteten Herzfrequenzabhängigkeit nicht völlig geklärt und die Simulierung nur unter definierten Ruhebedingungen erfolgreich ist, zeigt das Modell eine Möglichkeit zur schrittweisen Aufklärung komplizierter vegetativer Funktionen.

Einen Eindruck von der Vielzahl zahlenmäßiger und zeitlicher Koordinationen verschiedener vegetativer Rhythmen soll Abb. 84 vermitteln. G. HILDEBRANDT hat sich besonders aus der Sicht der angewandten Physiologie um die Klärung der Frequenzkoordination und Phasenkopplung vegetativer Funktionen verdient gemacht, die in Analogie zu den Untersuchungen von v. HOLST (1939) über die Koordinaten lokomotorischer Rhythmen bei Mensch und Tier zu sehen sind. v. HOLST unterschied die „absolute Koordination" mit einer strengen Phasenkopplung von einer „relativen Koordination" mit nur statistisch verwirklichter Übereinstimmung der Rhythmen und fand auch entsprechende Beziehungen vegetativer Funktionen mit lokomotorischen Rhythmen beim Tier. Abb. 84 zeigt in einer Übersicht Häufigkeitsverteilungen des Frequenzverhaltens von Kreislaufrhythmen und der Atemperiodendauer sowie höherer Atemperioden vom BIOTschen oder CHEYNE-STOKESschen Typ. Es fällt auf, daß alle Medianwerte in einfachen ganzzahligen Beziehungen zueinander stehen. Nach den bisher vorliegenden Untersuchungen ist wahrscheinlich, daß das geordnete Zusammenspiel der verschiedenen rhythmischen Funktionen die komplexen rhythmischen Leistungen des Organismus ermöglicht und einen Optimierungsprozeß darstellt (GADERMAN, HILDEBRANDT, JUNGMAN, 1961; HILDEBRANDT u. DAUMANN 1965 u. a.).

Besonders umfangreich sind die Untersuchungen über die Koordination von Puls- und Atemrhythmus (BUCHER u. PÄTTIG 1960; HILDEBRANDT u. Mitarbeiter 1953 bis 1967; ASCHOFF 1959; CLYNES 1960). Für den schlafenden Menschen wurde ein ganzzahliges Frequenzverhältnis von Herzfrequenz und Atmung von 4:1 gefunden, das beim Übergang zu wacher, sitzender Position verschwindet und bei schwerer Arbeit (90—120 Watt auf Fahrradergometer) wieder auftritt (HILDEBRANDT u. DAUMANN 1965). Die sog. „Puls-Atem-Phasenkoppelung" hingegen, die dadurch charakterisiert wird, daß die Inspirationsbeginne gehäuft an bestimmten Abschnitten der Herzzeitperioden auftreten, ist nur im Schlaf relativ konstant und bei der Arbeit nicht nachweisbar.

Literatur

1. BUCHER, K. und P. BÄTTIG: Zum Mechanismus der pulssynchronen Atmung. Helv. physiol. pharmacol. Acta 18 (1960a), 25—34.
2. BUCHER, K.: Zur Bedeutung der Vagi für die pulssynchrone Atmung. Helv. physiol. pharmacol. Acta 18 (1960b), 219—224.
3. CLYNES, M.: Respiratory control of heart rate: Laws derived from analog computer simulation. IRE Trans. on Med. Electron., ME-7, No. 1 (1960), 2—14.

4. Clynes, M.: Respiratory sinus arrhythmia: Laws derived from computer stimulation. J. appl. Physiol. **15**, 5, (1960), 863—874.
5. Clynes, M.: Use of Computers for physiological discovery and for diagnosis by dynamics stimulation. Circulation Res., XI (1962), 515—528.
6. Gadermann, E., G. Hildebrandt und H. Jungmann: Über harmonische Beziehungen zwischen Pulsrhythmus und arterielle Grundschwingung. Z. Kreisl.-Forsch. **50** (1961), 805—814.
7. Glick, G. und E. Braunwald: Relative roles of the sympathetic an parasympathetic nervoussystems in the reflex control of heart rate. Circulation Res., XVI (1965), 363—375.
8. Grodins, F. S.: Control theory and biological systems. Columbia University Press, New York and London (1963).
9. Heymans, C.: Über die Physiologie und Pharmakologie des Herz-Vagus-Zentrums. Ergebn. Physiol. **28** (1929), 244—311.
10. Hildebrandt, G., und F.-J. Daumann: Die Koordination von Puls- und Atemrhythmus bei Arbeit. Int. Z. angew. Physiol. **21** (1965), 27—48.
11. Holst, E. v.: Die relative Koordination als Phänomen und als Methode zentralnervöser Funktionsanalyse. Ergebn. Physiol. **42** (1939), 228—306.
12. Hodgkin, A. L., and A. F. Huxley: A quantitative description of membrane current and its application to conduction and excitation in nerve. J. physiol. (London) **117** (1952), 500—544.
13. Lueken, B.: Über nervöse Steuerung des Herzens. Verhdlg. d. Ges. f. exp. Med. d. DDR, 8 (1966), 155—207.
14. Lullies, H.: Peripherer Nerv. In: W. D. Keidel: Physiologie. Georg Thieme Verlag Stuttgart, 1967.
15. Парин, В. В., & Р. М. Баевский: Введение в медущинскую кибернетику. Изд. — во ,,Медущина'', Москва, 1966.
16. Ranke, O. F.: Physiologie des Zentralnervensystems vom Standpunkt der Regelungslehre. Urban & Schwarzenberg, München—Berlin, 1960.
17. Stämpfl, R.: Bau und Funktion isolierter markhaltiger Nervenfasern. Ergebn. Physiol. **47** (1952), 70—165.
18. Stegemann, J.: Zum Mechanismus der Pulsfrequenzeinstellung durch den Stoffwechsel. Mitteilung I—IV Pflügers Archiv **276** (1963), 481.
19. Trautwein, W.: Elektrophysiologie der Herzmuskelfaser. Ergebn. Physiol. 5 (1961), 131—198.

9

SENSOMOTORISCHE SYSTEME DES ORGANISMUS

9.1. Augenfolge- und -fixationsbewegungen des Menschen

Als Augenfolge- und -fixationsbewegungen werden alle unwillkürlichen Bewegungen des Auges bezeichnet, die dazu dienen, das Netzhautbild eines Objekts auf die Stelle höchster Auflösung (Stelle des schärfsten Sehens, Fovea centralis) zu bringen und dort zu halten.

Augenfolgebewegungen des Menschen können prinzipiell nur in zwei Formen auftreten [3; 37; 39], nämlich als langsame, sog. gleitende Bewegungen und als wesentlich schnellere, ruckartige Bewegungen, sog. Sakkaden. Diese Komponenten sind in Abb. 85 dargestellt. Die langsame Augenfolgebewegung wird nur dann ausgeführt,

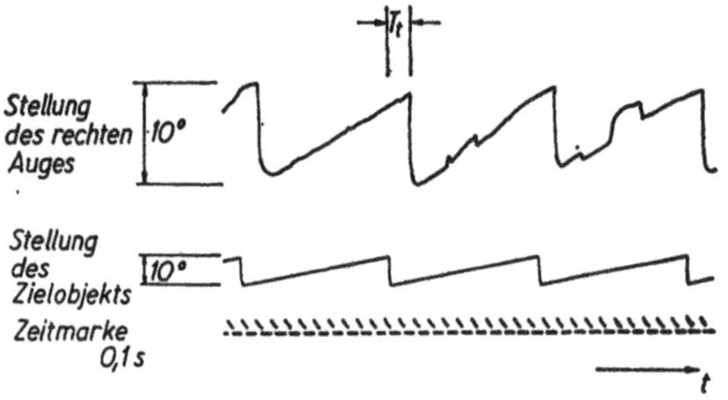

Abb. 85. Beispiel für horizontale Augenfolgebewegungen bei sägezahnförmiger Bewegung des Zielobjekts. T_t Totzeit oder Latenzzeit des Fixationssystems (entnommen aus [22], S. 159, Abb. 2).

wenn der Blick an einem relativ zum Kopf bewegten Objekt haftet; entweder dann, wenn der Kopf stillsteht und die Augen einem stetig bewegten Objekt folgen, oder wenn der Kopf Bewegungen ausführt und die Augen einen ruhenden Gegenstand fixieren. Sie dienen also dazu, das Objekt immer auf der Stelle höchster Auflösung abzubilden. Wenn dagegen das Objekt, z. B. aufgrund zu rascher Bewegungen, außerhalb der Stelle höchster Auflösung gerät, so wird mit einer oder mehreren Ruckbewegungen des Auges diese Abweichung wieder beseitigt. Dieser Bewegungsablauf, der experimentell bisher insbesondere in der horizontalen Richtung untersucht worden ist, wird durch einen Regelkreis ermöglicht.

Der Folgeregelkreis der Augenbewegungen besteht prinzipiell aus drei Gliedern

(s. Abb. 86a, b): Meßglied (Retina), Stellglied (Augapfel bzw. äußere Augenmuskeln), Verstärker (nervale Erregungsleitung und zentrale Verarbeitung). Die Führungsgröße $w(t)$ ist der Winkel, den das Zielobjekt mit der gedachten Blicklinie einschließt. Ausgangsgröße $x(t)$ ist der Winkel, den die tatsächliche Blicklinie mit der gedachten, senkrecht auf der Gesichtsebene stehenden Blicklinie bildet. Die Abweichung der tatsächlichen Blicklinie vom Zielobjekt ist der Folgefehler $\varepsilon(t)$. Auf das Stellglied einwirkende Störungen $z(t)$ werden ausgeregelt, d. h. beeinflussen $x(t)$ nicht. Diese Tatsachen lassen sich zusammengefaßt in einem Block-

a

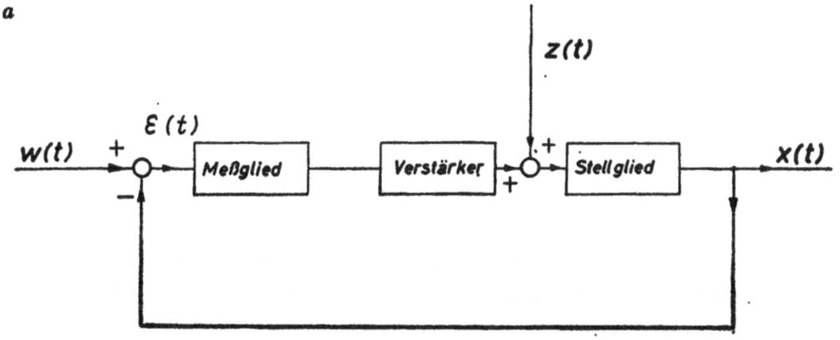

Abb. 86a. Allgemeines Schema eines Folgereglers. Erläuterungen im Text (entnommen aus [22], S. 158, Abb. 1).

b

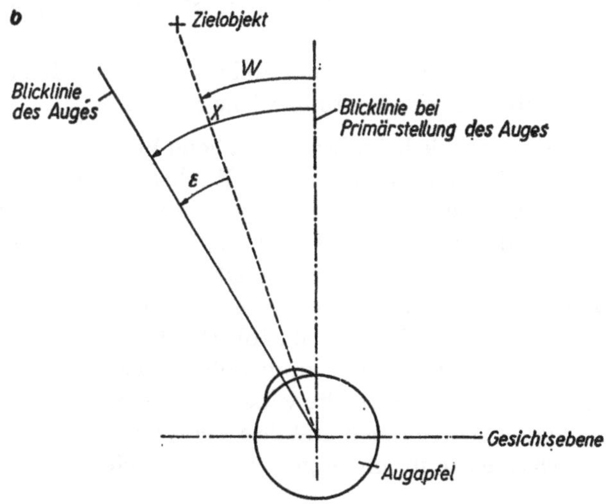

Abb. 86b: Anschauliche Darstellung der Größen w, x und ε bei Fixation in der Horizontalen

schaltbild darstellen (s. Abb. 87), welches vereinfacht ein Abtast-Modell von YOUNG und STARK [40] wiedergibt. (Der Taster wird in den folgenden diesbezüglichen Blockschaltbildern nicht berücksichtigt.) Die Rucke werden angeregt, wenn der Fehler $\varepsilon(t) = w(t) - x(t)$ eine Größe von ungefähr 0,3° [39, 40] überschreitet; sie wirken also als Fehlerkorrektur bei großem Fehler $\varepsilon(t)$. Durch den Ruckmecha-

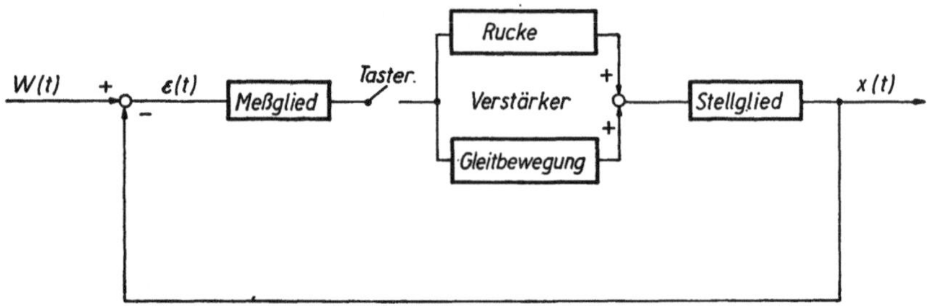

Abb. 87. Augenfolgesystem vereinfacht nach YOUNG und STARK [40].

nismus wird der Einfluß der relativ geringen maximalen Geschwindigkeit der gleitenden Bewegung von ungefähr 30°/s vermindert, d. h. die Geschwindigkeitsfehler werden begrenzt.

Auf die Vorteile, die die Verknüpfung von kontinuierlich wirkenden Regelkreisen und diskontinuierlichen Schaltmechanismen bringt, weist u. a. TSIEN [36] hin. Er spricht von „mehrfach wirkender Arbeitsweise" und unterscheidet zwei Arbeitsbereiche, wie sie auch das Augenfolgesystem aufweist:

1. bei großen Abweichungen des Istwertes vom Sollwert ist das Relaissystem wirksam;
2. bei geringen Abweichungen des Istwertes vom Sollwert wird das Relaissystem abgeschaltet, und es arbeitet nur das kontinuierliche System.

Willkürbewegungen der Augen, wie sie beim Lesen oder beim Verfolgen (Umfahren) der Umrißlinie einer Figur auftreten, können nur in Rucken ausgeführt werden. Gleitende Bewegungen mit eingestreuten Korrekturrucken treten dagegen, wie oben bereits erwähnt, nur bei der Fixation eines bewegten Objekts oder bei Eigenbewegungen des Körpers relativ zu einem ruhenden Objekt auf.

Bisher wurde das Augenfolgesystem des Menschen ohne Berücksichtigung möglicher Willkürbewegungen betrachtet [2, 3, 37, 39, 40]. Da aber nicht anzunehmen ist, daß für Willkürbewegungen im Gegensatz zu unwillkürlichen Augenbewegungen ein besonderer Mechanismus existiert, sollte versucht werden, diese durch verschiedene Ursachen angeregten Bewegungen und ihre Verarbeitung unter Berücksichtigung subjektiver Sachverhalte in einem gemeinsamen Schema darzustellen [22].

Eine Möglichkeit, die subjektive Trennung von Eigen- und Fremdbewegungen zu erklären, die sich auch in das regelungstheoretische Konzept einordnen läßt, geben

v. HOLST und MITTELSTAEDT durch ihr „Reafferenzprinzip" [14]. Nach diesem auf Seite 92 besprochenen Prinzip wird zwischen Afferenzen und Reafferenzen unterschieden. Die Reafferenzen sind fortgeleitete sensorische Erregungen, die im Unterschied zu Afferenzen (Exafferenzen) als Folge von Efferenzen entstehen. Bei der zentralen Informationsübertragung werden die Reafferenzen mit den sie verursachenden Efferenzen verglichen. Nach der Terminologie der Regelungstechnik entspricht das einem Sollwert-Istwert-Vergleich. Die Konzeption des Reafferenzprinzips im Jahre 1950 war ein bedeutender Fortschritt in der theoretischen Betrachtung von Regelungsvorgängen, insbesondere der Motorik bei Organismen. Im Unterschied zu der einfachen Ursache-Wirkungsbeziehung des offenen Reflexbogens ist das Reafferenzprinzip mit geschlossenem Signalfluß und Rückwirkung viel besser geeignet, z. B. verschiedene Orientierungsvorgänge adaequat zu beschreiben.

Zur Lösung des Problems, bei der Augenfolgebewegung Eigen- von Fremdbewegungen für die Wahrnehmung zu trennen, sind folgende Beobachtungen nach v. HOLST und MITTELSTAEDT [14] wichtig:

1. „Man weiß seit langem von Augenmuskelgelähmten, und KORNMÜLLER hat es 1931 im Selbstversuch mit betäubten Augenmuskeln genauer bestätigt, daß jede intendierte Bewegung die Wahrnehmung einer offenbar quantitativen Umweltverlagerung in der gleichen Richtung bewirkt."
2. „Man erhält die gleiche Bewegungswahrnehmung wie oben, nur im Gegensinn, nach links, wenn der Augenbulbus mittels einer Pinzette passiv nach rechts gedreht wird."
3. „Wenn wir den ersten Fall mit dem zweiten kombinieren, also ein gelähmtes Auge im Moment des Bewegungskommandos passiv nach rechts drehen oder, was natürlich einfacher ist, mit dem intakten Auge eine Blickbewegung nach rechts machen, dann entstehen tatsächlich zwei einander komplementäre Impulsströme: eine Efferenzkopie, die uns die Umwelt nach rechts, und eine Exafferenz, die sie nach links bewegt sehen läßt ... Die ‚richtige' Wahrnehmung erweist sich als Summe zweier entgegengesetzter ‚falscher' Wahrnehmungen."

Unter Efferenzkopie wird eine Abzweigung in der Efferenz verstanden; mit der Bezeichnung Exafferenz soll betont werden, daß die betreffende Afferenz durch äußere Reize verursacht wird.

Sollen sich die oben genannten Wahrnehmungen aus einem Blockschema ableiten lassen, so muß entsprechend dem Reafferenzprinzip unsere Abb. 87 durch eine zur Wahrnehmung gelangende Meldung $r(t)$ über die ausgeführte Bewegung ergänzt werden. Ferner ergibt sich eine Erweiterung dadurch, daß man mit einem willkürlichen Kommando $w_i(t)$ in den Regelkreis eingreifen kann, und zwar nur in den Zweig für Ruckbewegungen, denn Gleitbewegungen können ja willkürlich nicht ausgeführt werden. Dieses Eingreifen des Kommandos oder der inneren Führungsgröße $w_i(t)$ in den Zweig für die Ruckbewegungen ist nur allgemein angedeutet, da die genaue Eingriffstelle nicht bekannt ist. Da außerdem sowohl die durch willkürliche als auch unwillkürliche Ruckbewegungen verursachten Netzhautbildverschiebungen nicht als Bewegung der Umwelt gedeutet werden, muß man annehmen, daß ein Vergleich zwischen der Efferenz im Ruckzweig und der Afferenz stattfindet, wobei sich normalerweise die Efferenzen und Afferenzen der Rucke kompensieren.

Unter Berücksichtigung dieser Erweiterungen ergibt sich das Blockschaltbild der Abb. 88. Dieses Blockschaltbild enthält das Reafferenzprinzip in einer Form,

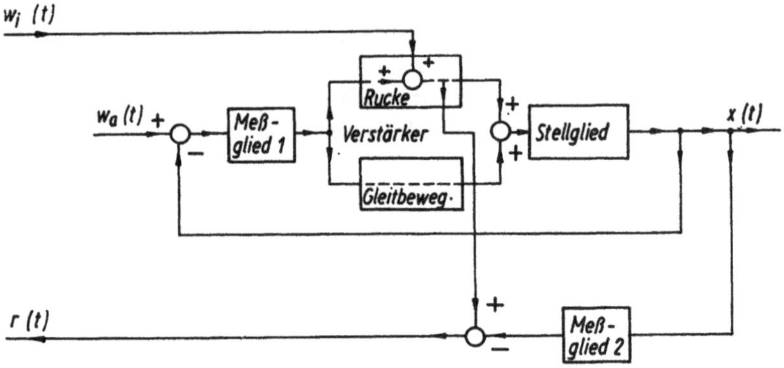

Abb. 88. Blockschaltbild für das Augenfolgesystem in Verbindung mit dem Reafferenzprinzip. $x(t)$ ist die Regelgröße (Stellung des Augapfels), $w_i(t)$ die innere Führungsgröße (Kommando), $w_a(t)$ die äußere Führungsgröße (Stellung des Zielobjekts) und $r(t)$ die Rückmeldung zum Zentrum nach Vergleich der Regelgröße mit dem Signal aus dem Zweig für die Ruckbewegungen (entnommen aus [22], S. 165, Abb. 9).

in der die Annahme einer Efferenzkopie entfallen kann [22]. Mit diesem Schema lassen sich nun die oben zitierten drei Grundbeobachtungen nach v. Holst und Mittelstaedt beschreiben:

1. Wenn man das Auge festlegt, ist $x(t)$ immer konstant, d. h. die innere Führungsgröße $w_i(t)$ wird direkt zur Meldung $r(t)$.
2. Dreht man den Augapfel mittels einer Pinzette, so fehlt jedes Kommando, und die durch passive Augenbewegung verursachte Netzhautbildverschiebung gelangt als entgegengerichtete Umweltbewegung zur Wahrnehmung.
3. Bei einer normalen Fixationsbewegung kompensieren sich Kommando und Rückmeldung über die ausgeführte Bewegung, und es tritt keine Meldung über eine Bewegung der Umwelt auf.

Nach diesem Schema werden alle durch willkürlich und unwillkürlich angeregte Rucke verursachten Netzhautbildverschiebungen kompensiert und liefern keine Meldung über eine Umweltbewegung. Gleitende Augenbewegungen, die durch bewegte Objekte in der Umwelt oder eine bewegte Umwelt angeregt sind, sowie mechanisch hervorgerufene Bewegungen des Augapfels werden als Bewegung des eigenen Körpers oder als Umweltbewegung empfunden. Mitbestimmend für die subjektive Verarbeitung der Rückmeldung sind vor allem das Verhältnis der Größe des bewegten zum unbewegten Umweltausschnitt sowie die Meldungen vom Labyrinth.

Nicht betrachtet wurde bisher, wie Augenstellung und -bewegung gemessen werden (mit Meßglied 2; Meßglied 1 mißt den Folgefehler). Es gibt zwei Möglichkeiten:

1. durch Muskelspindeln [38] in den äußeren Augenmuskeln;
2. durch die Netzhaut, indem die Relativbewegung des Auges, bezogen auf eine feste Marke in der optischen Umwelt, festgestellt wird.

Würde die Bewegung des Auges nur durch die Retina gemessen, so wäre es nicht möglich, die Bewegung eines leuchtenden Objekts in einem völlig verdunkelten Raum wahrzunehmen, wenn man ihr mit gleitenden Augenbewegungen folgt. Es ist bekannt, daß unter diesen Umständen die Amplitude von Objektbewegungen, also wenn kein fester optischer Bezugspunkt vorhanden ist, bis auf die Hälfte verkleinert erscheint (Trendelenburg [35]). Die Bewegung wird aber stets wahrgenommen. Die optische Kontrolle hingegen gestattet eine genaue Bewegungswahrnehmung, weil dabei die Bewegung eines Objekts auf feste optische Marken im Gesichtsfeld bezogen wird.

9.2. Optomotorische Reaktion der Schwebfliege *Eristalis*

Mittelstaedt [26, 27] untersuchte die Folgebewegungen und die optomotorische Reaktion der Schwebfliege *Eristalis tenax* als Ausdruck eines Regelungssystems. Wie viele andere Tiere versucht auch dieses Insekt, in einem rotierenden Zylinder mit senkrechter Schwarz-Weiß-Streifung seine Lage relativ zur optischen Umwelt beizubehalten, d. h. es dreht sich in Rotationsrichtung mit und strebt danach, die Relativbewegung zwischen dem Streifenmuster und den Ommatidien der Fazettenaugen zu vermindern. Eine solche Musterverschiebung auf dem Ommatidienraster findet aber auch statt, wenn das Tier sich selbst in einem stillstehenden Zylinder bewegt. Man müßte zunächst annehmen, daß sich das Tier in einer solchen optisch gegliederten Umwelt nicht frei bewegen kann, denn — wie oben festgestellt wurde — hält ein Regelkreis das Tier relativ zu seiner optischen Umwelt fest. Nun kann sich aber die *Eristalis* in einer derartigen Situation durchaus frei bewegen. Zur Lösung dieses Problems könnte die Vorstellung dienen, daß der „Mitdrehreflex" während einer Eigenbewegung gehemmt sei. Es handelt sich aber gar nicht um einen „Reflex" und dessen zeitweilige Hemmung, wie Mittelstaedt nachweisen konnte. Die Eigenbewegung müßte nämlich auch dann im stillstehenden Zylinder ungehindert ablaufen, wenn der Kopf der Fliege um 180° gedreht am Thorax festgelegt ist; dieses Experiment wurde von Mittelstaedt durchgeführt. Unter diesen Umständen ist ein glatter Bewegungsablauf in optisch homogener Umwelt durchaus möglich. Im Streifenzylinder hingegen kommt es zunächst zu ruckartiger Verstärkung der Eigendrehung, die über lange Zeit anhält, oder das Tier fällt in Starre und zeigt Übersprungbewegungen (Tembrock [33]), z. B. Putzen u. a.

Mit der Konzeption eines Regelkreises, die das Reafferenzprinzip enthält, läßt sich das Ergebnis folgendermaßen interpretieren: Eine Eigendrehung des Insekts, z. B. nach links, läßt das Streifenmuster über die Ommatidien von 1 nach 6 wandern (s. Abb. 89a). Die Reafferenz, das ist hier das Signal von der Bildver-

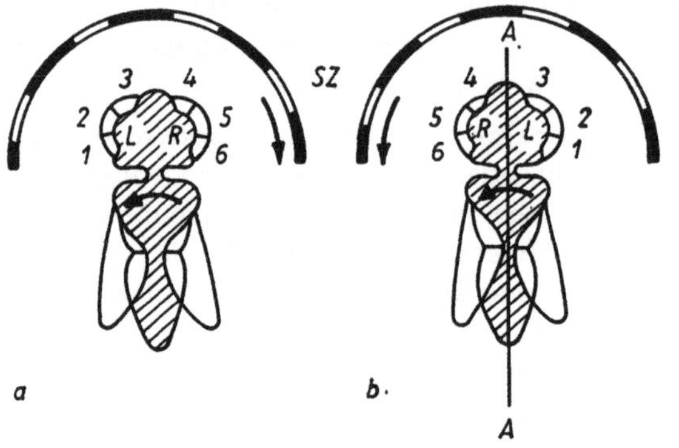

Abb. 89a, b. Verhalten der Fliege *Ersitalis tenax* in einem stillstehenden Streifenzylinder. *a* normales Tier, *b* nach Drehung des Kopfes um die Achse *A* um 180°. *R* rechtes, *L* linkes Auge (die Ommatidien sind numeriert). Der Pfeil im Tier zeigt dessen spontane Drehrichtung an. Der Pfeil am Streifenzylinder gibt die Richtung der Relativbewegung des Musters an, wie sie dem Tier erscheint. Verändert nach v. Holst und Mittelstaedt [14].

schiebung auf dem Ommatidienraster, wird dem Kommando gegengekoppelt, bis die Differenz zu Null wird. Die Fliege nimmt wahr, daß ihre Bewegung ungestört abgelaufen ist. Eine zusätzliche Drehung des Streifenzylinders wird dann von der Fliege ebenso bemerkt wie eine Störung in ihrem Bewegungsablauf. Die Verdrehung des Kopfes um 180° entspricht aber einer Vorzeichenumkehr der Reafferenz, und bei einer Eigendrehung des Insekts nach links wandert das Streifenmuster über die Ommatidien jetzt von 6 nach 1, als ob das Insekt sich nach rechts statt nach links dreht (Abb. 89b). Die Reafferenz wird dabei dem Kommando mitgekoppelt, und der Regelkreis wird instabil. Das zeigt sich darin, daß die nach oder während einer Bewegung des Tieres einlaufende Reafferenz eine fortlaufende Verstärkung der Bewegung bewirkt, um den der intendierten Richtung scheinbar entgegengesetzten Bewegungserfolg zu korrigieren, wodurch der Fehler noch größer wird.

In Abb. 90 ist der von Mittelstaedt [27] für den geschilderten Sachverhalt entworfene Regelkreis (in veränderter Form) dargestellt. Wie sich zeigt, handelt es sich prinzipiell um die gleiche Struktur des Wirkungsgefüges wie bei der Augenfolgebewegung des Menschen. In beiden Fällen wird durch Verrechnung eines Efferenzabzweiges mit der zugehörigen Reafferenz eine Eigenbewegung von

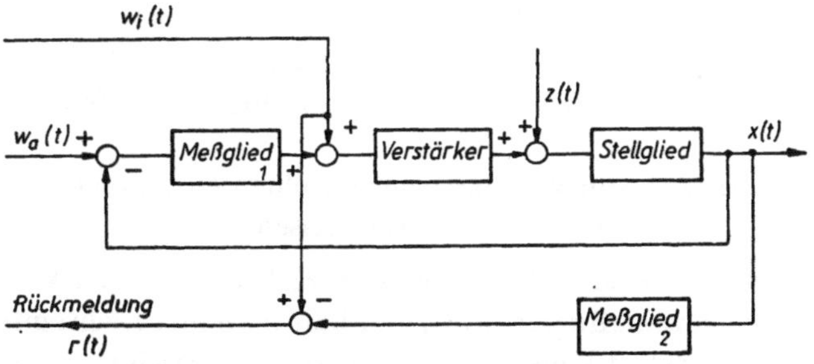

Abb. 90. Blockschaltbild für das Reafferenzprinzip bei Vorhandensein einer inneren Führungsgröße (Kommando) $w_i(t)$ und einer äußeren Führungsgröße $w_a(t)$. Das Meßglied 2 mißt den tatsächlichen Wert der Regelgröße $x(t)$, der mit der inneren Führungsgröße $w_i(t)$ verglichen wird, wodurch die Rückmeldung $r(t)$ entsteht; $z(t)$ Störgröße.

einer Fremdbewegung unterschieden. Daraus läßt sich erkennen, daß zur Bewältigung gleicher biologischer Erfordernisse im Laufe der Evolution gleiche Wirkungsgefüge durch Mutation und Selektion entstanden sind.

9.3. Lageregelung bei Fischen

Alle frei beweglichen Lebewesen, die mit einem Gleichgewichtsorgan ausgestattet sind, streben bei passiver Lageänderung die Erhaltung einer bestimmten Orientierung zur Wirkungsrichtung der Schwerkraft an. Man bezeichnet diese Reaktion als „Lagereflex“, obwohl es sich eigentlich nicht um einen reflektorischen Vorgang — ohne Rückkopplung — handelt, sondern um einen Regelvorgang. Im Rahmen dieser Lageregelung kann aber ein Lebewesen willkürlich jede beliebige Lage einnehmen, wie wir es in analoger Weise auch schon bei der Bewegungsregelung nach optischen Orientierungspunkten in den beiden vorangegangenen Beispielen sahen.
v. Holst [12, 13] stellte sich die Aufgabe, die Funktionsweise des Gleichgewichtssinnes eines Fisches zu untersuchen; er ging dabei von drei Fragen aus: 1. Welches ist der adäquate Reiz? 2. Wie arbeiten rechter und linker Utriculus zusammen? 3. Welche quantitative Beziehung besteht zwischen der physikalischen Reizursache und ihrer physiologischen Wirkung im Gleichgewichtssinn?
Für gezielte Experimente zur Beantwortung dieser Fragen erwiesen sich Fische als besonders geeignet, da bei ihnen neben dem Labyrinth auch der optische Sinn eindeutig die Lage im Raum mitbestimmt. Das wichtigste Meßorgan für die Lage im Raum ist der paarige Statolithenapparat. Dieser befindet sich bei Wirbeltieren in einer Labyrinthaussackung, dem Utriculus, wo auf einem Sinneshaarpolster ein aus Kalkkonkrementen bestehender Statolith liegt. Von den Sinneszellen des Haarpolsters gehen ständig, also auch in Ruhe, Impulse zum Zentrum, und zwar in Gleichgewichtslage vom rechten und linken Ultriculus in gleichem Maße. Das konnte

durch Aktionsstrommessungen von ADRIAN 1943 und LOWENSTEIN 1950 (zitiert in [14]) gezeigt werden. Die Scherung der Sinneshaare nach außen bewirkt eine Impulsfrequenzerhöhung, die Scherung nach innen eine Impulsfrequenzverminderung.

Nun soll auf die drei Fragen von v. HOLST im einzelnen eingegangen werden. Er und seine Mitarbeiter kamen zu folgenden Ergebnissen:

1. Erhöht man die auf den Fisch wirkende Schwerkraft F, indem der Wasserbehälter mitsamt dem Fisch zentrifugiert wird, und hält man den Lichteinfallswinkel in bezug auf den Fisch selbst konstant, so stellt sich der Fisch so ein, daß die an den Sinneshaaren angreifende Scherungskomponente $F \cdot \sin \alpha$ konstant bleibt (Sinusregel). Der Winkel α ist die Abweichung der Fischhochachse von der Lotrechten. Der adäquate Reiz wird also von der Scherung gebildet. Hält man den Lichteinfallswinkel relativ zum Fisch nicht konstant, sondern läßt man das Licht immer horizontal einfallen, so ist $\cot \alpha$ proportional F. Der Fisch verhält sich dann wie eine Waage, die senkrecht durch ein Gewicht belastet wird, das der Schwerkraft entspricht, und waagerecht durch einen Zug, der die Lichtkomponente darstellt (s. Abb. 91).

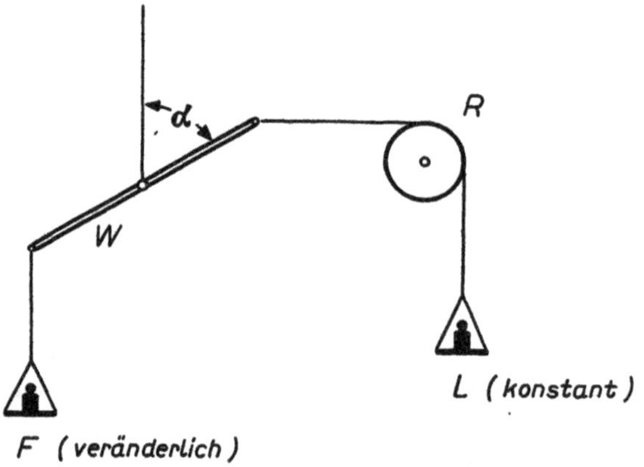

Abb. 91. „Waage, die das Verhalten des Fisches bei konstanter Belichtung in verschieden starken mechanischen Feldern veranschaulicht. (*W* Waagebalken; *R* Umlenkrolle; *L* Lichtkomponente; *F* mechanische Komponente; nur die Änderung der letzteren bestimmt hier das Verhalten des Fisches)". Nach v. HOLST [12].

2. Die Untersuchung des Zusammenspiels der beiden Statolithen ergab, daß die Scherungsreize jeweils summiert werden. Außerdem ist aber noch eine ständige Erregungsbildung auch in den ungereizten Sinneszellen zu fordern, da bei einseitiger Zerstörung eines Sinnesepithels eine anhaltende Drehtendenz auftritt. Beim intakten Tier kompensiert sich die spontane Erregungsbildung beider Seiten, weshalb keine Drehtendenz zu bemerken ist.

3. Die quantitative Beziehung zwischen dem adäquaten mechanischen Reiz, also die Scherung, und seiner physiologischen Wirkung im Gleichgewichtszentrum ist eine lineare Funktion. Das folgt eindeutig aus der Beobachtung, daß die stärkere Neigung zum Licht bei einseitiger Entstatung durch eine Verdoppelung der mechanischen Feldstärke ausgeglichen werden kann.

Stellt man die untersuchten Verhaltensweisen des Fisches in einem Blockschaltbild dar (s. Abb. 92), so erhält man als Ausgangsgröße $x(t)$ die Stellung des Fisches um seine Längsachse — im Waagemodell (Abb. 91) der Winkel α — bezogen auf die Wirkungsrichtung der Schwerkraft. Die Eingangsgrößen — abgesehen von Störungen, die als sonstige Drehmomente auf den Fischkörper wirken — werden durch

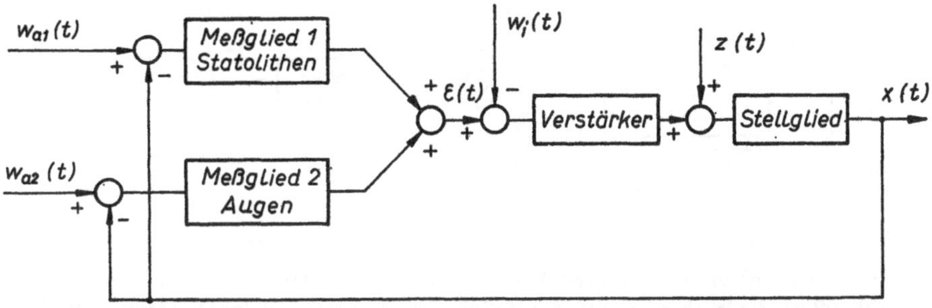

Abb. 92. Blockschaltbild des Lageorientierungsmechanismus beim Fisch. Dargestellt ist die Abhängigkeit der Lage des Fisches $x(t)$ (Winkel im Waagemodell) von den äußeren Führungsgrößen Schwerkraft $w_{a1}(t)$ und Lichteinfall $w_{a2}(t)$ und einer inneren Führungsgröße $w_i(t)$, dem spontanen Drehkommando des Fisches. Durch die beiden Meßglieder wird die Winkeldifferenz zwischen der Stellung des Fisches $x(t)$ und der Wirkungsrichtung der Schwerkraft $w_{a1}(t)$ sowie der Einfallsrichtung des Lichtes $w_{a2}(t)$ gebildet. Die Summe der Sinus dieser Winkeldifferenzen wird durch den Regelkreis der Lageorientierung auf Null eingestellt $\left(\varepsilon(t) = 0\right)$. Ist zusätzlich ein zentrales Drehkommando $w_i(t)$ vorhanden, so stellt sich der Fisch so ein, daß die Summe der Sinus der durch die Meßglieder gemessenen Winkeldifferenzen nicht gleich Null, sondern gleich $w_i(t)$ wird. $z(t)$ sind die auf die Stellung des Fisches störend einwirkenden Momente. (Entnommen aus [24], S. 268, Abb. 8.)

eine innere und zwei äußere Führungsgrößen gebildet. Die äußeren Führungsgrößen $w_a(t)$ sind gegeben durch die Wirkung des Lichts und der Schwerkraft, und die innere Führungsgröße $w_i(t)$ äußert sich in dem Umstand, daß der Fisch aktiv eine andere Lage einnehmen kann, als sie durch die äußeren Führungsgrößen allein bestimmt wird (Abb. 92).

Für die Art des Eingreifens der inneren Führungsgröße könnte es auch noch andere Möglichkeiten geben, auf die z. B. durch die Bikomponenten-Theorie von Mittelstaedt [29] hingewiesen wird (s. S. 188). In die Grundstruktur von Abb. 92 lassen sich vorhandene Einzelkenntnisse einfügen, die sich z. B. aus den Untersuchungen

von v. Holst und der anschließenden mathematischen Analyse [13] ergeben, welche die statischen Endwerte der Einstellung des Fisches betrifft. Aus dem Blockschaltbild müssen die gleichen statischen Einstellungen folgen, wenn man das System nach Änderung irgendeiner Eingangsgröße solange sich selbst überläßt, bis alle Ausgleichsvorgänge abgeschlossen sind.
Der Fischkörper mit seinen Muskeln bildet das Stellglied, auf welches Momente von äußeren Störungen einwirken. Im Regelkreis muß ein integrierendes Glied — möglicherweise ist es das Stellglied — vorhanden sein, denn der Fisch kann tat-

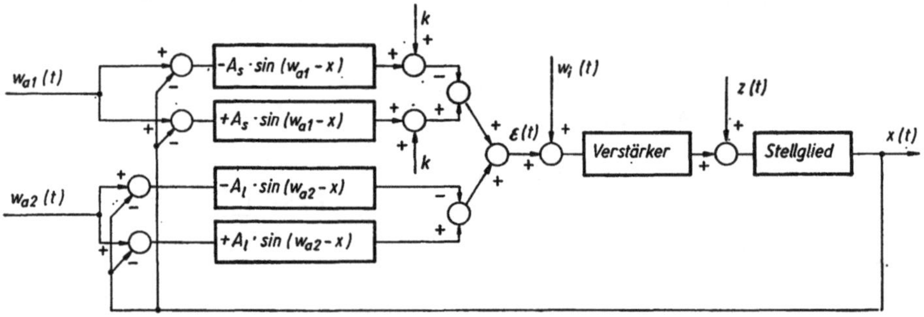

Abb. 93. Erweitertes Blockschaltbild des Lageorientierungsmechanismus beim Fisch. Gegenüber der Abb. 92 ist die Wirkungsweise der Meßglieder entsprechend der Darstellung im Text präzisiert (entnommen aus [24], S. 269, Abb. 9).

sächlich absolut senkrecht stehen, d. h. es tritt keine Proportionalabweichung auf. Der Fehler $\varepsilon(t)$, der die Abweichung von den äußeren Führungsgrößen angibt, wird im statischen Endzustand auf Grund dieser Tatsache zu Null, da an einem integrierenden Glied auch bei beliebig kleinem Eingangssignal ein beliebig großes Ausgangssignal auftreten kann. Nur unter diesen Bedingungen folgen die in (13) angegebenen Formeln auch aus dem Blockschaltbild.
Nun soll das Blockschaltbild durch die Einzelheiten erweitert werden, die von den Meßgliedern bekannt sind. Diese sind symmetrisch gebaut, wobei sich die Sinusgrößen der Eingangskomponenten summieren. Dazu kommen zumindest beim Statolithensystem von den Sinnesepithelien erzeugte symmetrische Grundinnervationen K, die sich im Normalfall kompensieren, aber bei einseitiger Entfernung der Sinnesepithelien zu einer Drehtendenz des Fisches führen (Abb. 93). Die Eingangsgrößen Schwerkraft und Licht wirken aber nicht nur mit einer Komponente, nämlich der Wirkungsrichtung, sondern auch noch durch ihre absolute Größe; es erfolgt also noch eine Bewertung der Sinuswerte durch die Intensität. Dieser Sachverhalt läßt sich durch die Multiplikation der Sinuskomponenten mit einem konstanten Faktor (A_s) für die Schwerkraft und einem variablen Faktor (A_l) für das Licht beschreiben.
Als ergänzender Hinweis zu den beiden Meßsystemen sei die Feststellung von v. Holst erwähnt, daß das Statolithensystem nicht adaptiert (d. h. ständig an-

zeigt), hingegen die optische Kontrolle stark von äußeren Faktoren abhängt, wie z. B. vom Aufenthalt in Dunkelheit (Zunahme des Einflusses der Lichtintensität) und vom hydrostatischen Druck (Verminderung des Einflusses der Lichtintensität). Weitere Kenntnisse über das untersuchte System könnte man durch das Studium der dynamischen Eigenschaften der im Blockschaltbild dargestellten Regelkreisglieder gewinnen, z. B. durch Registrierung der Ausgangsgröße bei sprungförmiger Änderung der Eingangsgrößen (Sprungantwort). Im Gegensatz zu einem speziellen Modell, wie es das Waagemodell darstellt, läßt sich durch das Blockschaltbild auch das dynamische Verhalten des Fisches beschreiben. Neben dem Regelungssystem des Fisches für seine Lage bezüglich der Längsachse ist ebenso ein Regelungssystem für die Lage des Fisches bezüglich der Querachse vorhanden.

9.4. Ortungs- und Zielbewegungen der Gottesanbeterin

Ein weiteres Beispiel soll deutlich machen, wie durch das Aufstellen von Funktionsmodellen als Arbeitshypothesen und daraus folgende gezielte Experimente am Objekt die Problemstellung präzisiert und die Analyse von Funktionssystemen bei Organismen vorangetrieben werden kann. Hierbei soll die förderliche

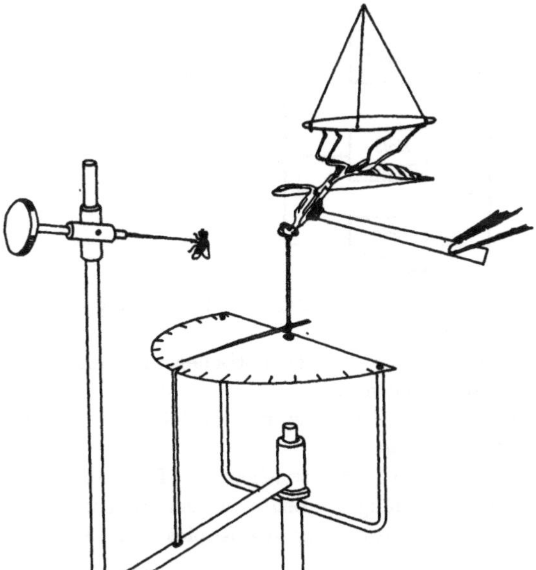

Abb. 94. Versuchsanordnung nach MITTELSTAEDT. Die Fangschrecke ist am Prothorax (in ihrer normalen Hängelage) fixiert. Die Beweglichkeit des Kopfgelenks ist auf einen Freiheitsgrad reduziert. Nach MITTELSTAEDT [28], S. 229, Abb. 6.

Wechselwirkung zwischen Modell und Experiment besonders betont werden, wodurch Schritt für Schritt eine dem tatsächlichen Zusammenhang adäquate begriffliche Klärung möglich ist.
Als Beispiel diene die Analyse des Richtprozesses beim Beutefangschlag einer *Mantis* (Fangschrecke oder „Gottesanbeterin") durch MITTELSTAEDT (Abb. 94). Der Fangschlag der *Mantis*, den diese mit dem vorderen Beinpaar nach kleineren Insekten richtet, erfolgt so rasch — in 60 ms oder weniger —, daß eine Korrektur während des Bewegungsablaufs nicht möglich ist. Der nervöse Impuls für den richtigen Schlagwinkel ist also als efferente Richtgröße aus den zuvor gegebenen Afferenzen gebildet worden. Der Ortungsmechanismus der *Mantis* muß schon auf Grund oberflächlicher Betrachtung aus 1. einem Regelvorgang bestehen, der bei Fixation der Beute die Kopfmittellinie in Richtung der Beute lenkt (Augenfolgeregelung), und

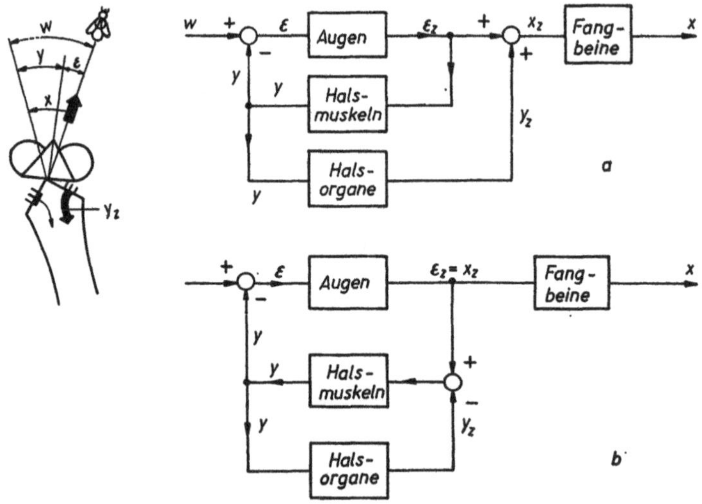

Abb. 95. Schemaskizze und Blockschaltbilder zur Darstellung des Richtprozesses beim Fangschlag der *Mantis*.
a — Hypothese 1: Additive Verrechnung der optischen und propriozeptiven Information zur Bildung des Schlagwinkels.
b — Hypothese 2: Die propriozeptiven Halsorgane schließen einen Unterregelkreis im Regelkreis der Kopffolgebewegung.
w — Zielwinkel (Winkel zwischen Symmetrieebene des Prothorax und Beutetier);
ε — Blickwinkel (Winkelabweichung der Beute von der Blicklinie);
y — Kopfwendewinkel (Winkelabweichung des Kopfes von der Symmetrieebene des Prothorax);
x — Schlagwinkel (Winkel zwischen Schlagrichtung und Symmetrieebene des Prothorax).
Die mit dem Index z versehenen Zeichen ε_z, y_z und x_z sollen die nervösen Informationen repräsentieren, die in die Steuerung der Fangbeine direkt oder indirekt einmünden. Verändert nach MITTELSTAEDT [28], S. 229.

2. aus einem Richtprozeß für den Schlagwinkel der Fangbeine, der in bestimmter Weise von dem Regelvorgang gesteuert wird. Sinnesorgane, die eine Abweichung des Zielobjekts von der Symmetrieebene des Körpers registrieren können, sind 1. die starr am Kopf stehenden Augen und 2. die Sinnesborsten (propriozeptive Halsorgane) am Prothorax, die bei einer seitlichen Abbiegung des Kopfes aus der mittleren Ruhelage gereizt werden (s. Schemaskizze der Abb. 95). Als einfachste Funktionsweise läßt sich zunächst annehmen, daß die Information über die Richtung des Fangschlages sich additiv aus der optischen (Betrag ε) und der propriozeptiven (Betrag y_z) Information zusammensetzt, wobei w die Gesamtabweichung des Zielobjekts von der Körpersymmetrieebene sei.

Diese Hypothese 1 ist im Blockschaltbild der Abb. 95a dargestellt. Ein Proportionalregler für die Kopffolgebewegung führt den Kopf bis auf eine restliche Proportionalabweichung in Richtung des Zielobjekts. Diese Proportionalabweichung ε wird optisch registriert und liefert einen Teil (ε_z) der Richtungsinformation für die Fangbeine. Die der Kopfwendung y entsprechende und der Proportionalabweichung komplementäre Erregung der Sinnesborsten am Prothorax y_z liefert den anderen Anteil der Richtungsinformation ($\varepsilon_z + y_z = x_z$), die an die Motorik der Fangbeine geht und den Schlagwinkel x liefert.

Man kann die Richtigkeit dieser Hypothese leicht prüfen: Mit einem Leimtröpfchen wird der Kopf am Prothorax in etwas seitgewendeter Lage festgelegt. Die dadurch einseitig gereizten Halsrezeptoren adaptieren nicht, d. h. es erfolgen ständig weitere Meldungen über die erzwungene Kopflage; diese ist also experimentell aussagekräftig. Die fehlende Kopfbeweglichkeit beim Fixieren gleicht die *Mantis* durch Beinbewegungen, also Drehungen des ganzen Körpers, aus. Auch jetzt müßte die optische Meldung von der Proportionalabweichung des Kopfes und die propriozeptive Meldung von den Halsrezeptoren additiv den richtigen Winkel für den Fangschlag ergeben. Da die *Mantis* sich in diesem Falle so dreht, daß die Proportionalabweichung klein oder fast Null wird, sollte die Meldung von den Halsrezeptoren allein die Fangschlagrichtung bilden. Aber die *Mantis* schlägt bei rechtsgewendet festgelegtem Kopf nach links vorbei und umgekehrt. Offenbar ist der Richtprozeß über die Schieflage des Kopfes nicht informiert; die Fangbeine schlagen deshalb etwa in Richtung der Körpersymmetrieebene. Also kann die Erregung der Halsorgane nicht unmittelbar in den Richtprozeß eingehen, und damit muß die erste Hypothese verworfen werden. Es wird deshalb nach Fakten gesucht, die gestatten, eine verbesserte Hypothese aufzustellen.

Durchtrennt man bei einer *Mantis* mit freibeweglichem Kopf einseitig den afferenten Nerv eines Halsorgans, z. B. des linken, so wird der Kopf in Ruhelage nach links gedreht. Dieses Resultat deutet darauf hin, daß durch die Abbiegung der Sinnesborsten des Halsorgans der Halsmuskel der Gegenseite tonisiert wird. Normalerweise halten sich in Ruhelage beide Halsorgane und Halsmuskeln die Waage. Tritt aber eine Folgebewegung des Kopfes z. B. nach rechts auf, so wird dieser durch die zunehmende Erregung des rechten Halsorgans und damit die zunehmende Tonisierung des linken Halsmuskels entgegengewirkt, und die durch ein Zielobjekt in Gang gesetzte Kopffolgebewegung kommt in einem bestimmten Winkel vor der Zielrichtung zum Stehen. Die Erregung der Halsorgane wird also über Kreuz der durch die Fixationstendenz in Gang gesetzten Muskelkontraktion gegengekoppelt, d. h. Halsorgan und kontralateraler Halsmuskel bilden einen Unterregelkreis im Regelkreis des Richtprozesses. Diese Ergebnisse führen zur Aufstellung der Hypothese 2, die eine widerspruchsfreie Erklärung aller Beobachtungen gestattet. Nach den experimentellen Befunden ist der Winkelbetrag der ausgeführten Kopfbewegung bzw. der ihr komplementären Proportionalabweichung nicht zufällig, sondern geregelt und damit repräsentativ für die Größe des Zielwinkels w. Die *Mantis* könnte prinzipiell ihre Information über den richtigen Schlagwinkel x sowohl dem Betrag der Kopfabweichung von der Mittellage als auch dem Betrag der optisch registrierten Restabweichung zum Zielobjekt entnehmen. Die letztere beträgt in unserem Beispiel bei unterschiedlichen Zielwinkelgrößen w konstant etwa 20% des Zielwinkels. Das Blockschaltbild (Abb. 95b) präzisiert diese Konzeption.

9.5. Optische Bewegungswahrnehmung des Rüsselkäfers *Chlorophanus*

Ein weiteres Beispiel für eine besonders erfolgreiche system- und informationstheoretische Analyse eines kompletten biologischen Apparates, das auch gleichzeitig die Spezifität des kybernetischen Vorgehens eindrucksvoll beleuchtet, sind die Untersuchungen von Hassenstein und Reichardt [9] über die optische Bewegungswahrnehmung des Rüsselkäfers *Chlorophanus viridis*. Die Versuche wurden am intakten Tier durchgeführt.

Der Rüsselkäfer verhält sich in einem rotierenden Streifenzylinder wie die oben erwähnte Schlammfliege *Eristalis tenax*: er dreht sich in Rotationsrichtung des Streifenmusters mit (optomotorische oder optokinetische Reaktion). Mit einem methodischen Kunstgriff gelang es, diese optomotorische Reaktion für quantitative Aussagen über die nervöse Verarbeitung des bewegten Reizmusters auszunutzen: An den Rückenpanzer des Käfers wird ein Stückchen Pappe geklebt, an welchem das Versuchstier frei in der Luft hängend am Ort fixiert ist. Dann wird dem Tier ein federleichtes Gebilde aus Stroh, der „Spangenglobus", in die Beine gegeben. Dieser ist gerade so schwer wie der Käfer selbst, so daß er sein eigenes Gewicht trägt, als liefe er mit dem Rücken nach unten an einem Zweig. Befindet sich der Käfer in einem rotierenden Streifenzylinder, so dreht er durch seine Beinbewegungen — gewissermaßen endlos laufend — den Spangenglobus unter sich hinweg (s. Abb. 96). Dieser ist so beschaffen, daß jeweils nach einiger Zeit ein y-förmiger Scheideweg auf den Käfer zukommt. Der Käfer hat sich nun für rechts oder links zu entscheiden, also eine Wahlreaktion zu treffen, wobei er dem Beobachter seine „Wendetendenz" anzeigt. Nach jeder Wahl kommt der Käfer in die gleiche Situation und ist bereit zur nächsten Wahl. Wichtig ist nun, daß die Wahlreaktionen des Käfers am Spangenglobus in gleicher Weise durch die bewegten optischen Reize im Streifenzylinder beeinflußt werden wie das freie Laufen. Das Auszählen der Wendetendenzen erlaubt aber eine statistische Erfassung der optomotorischen

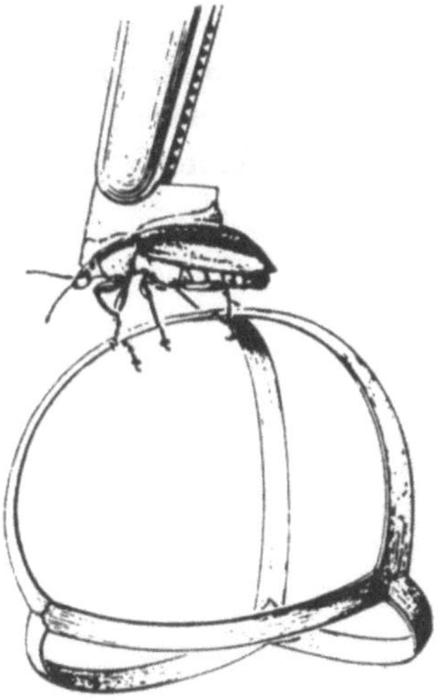

Abb. 96. Rüsselkäfer *Chlorophanus viridis* mit Spangenglobus nach HASSENSTEIN und REICHARDT [9].

Reaktion bei einer bestimmten Reizkonstellation. Diese Versuchsanordnung bietet folgende methodische Vorteile: Der Käfer bleibt in definierter Lage zum Reizmuster, seine Eigenbewegungen haben keinen Einfluß auf die relative Rasterbewegung, und die sich kontinuierlich ändernden Wendetendenzen des Käfers werden durch den Spangenglobus in Ja-Nein-Entscheidungen umgeformt, die sich leicht statistisch auswerten lassen.

Die Reaktionsstärke auf ein bestimmtes Reizmuster läßt sich durch das Verhältnis $\frac{M - G}{M + G}$ ausdrücken, wobei M Mitwendungen und G Gegenwendungen des Käfers zur Drehrichtung des Reizmusters bedeuten. Die Extremwerte sind +1 und −1. Die Versuche wurden so eingerichtet, daß die Wahlreaktionen des Käfers im linearen Bereich der Häufigkeitssummenkurve lagen, also daß nur M oder nur G ausgeschlossen waren. Die optische Reizeinrichtung wurde sehr variabel gehalten. Prinzipiell wurden drei konzentrische Trommeln mit folgenden Mustern verwendet: 1. senkrechte Schwarz-Weiß-Streifen auf der äußeren Trommel, 2. Schlitze im Winkel von einem oder mehreren Ommatidienabständen in der inneren Trommel (Rasterzylinder) und 3. Grauflächensektoren zwischen den beiden Trommeln (s. Abb. 97).

Die systematische Variation der Reizbedingungen führte HASSENSTEIN zu wichtigen Ergebnissen, von denen hier nur ein knapper Überblick geboten werden kann. Als elementare Auswerteeinheit fungiert im Facettenauge des Käfers jeweils ein Paar benachbarter Ommatidien; diese besitzen einen Winkelabstand von etwa 7 Bogengrad gegeneinander. In geringem Grade wirkt auch noch das übernächste

Ommatidium mit. Zwei Reize, die in dasselbe Ommatidium fallen, sind im Sinne der Bewegungswahrnehmung wirkungslos. Der optimal wirkende zeitliche Abstand im Ommatidien-Zweiersystem beträgt 1/4 s; eine schwache Wendereaktion zeigt sich noch bei 10 s Reizabstand (maximale Abklingdauer der in Wechselwirkung tretenden Erregungen).

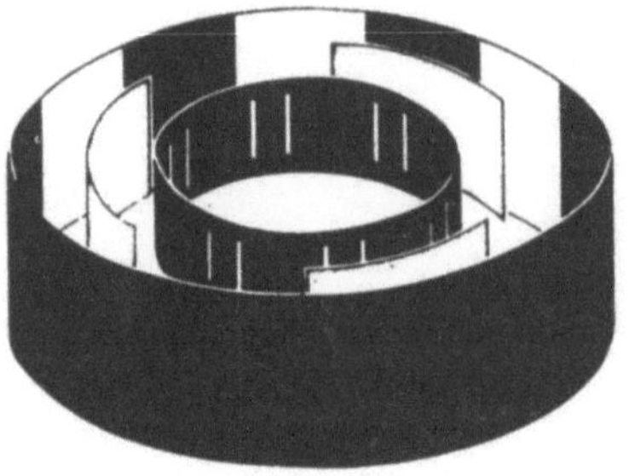

Abb. 97. Anordnungsbeispiel der Streifenzylinder zur optischen Reizung des Rüsselkäfers. Nach HASSENSTEIN [8], S. 708, Abb. 549 A.

Wird ein dunkles Feld über zwei benachbarte Ommatidien *A B* bewegt (s. Abb. 98), so erzeugt sowohl die Verdunkelung (—) an der Vorderkante in der Reihenfolge *A B* als auch die Aufhellung (+) hinter der Hinterkante in der Reihenfolge *A B* eine Wendetendenz in Richtung der Feldbewegung. Der Reihenfolge der Ereignisse, also dem Dunklerwerden (—) (—) bei *A B* und dem Hellerwerden (+) (+) bei *A B*, entspricht auch die Richtung der Wendetendenz. Anders verhält es sich, wenn man die Wechselwirkung zwischen Vorderkante und Hinterkante des Dunkelfeldes in bezug auf *AB* betrachtet. Hierbei tritt der Fall ein, daß zuerst bei *B*

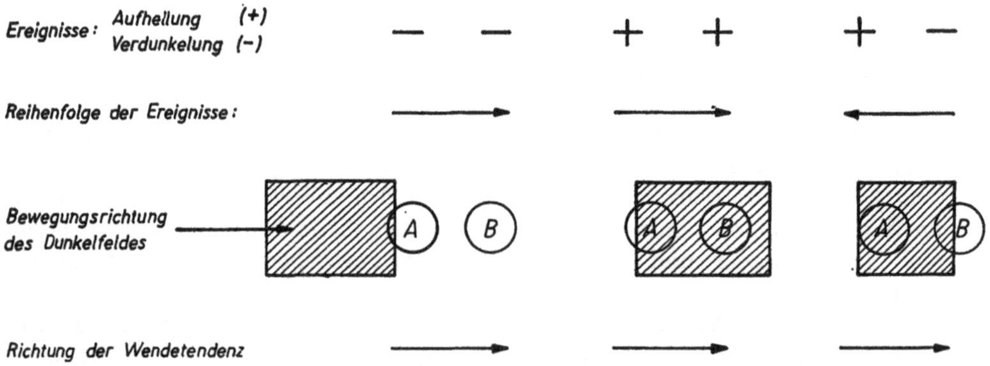

Abb. 98. Die Wendetendenzen des Käfers in Abhängigkeit von der Wirkung bewegter Muster auf das Ommatidien-Zweiersystem [A] [B]. Vereinfacht nach HASSENSTEIN [6], S. 573, Abb. 11.

eine Verdunkelung (—) und danach bei A eine Aufhellung (+) stattfindet. Die Reihenfolge der Ereignisse ist jetzt (—) (+) bei $B\ A$, obwohl die wahre Feldbewegung $A\ B$ ist. Durch die Reizung in der Reihenfolge $B\ A$ wird bei Vorzeichenumkehr eine dieser Reihenfolge gegensinnige Wendetendenz ausgelöst in Richtung A B, die der wahren Bewegung des Dunkelfeldes entspricht. Es tritt also bei bewegtem Muster stets eine Mitbewegung des Käfers auf.

Völlig unerwartet ist hingegen die Reaktion des Käfers auf den Intensitätsunterschied von aufeinanderfolgenden Helligkeitssprüngen im Reizmuster. Die Reaktionsstärke des Käfers, seine Wendetendenz, wächst mit dem Quadrat des Intensitätsunterschiedes der Helligkeitssprünge. Normalerweise besteht bei Organismen eine logarithmische Beziehung zwischen Reizintensität und Reaktionsstärke. Wird ein Kontrastsprung entsprechend $1 \times 1^2 = 1$ in zwei aufeinanderfolgende Sprünge von jeweils halbem Betrag zerlegt, so muß nach der quadratischen Beziehung zwischen dem Intensitätsunterschied des Kontrastsprunges und der Reaktionsstärke die Antwort des Käfers nur $2 \times (1/2)^2 = 1/2$ so groß ausfallen wie beim ungeteilten Kontrastsprung. Das wurde experimentell bestätigt. Diese Befunde lassen vermuten, daß die in Wechselwirkung tretenden Erregungen in den benachbarten Ommatidien durch eine Multiplikation miteinander verknüpft sind, was sich durch folgende Reizanordnung prüfen läßt:

Zwei benachbarte Ommatidien A und B sind durch je einen Schlitz auf Felder verschiedener Helligkeit gerichtet, und zwar A auf ein weißes Feld, B auf ein schwarzes. Vor diesen Feldern wird eine Graufläche vorbeibewegt, so daß in A ein Helligkeitssprung von Weiß nach Grau und danach in B ein Sprung von Schwarz nach Grau entsteht. Im Extremfall, wenn die Graufläche selbst weiß oder schwarz ist, entsteht nur in einem Ommatidium ein Kontrastsprung vom Betrag schwarz/weiß. Bei jedem anderen Grauwert entstehen in A und B Kontrastsprünge, deren

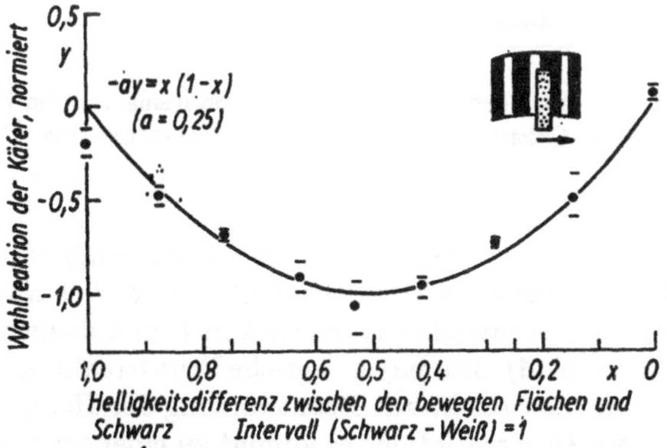

Abb. 99. Reaktionen des Käfers auf die Bewegung der Flächen verschiedener Grauwerte (Abszisse) vor schwarz-weiß gestreiftem Hintergrund. Der Käfer sah die in der Einschaltfigur angedeutete Musteranordnung (vgl. Abb. 97) durch einen Rasterzylinder. Nach HASSENSTEIN [8], S. 711, Abb. 551.

Summe stets gleich dem Betrag schwarz/weiß ist. Bei einer multiplikativen Verrechnung der beiden Erregungsbeträge müßte die Reaktion bei einem mittleren Grauwert (Produkt der Intensitätsunterschiede 0,5 × 0,5) am stärksten sein, bei sehr hellem oder sehr dunklem Grau (Produkt der Intensitätsunterschiede z. B. 0,2 × 0,8 oder 0,8 × 0,2) dagegen schwächer. Wie Abb. 99 zeigt, bestätigt das Experiment die multiplikative Verknüpfung der Erregungsbeträge von A und B. Diese Befunde führten zum Entwurf einer Funktionsstruktur (s. Abb. 100).

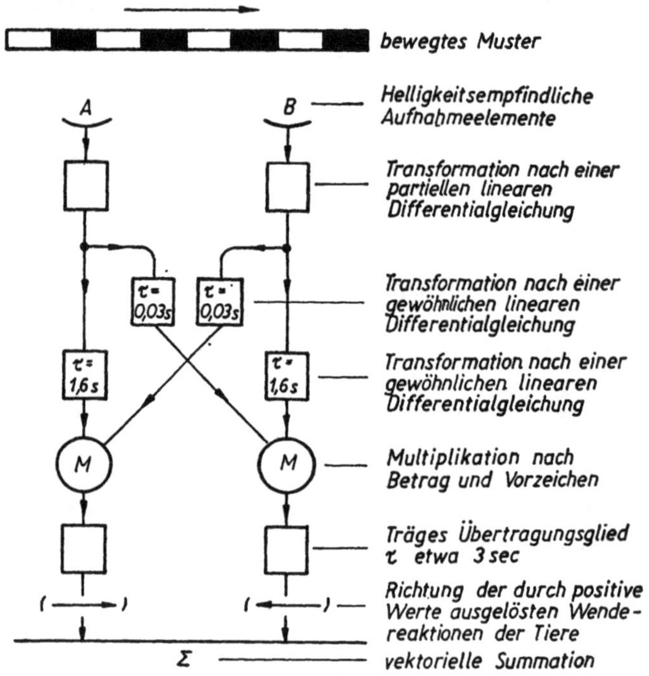

Abb. 100. Funktionsstruktur des Ommatidien-Zweiersystems für die Bewegungsperzeption des Käfers *Chlorophanus viridis*. Nach Hassenstein [7], S. 381, Abb. 11.

In dem Blockschaltbild wird angenommen, daß sich ein Streifenmuster von links nach rechts über die Eingangselemente (Ommatidien) A und B hinwegbewege (vgl. Abb. 100) und dabei das Gesichtsfeld von A zur Zeit t_1 und dasjenige von B zur Zeit t_2 erreiche (Zeitdifferenz Δ). Die physiologische Primärreaktion im ersten Übertragungsglied besteht in einer selektiven Beantwortung der Helligkeitsänderung in der Zeit, d. h. in einer Differentiation; es kommt zu einer kurzdauernden, impulsartigen Erregung, die bald abklingt. Danach wird in einem zweiten, trägen Funktionsglied ($\tau = 1{,}6$ s) eine weitere Erregung ausgelöst, die nur langsam abklingt und die Wirkung jedes Einzelreizes um mehrere Sekunden verlängert; das Glied wirkt wie ein Tiefpaß. Das Prinzip der weiteren Auswertung besteht nun darin, daß der zum Zeitpunkt t_2 in dem linken trägen Funktionsglied ($\tau = 1{,}6$ s) vorhandene Erregungszustand, der sich vom Ommatidium A herleitet, mit der zum gleichen Zeitpunkt vom Ommatidium B über den Querzweig (Übertragungsglied mit $\tau = 0{,}03$ s) ankommenden Erregung in der linken Instanz M in Wechselwirkung tritt. Dort findet — wie die oben genannten Versuche erwiesen haben — die Verrechnung nicht durch Summation, sondern durch Multiplikation statt. Je größer die Geschwindigkeit des Streifenmusters, d. h. je kleiner die Zeitdifferenz in A und B, um so weniger abgeklungen ist der Erregungszustand in dem trägen

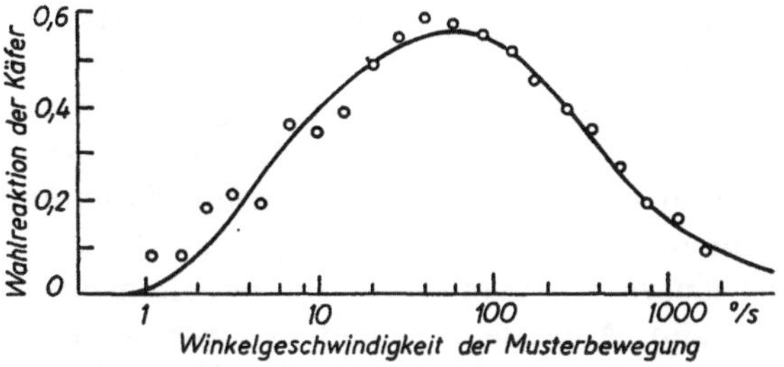

Abb. 101. Wahltendenz (Ordinate, normiert) des Käfers *Chlorophanus viridis* als Funktion der Winkelgeschwindigkeit der Bewegung eines stochastischen Helligkeitsmusters (Abszisse). Errechnete Kurve ausgezogen, gemessene Werte als leere Kreise. Nach HASSENSTEIN [8], S. 713, Abb. 554A.

Übertragungsglied ($\tau = 1{,}6$ s) und desto größer ist das Multiplikationsergebnis, und umgekehrt. Bei Musterbewegungen von links nach rechts entsteht als Multiplikationsergebnis ein positives Produkt der Erregungen aus dem Längszweig und dem jeweils von rechts einmündenden Querzweig, also in unserem Beispiel aus dem Längszweig von A und dem Querzweig von B. Am Ausgang des Längszweiges erscheint dann die Information für eine Rechtswendung. Bei Musterbewegungen von rechts nach links bildet sich ein positives Produkt der Erregungen aus dem Längszweig (z. B. von B) und dem jeweils von links in diesen einmündenden Querzweig. Dann erscheint am Ausgang des Längszweiges die Information für eine Linkswendung. Das Blockschaltbild stellt also ein System dar, welches die Geschwindigkeit einer bewegten Kontur in einen bestimmten Funktionswert übersetzt und dabei Bewegungen von rechts nach links und solche von links nach rechts auf verschiedenen Leitungen repräsentiert, also unterscheidet. Auf die Übertragungsglieder M folgen vor dem Ausgang noch träge Übertragungsglieder mit einer Zeitkonstanten von etwa 3 s. Diese Übertragungsglieder mitteln nur über die Ausgangssignale der M, und danach folgt noch eine Mittelung über alle M-Ausgänge. Dieses Ergebnis wird an die Motorik weitergeleitet.

REICHARDT war an dem Blockschema aufgefallen, daß es zwei Anteile enthält, die für eine Korrelationsauswertung typisch sind, nämlich eine fortgesetzte Multiplikation zweier, um einen bestimmten Zeitbetrag versetzter Funktionswerte und eine nachfolgende Mittelung der aufeinanderfolgenden Multiplikationsergebnisse. Das Ersatzschaltbild oder Modell für das Bewegungsauswertesystem des Käfers ist also der aus der Technik bekannte Korrelator, oder anders ausgedrückt: das Nervensystem des Rüsselkäfers nimmt eine Verrechnung der aus zwei benachbarten Ommatidien des Facettenauges stammenden Informationen im Sinne einer Autokorrelationsanalyse vor.

Wir haben das Beispiel des Rüsselkäfers *Chlorophanus* deshalb so eingehend referiert, weil es die Ziele der biokybernetischen Analyse besonders klar beleuchtet. In einem bestimmten Stadium der Systemanalyse wurde berechnet, wie sich das postulierte Funktionsgefüge (der Korrelator) verhalten müsse bei der Darbietung sog. stochastischer, d. h. völlig zufälliger Folgen der Intensitätsunterschiede von bewegten Mustern (s. Abb. 101). Hierdurch wurde eine theoretische Kurve gewonnen (ausgezogene Linie), welche die Wendetendenz des Käfers in Abhängigkeit von der Winkelgeschwindigkeit der Musterbewegung vorhersagt. Als man daraufhin entsprechende Experimente durchführte, ergab sich für die erhaltenen Meßpunkte (leere Kreise) eine so gute Übereinstimmung mit der vorausberechneten Kurve, wie man sie für ein verhaltensphysiologisches Experiment nur erwarten kann. Außerdem — und das war der entscheidende Gewinn — konnten durch Variation der Parameter die Abklingkonstanten der einzelnen Funktionsinstanzen bestimmt, d. h. die Kästchen des Blockschaltbildes mit reellen Angaben über ihre dynamischen Eigenschaften ausgefüllt werden.

Die aus dem Modell eines Korrelators abgeleiteten Vorstellungen führten hier — und das ist eben der Wert eines gut gewählten Modells — zu weiteren Voraussagen, die experimentell nachgeprüft werden konnten, u. a. die einer Invarianz der optomotorischen Reaktionen des Käfers gegenüber Verschiebungen der Phasenbeziehungen der Fourier-Komponenten von Helligkeitsmustern; das konnte sehr exakt nachgewiesen werden.

Bei den bisher angeführten Beispielen handelt es sich um weitgehend geschlossene, qualitative und z. T. auch quantitative Beschreibungen von Wirkungsgefügen; deren Verhalten ist dadurch in gewissem Umfange voraussagbar geworden. Da diese Funktionen selbst wieder durch andere Mechanismen einerseits im Zellbereich ermöglicht werden und andererseits als homoeostatische Teilfunktion im Gesamtorganismus bzw. in der Population dienen, wird eine Erweiterung der jeweils bestehenden Konzeption in das Gebiet der Ethologie, Soziologie, Psychologie und Ökologie notwendig und auch möglich sein.

Anschließend soll auf Beispiele hingewiesen werden, die etwas weiter in den Bereich der Ethologie und damit in komplexere Gefüge hineinführen.

9.6. Orientierungsbewegungen von Lebewesen, Navigation

Nach den Untersuchungen von Jander [15] an der Roten Waldameise beruht die Lichtkompaßorientierung (Menotaxis) bei diesem Tier und einer Reihe anderer Insekten offensichtlich auf dem gleichen Prinzip der Aufschaltung einer inneren

Führungsgröße, des Drehkommandos, in einem Regelmechanismus der Grundorientierung wie bei der oben beschriebenen Lageorientierung der Fische (nach den Ergebnissen von v. Holst und Mittelstaedt). Zahlreiche Detailuntersuchungen deckten eine hierarchische Ordnung mannigfaltiger Mechanismen der Licht- und Schwereorientierung auf. Einige von diesen Befunden sollen hier aufgeführt werden, um auf die Komplexität der Orientierungsvorgänge aufmerksam zu machen.

Nach Jander muß die Grundorientierung von der abgeleiteten Orientierung oder Menotaxis unterschieden werden. Die Einstellrichtungen (Fixierrichtungen) der Grundorientierung sind angeboren. Als Grundorientierungsrichtungen zum Licht kommen positive und negative Fototaxis sowie Transversal-Fototaxis (Lichtrückeneinstellung) vor. Entsprechende Einstellungen werden auch zur Schwerkraft eingenommen (Geotaxis). Die Bevorzugung der einen oder anderen Einstellrichtung ist endogen bedingt. So reagiert eine das Nest verlassende Ameise vorwiegend positiv fototaktisch, eine Ameise in „Heimkehrstimmung" vorwiegend negativ fototaktisch. Der Übergang von einer Grundorientierung auf die andere oder von der Fototaxis auf die Geotaxis erfolgt als zentraler Umschaltvorgang.

Bei positiver Fototaxis wird eine Lichtquelle „gerade vorn" fixiert; dieser Fixierstelle um 180° gegenüber liegt die Indifferenzstelle. Belichtung an diesen Stellen löst keine Wendereaktion aus; diese tritt aber bei Belichtung an jeder anderen Stelle auf. Die Stärke der Wendetendenz nimmt von der Fixierstelle bis zum 90°-Winkel zu und dann wieder bis zur Indifferenzstelle ab; sie zeigt also eine Abhängigkeit vom Sinus der Reizrichtung, was auch von v. Holst bei der Lageorientierung der Fische gefunden wurde.

Werden zwei Lichter zugleich geboten, so orientiert sich die Rote Waldameise in der Richtung der Resultierenden zwischen den Lichtquellen, wobei aber außer den Winkeln auch die Lichtstärken die Richtungswahl beeinflussen. Jedoch läßt sich eine solche Wirkung der Lichtstärke auf die Orientierung in anderen Fällen nicht nachweisen. So orientiert sich die Rote Waldameise bei gleichzeitiger Einwirkung von Licht und Schwerkraft, deren Wirkungsrichtungen senkrecht aufeinanderstehen, in einer Kompromißrichtung, wobei ausschließlich die Richtung der Lichtquelle maßgebend ist, nicht jedoch die Lichtintensität.

Jander stellte in einem Schema das Gerüst der in der foto- und geotaktischen Grundorientierung wirksamen Vorgänge dar (Abb. 102). Die eintreffenden Lichtreize werden in einem Integrationszentrum (*IZ*) nach Raumrichtung und Stärke bewertet und verglichen, von dort sowie von der primären Verarbeitung der Schwerereize aus den Statorezeptoren (*StR*) werden Drehtendenzen zum Lagezentrum (*LZ*) übertragen, die dort in Drehimpulsströme an den Koordinationsmechanismus (*KM*) der Beinbewegungen umgewandelt werden. Der Koordinationsmechanismus schließlich organisiert die Umsetzung der vom Lagezentrum eintreffenden asymmetrischen Dreherregungen in koordinierte Muskelbewegungen, die eine Drehung des Tieres bewirken. Jander [16] unterscheidet bei der Grundorientierung zum Licht die Archifototaxis, die nur die Intensität berücksichtigt, die Profototaxis, die sich nach Intensität und Richtung der Lichtquellen richtet, und die Metafototaxis, bei der sich nur die Richtung eines Lichtreizes auf die Orientierungsreaktion auswirkt. Nur einige, meist hoch entwickelte Insektenordnungen verfügen über die Metafototaxis, z. B. die Hautflügler, Käfer, Schmetterlinge, Fliegen, Wanzen, Libellen.

Bei der Lichtkompaßorientierung (Menotaxis) wird die Grundorientierung durch ein endogenes Drehkommando modifiziert, welches zusätzlich zu den Dreh-

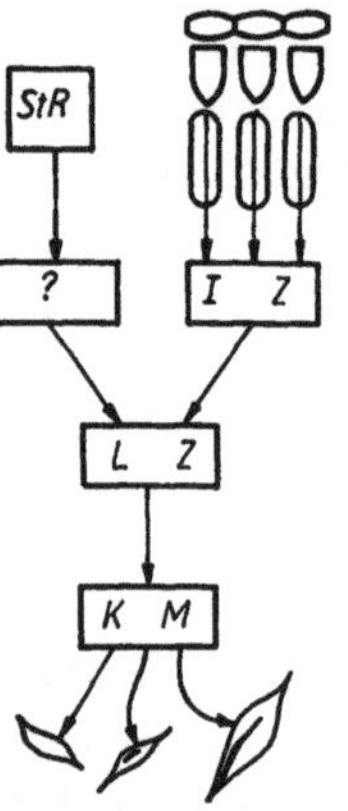

Abb. 102. Schema der Erregungswege bei der phototaktischen und geotaktischen Grundorientierung. Erklärung im Text. Aus Jander [15], S. 194, Abb. 23.

tendenzen aus den optischen und statischen Integrationszentren dem Lagezentrum zufließt. Diese endogen erzeugte Dreherregung kompensiert die bei Abweichung von einer Grundorientierungsrichtung auftretenden exogenen Drehtendenzen entsprechend einer Führungsgrößenaufschaltung im Regelkreis. Das Drehkommando ließ sich experimentell nach Ausschalten der orientierenden Lichtquelle sichtbar machen: Bei menotaktischer Fixation im vorderen Winkelbereich (bis 90° von der mediosagittalen Ebene) bewirkte das Drehkommando nach Abschalten der Lichtquelle eine Wendung von der ursprünglichen Lichtquelle weg, bei Fixation im hinteren Winkelbereich (zwischen 90° und Indifferenzstelle) zur erloschenen Lichtquelle hin, also in beiden Fällen entgegengesetzt zur weggefallenen Drehtendenz der positiven bzw. negativen Fototaxis. Die Verteilung der Dreherregungen in Abhängigkeit von der Reizrichtung und die Verschiebung der Fixier- bzw. Indifferenzstelle durch eine endogene kompensierende Dreherregung bei der menotaktischen Orientierung ist in Abb. 103 dargestellt.

Eine weitergehende theoretische Interpretation der Menotaxis stellt die von Mittelstaedt [29, 30] entwickelte Bikomponententheorie dar. Sie fordert außer der dem Sinus der Abweichung proportionalen afferenten Variablen noch eine dem Cosinus proportionale. Das Drehkommando beeinflußt nach dieser Theorie stets beide Variable, indem es die eine fördert und in gleichem Maße die entgegen-

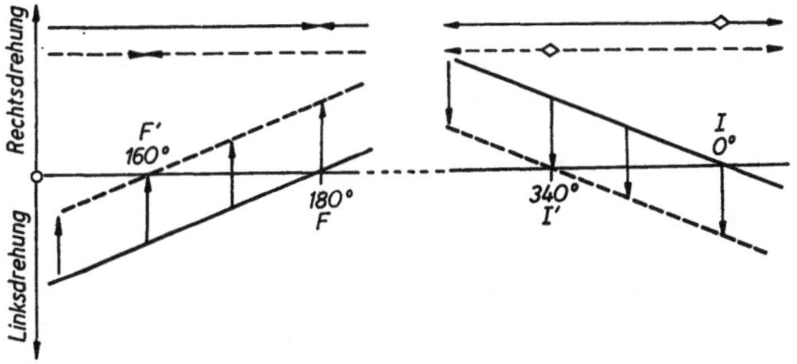

Abb. 103. Die Verschiebung der Fixierstelle von F nach F' und der Indifferenzstelle von I nach I' durch eine zusätzliche kompensierende Dreherregung (senkrechte Pfeile). Abszisse: Richtungswinkel bezogen auf die Laufrichtung. Ordinate: Stärke und Drehsinn der Reaktion bei Reizung unter den betreffenden Richtungswinkeln. Ausgezogene Kurven: Drehtendenzverteilungen der negativen Phototaxis um die Fixier- und die Indifferentenstelle (F und I). Gestrichelte Kurven: Die aus den Überlagerungen mit den zusätzlichen Dreherregungen resultierende Verteilung der Dreherregungen. Waagerechte Pfeile: Wanderungsrichtung der Reize über das Auge bei Reizung in den auf der Abszisse darunter angegebenen Richtungen. Obere Pfeile vor, untere nach der Überlagerung. Übernommen aus JANDER [15], S. 215, Abb. 33.

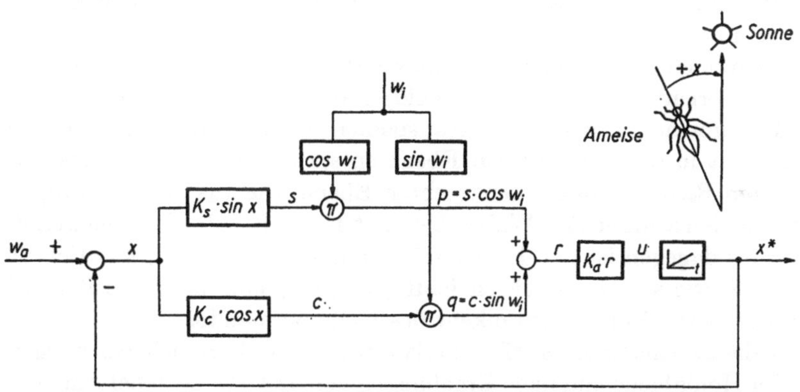

Abb. 104. Signalflußplan der Bikomponentenmodulation. w_a äußere Führungsgröße (jeweiliger Sonnenstand, bezogen auf ein gewähltes Koordinatensystem); w_i innere Führungsgröße (Drehkommando); x Abweichung der Sonne vom Tier, nach links $= -$, nach rechts $= +$; $x^* = -x$ durch jeweiligen Sonnenstand und Drehkommando bestimmte Stellung des Tieres (Regelgröße); s, c Sinus- und Cosinuskomponenten des Lichtwinkels; p, q dieselben nach reziproker Modulation durch w_i; r Drehtendenz; u Drehgeschwindigkeit des Insekts relativ zum Untergrund, deren Integration zu x^* führt; k_a, k_c und k_s sind Konstanten. Nach MITTELSTAEDT [29], etwas erweitert.

gesetzte unterdrückt („reziproke Modulation"). Die Drehtendenz r hängt nach der Bikomponententheorie von der Abweichung x aus der Grundstellung und dem Drehkommando w in folgender Weise ab:

$$r = k_s \cdot \sin x \cdot \cos w + k_c \cdot \cos x \sin w .$$

k_s und k_c sind experimentell zu bestimmende Koeffizienten. Das entsprechende Wirkungsgefüge ist in Abb. 104 dargestellt.

Daß die kompensierende Dreherregung der positiven oder negativen Fototaxis der Grundorientierung entgegenwirken muß, wird anhand der „Anfangsfehler" deutlich; d. h. in den ersten Minuten der Ausbildung der menotaktischen Orientierung zu einem Zielort tendieren Rote Waldameisen bei Fixation der orientierenden Lichtquelle im vorderen Winkelbereich zum Licht hin (also im Sinne der positiven Fototaxis), bei Fixation im hinteren Winkelbereich dagegen vom Licht weg (im Sinne der negativen Fototaxis). Diese Taxiskomponenten werden anfangs noch nicht vollständig kompensiert.

Die Determination der menotaktischen Fixierstelle erfolgt durch die Wahrnehmung der optischen Reizfolge, z. B. der Richtungsänderung des Reizes in der Zeit. JANDER [15] konnte zeigen, daß bei der Determination außer der Reizrichtung auch die Einwirkdauer der Reize verrechnet wird, und daß bei alternierender Reizung mit zwei Lichtquellen eine Augenstelle Fixierstelle werden kann, die von keiner der beiden Lichtquellen gereizt worden war (vgl. Abb. 105B, C). Im Gegensatz zur Grundorientierung werden hierbei die Winkel der Reizrichtungen nicht nach ihrem Sinus bewertet, sondern sie gehen direkt in die Verrechnung ein.

Die Fotomenotaxis (Lichtkompaßorientierung) kann in eine Geomenotaxis (Kompaßorientierung im Schwerefeld) transponiert werden und umgekehrt. Bei der Honigbiene ist dieser sog. Transponierschlüssel eindeutig, d. h. die Richtung zum Licht in der horizontalen Ebene entspricht der zur Schwerkraft entgegengesetzten Richtung in der senkrechten Ebene, wie aus der Richtung der Bienentänze an den senkrechten Waben bekannt ist (z. B. [5]). Bei Ameisen der Gattung *Myrmica* dagegen ist der Transponierschlüssel nach VOWLES (zitiert in 15) zwei- bis vierdeutig auf Grund gleich häufiger Transponierung in positive wie negative Geotaxis sowie Vorzeichenumkehr des Drehkommandos.

Die beliebig einstellbaren Menotaxiswinkel verändern sich bei einigen Insekten, wie der Honigbiene und nach Ergebnissen von JANDER auch bei Ameisen, synchron und genau gegenläufig zu dem Ortswechsel der Gestirne, so daß eine richtungsbeständige Orientierung im Laufe des Tages erreicht wird. Ameisen müssen diese Einberechnung des Ganges der Gestirne wahrscheinlich individuell erlernen. Diese astronomische Orientierung ist bei vielen Wirbeltieren hervorragend ausgebildet, was abschließend am Beispiel der astronomischen Sonnenkompaßorientierung der Eidechsen [1] gezeigt werden soll.

Smaragdeidechsen, Ruineneidechsen und Mauereidechsen mußten in einer runden Versuchsarena nach einer warmen Stelle suchen, auf die sie unter einem bestimmten Stand (Azimut) einer künstlichen Lichtquelle jeweils stets zur gleichen Tages-

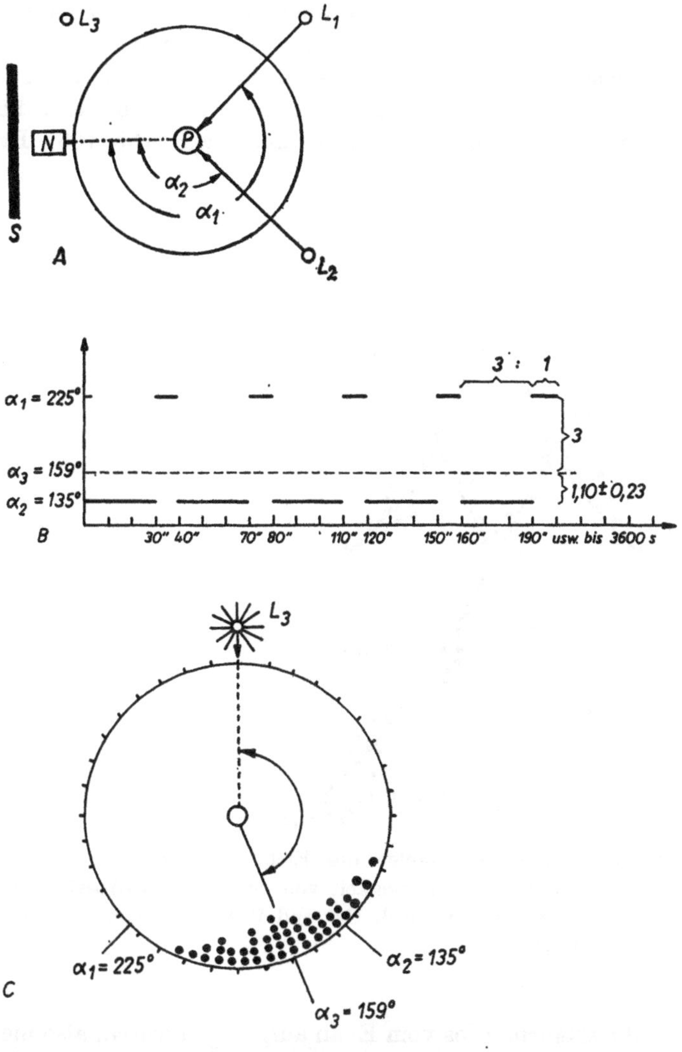

Abb. 105 A, B, C. Die Beziehung zwischen künstlicher Reizfolge und Determinationsort der Fixierstelle. *A* Versuchsanordnung und Winkelmessung. Zwei gerade Pfeile kennzeichnen die Richtungen der Reizlichter L_1 und L_2 (kleine Kreise) während der Dressur, L_3 ist das Prüflicht nach der Dressur. *N* Nest; *P* Puppen; *S* schwarze Scheibe. α_1 und α_2 sind die Richtungswinkel der zurückkehrenden Ameisen zu den L_1 und L_2. *B* Beispiel für eine künstliche Reizfolge. Abszisse: Reizzeit, Ordinate: Reizrichtungen, gemessen wie in Diagramm *A*. Waagerecht liegende Balken bedeuten die Reizzeiten von L_1 und L_2 während der Dressur. α_3 ist der freigewählte Richtungswinkel der Ameisen in bezug auf das Prüflicht L_3 nach der Dressur. *C* Laufrichtungen einer Schar Ameisen nach der Dressur durch die in *B* wiedergegebene Reizfolge. Übernommen aus Jander [15], S. 206, Abb. 30 A—C.

zeit dressiert worden waren. Wurde die Lichtquelle zu einer anderen Tageszeit dem natürlichen Sonnengang auf der Nordhalbkugel entsprechend verrückt, so legten sich die Eidechsen genau dort in der Arena nieder, wo die warme Stelle bei Einberechnung der Sonnenwanderung zu erwarten war, auch wenn diese Stelle jetzt nicht erwärmt wurde (unbelohnte Testwahlen, vgl. Abb. 106). Das gelang

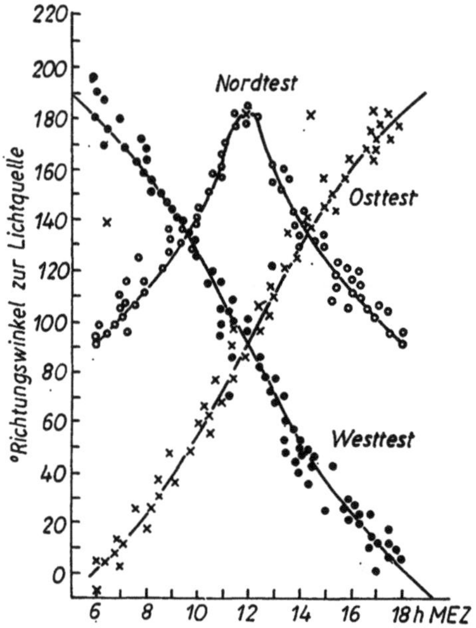

Abb. 106. Unbelohnte Testwahlen des Richtungswinkels zu einer künstlichen Lichtquelle (Ordinate) in Abhängigkeit von der Ortszeit (Abszisse) bei drei Eidechsen nach Dressur auf Nord, Ost und West. Übernommen aus BIRUKOW et. al. [1], S. 219, Abb. 2.

auch mit Tieren, die erfahrungslos vom Ei an aufgezogen waren, also nie in ihrem Leben den natürlichen Tagesgang der Sonne gesehen hatten. Diese Tiere waren in der Lage, aus drei Punkten der Sonnen-Azimutkurve (vgl. Abb. 107a, b, c), die ihnen bei der Dressur auf eine bestimmte Himmelsrichtung zu verschiedenen Tageszeiten mittels der künstlichen Lichtquelle geboten wurden, den gesamten Verlauf der Azimutkurve über 12 Stunden zu extrapolieren. Die Tiere „kennen" demnach angeborenermaßen den azimutalen Verlauf der Sonnenbahn, sie „wissen", daß die Sonne bzw. Lichtquelle von Ost nach West im Uhrzeigersinn läuft und auch, daß dabei die Winkelgeschwindigkeit um Mittag größer ist als früh und abends. Nachts rechnen sie die Weiterwanderung der künstlichen Sonne im Uhrzeigersinn ein, obwohl sie in ihrem natürlichen Lebensraum nie die Mitternachtssonne sahen. Sie lassen sich auch auf einen Verlauf der Sonnenbahn entgegen

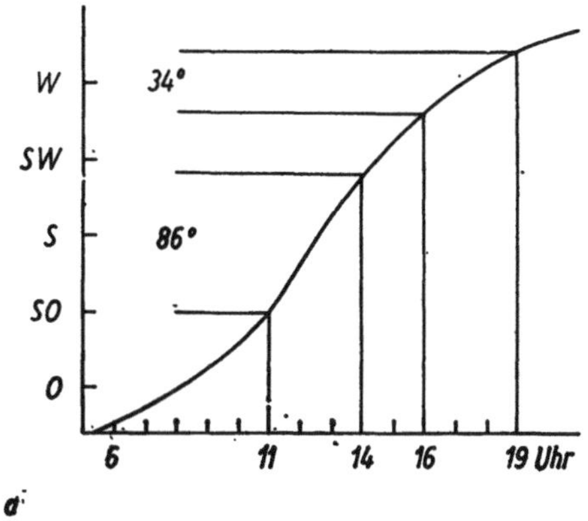

Abb. 107 a. Azimutkurve der Sonne Ende Juni in Freiburg i. B. Abszisse: Tageszeit, Ordinate: Himmelsrichtung. Man vergleiche die Richtungsänderung für je drei Stunden mittags und abends.

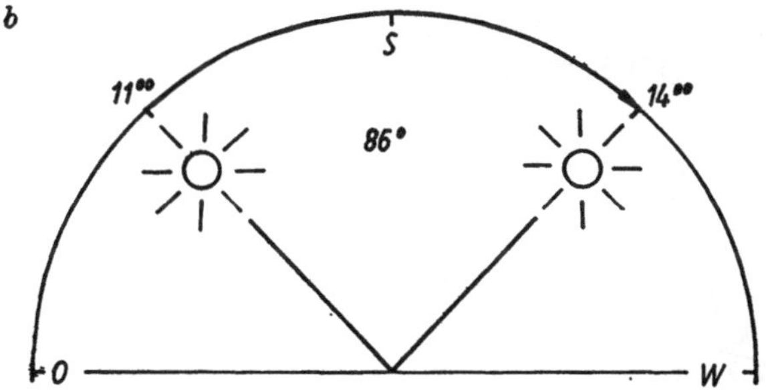

Abb. 107 b. Sonnenstellung Ende Juni um 11⁰⁰ und 14⁰⁰ Uhr,

dem Uhrzeigersinn dressieren, wie er auf der Südhalbkugel zu finden ist, aber sie fallen dabei häufig spontan in den Uhrzeigersinn der Nordhalbkugel zurück, d. h. sie tendieren mehr zu einer Einrechnung der in unseren Breiten richtigen Wanderungsrichtung.

Die Tiere können den Dressurort von jedem beliebigen Punkt der Arena ohne Kenntnis des jeweiligen Weges finden. Sie bedienen sich dazu offenbar einer „Zwei-Koordinaten-Ortung“, was folgendes Experiment nahelegt: Eine Ruineneidechse wird in einer runden Arena von 80 cm ⌀ auf einen konstanten Winkel von 90° zur Lichtquelle dressiert. In einer größeren Arena von 2 m ⌀ wählte sie im Mittel einen Winkel von 76° zur Lichtquelle (Abb. 108). In beiden Fällen ist der Winkel zwischen der Lichtquelle und dem Arenaradius des Dressurorts gleich, d. h. diese beiden Koordinaten (Lichtrichtung und Radius des Orts) müssen ermittelt und aufeinander bezogen worden sein. Das setzt unter anderem eine genaue Kenntnis der räumlichen Beziehungen in der Arena voraus, die vom

c

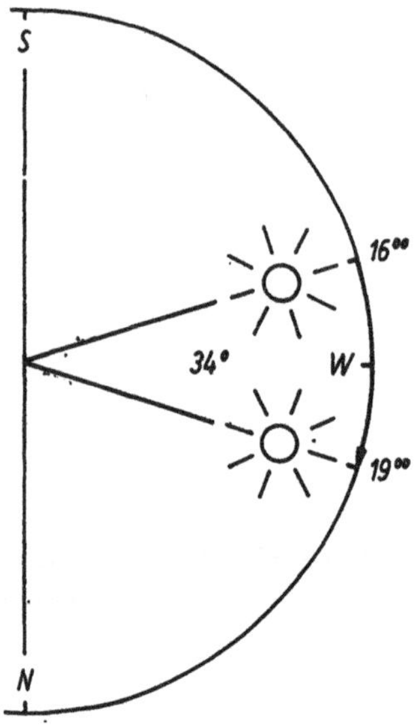

Abb. 107 c. das gleiche um 16^{00} und 19^{00} Uhr.
Übernommen aus Jander [17], S. 321, Abb. 5a, b, d

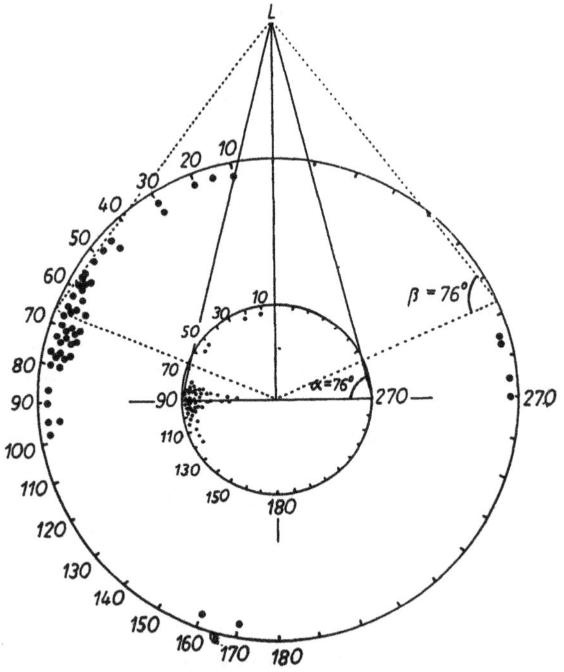

Abb. 108. Unbelohnte Richtungswahlen einer Ruineneidechse in der großen (⌀ = 2 m) und in der kleinen (⌀ = 0,8 m) Versuchsarena nach der winkeltreuen Dressur in der kleinen Arena. *L* Standort der Lichtquelle. Weitere Erklärungen im Text. Übernommen aus Birukow et. al. (1), S. 229, Abb. 10.

Tier im Laufe der Versuche erworben wird. Bei einer plötzlichen Versetzung in eine quadratische Arena versagt daher der auf eine runde Arena geeichte Ortungsmechanismus.

Im letzten Experiment erscheint bereits die Fähigkeit zur Koordinatenorientierung oder Navigation (nach JANDER [17]) in räumlich bescheidenem Maße. In viel größeren räumlichen Dimensionen beherrschen viele Vogelarten diese Fähigkeit, ihre augenblickliche geographische Position zu bestimmen und mittels einer astronomischen Kompaßorientierung ihr jeweiliges Ziel direkt anzusteuern. Die dem Vogel dazu nötigen Meßwerte und ihre Verrechnung sind bisher immer noch nicht genügend bekannt.

In den letztgenannten Beispielen nicht abgeschlossener Beschreibungen funktioneller Mechanismen treten komplexere nervöse Integrationsleistungen in Form von angeborenen oder erlernten Verhaltensweisen immer stärker in den Vordergrund und begründen die Schwierigkeiten beim Versuch einer geschlossenen Darstellung. Diese Beispiele sollen überleiten zur Verhaltensforschung einerseits [25, 33, 34] und zur modernen Experimentalpsychologie andererseits [19, 20, 41]. Es ist zu erwarten, daß in beiden Gebieten die biokybernetische Behandlungsweise zur adäquaten Beschreibung der komplizierten funktionellen Systeme wesentlich beitragen wird.

9.7. Optische Größenkonstanz beim Menschen

Beispiele für die unbewußte Informationsverarbeitung des Menschen im psychophysischen Bereich sind die Konstanzphänomene. So bezeichnet man die wahrnehmungsmäßige Konstanz von anschaulichen Eigenschaften wie Größe, Lage, Farbe, Helligkeit und Form von Sehdingen trotz Änderung der zugehörigen Reizgrößen. Die dabei vom wahrnehmenden System vorgenommene Informationsverzerrung in bezug auf die ursprüngliche Reizinformation kann als zentralnervöser Korrekturmechanismus im Dienste einer biologisch „richtigeren“ Abbildung der Außenwelt im wahrnehmenden Subjekt aufgefaßt werden. Und zwar handelt es sich um eine Reduktion jener Information, die für den Wahrnehmenden überflüssig oder verwirrend wäre. Das soll am Beispiel der Größenkonstanz bei der optischen Wahrnehmung deutlich werden.

Es ist bekannt, daß ein Gegenstand bestimmter Größe in unterschiedlichem Abstand vom Auge nicht unterschiedlich groß gesehen, sondern trotz Größenänderung des von ihm erzeugten Netzhautbildes als der gleiche Gegenstand von ähnlichen aber größeren oder kleineren Gegenständen wohl unterschieden wird. Bereits HERING erkannte, daß die Konstanzleistung der optischen Wahrnehmung mit der Nah- bzw. Ferneinstellung des Auges, also mit dem Akkommodationsmechanismus verbunden ist. So erscheint das von einem leuchtenden Gegenstand erzeugte Nachbild bei Naheinstellung des Auges kleiner (Mikropsie), bei Ferneinstellung größer (Makropsie) als zuvor.

Man kann Versuchspersonen zwei formgleiche Objekte veränderlicher Größe, z. B. zwei gleichschenklige und gleichwinklige Dreiecke, in der Weise darbieten, daß das eine im festen Abstand von 1 m bei konstanter Größe verbleibt, das andere zwischen diesem und dem Auge in Größe und Abstand variabel eingestellt wird [10, 11, 18]. Die Versuchspersonen sollen nun das vordere Dreieck bei ihnen unbekanntem Abstand auf gleiche Größe wie das hintere einstellen. Wenn die Größe der Objekte nur nach deren Größe auf der Netzhaut des Beobachters beurteilt würde, müßte sich bei nicht zu großem Gesichtswinkel ein Zusammenhang zwischen Entfernung und eingestellter Größe des vorderen Dreiecks ergeben, wie er in Abb. 109 in der Geraden *b* dargestellt ist. Wird hingegen, wie bei idealer

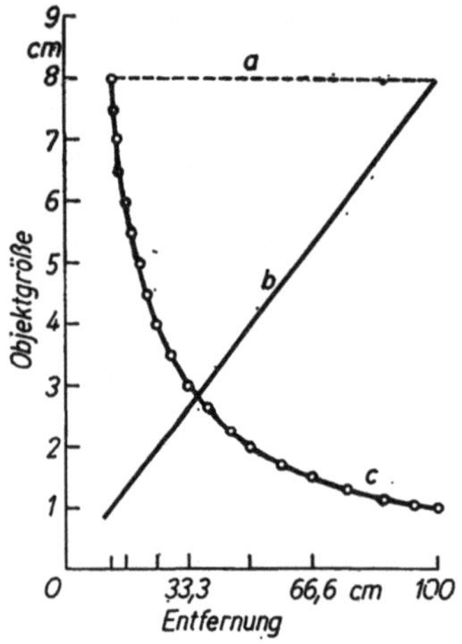

Abb. 109. Beziehungen zwischen Objektgröße und Netzhautbildgröße bei veränderlichem Abstand des Objekts. Weitere Erklärung im Text. Entnommen aus [18], S. 228, Abb. 4.

Größenkonstanz der Wahrnehmung, auf wirklich gleiche Größe eingestellt, dann ergibt sich die Gerade *a*, wobei das Netzhautbild bei Annäherung des vorderen Dreiecks proportional der Kurve *c* anwächst. (Die Beeinflussung der Netzhautbildgröße durch den Akkommadationsvorgang ist hierbei nicht berücksichtigt.) Diese Zunahme der Netzhautbildgröße muß von dem der Größenkonstanz zugrunde liegenden nervösen Mechanismus kompensiert werden. Die experimentellen Ergebnisse sind in Abb. 110 wiedergegeben. Sie lassen deutlich erkennen, daß im untersuchten Entfernungsbereich von 1 m tatsächlich eine recht genaue Größenkonstanz der Wahrnehmung vorliegt, die binokular um einen gleichbleibenden Betrag besser ist als monokular. Am deutlichsten zeigt sich die Leistung der Wahrnehmungskonstanz bei der kürzesten Entfernung. Bei visierendem Größenvergleich mittels gleich großer Netzhautbilder dürfte das vordere Dreieck dann nur 1 cm hoch sein, um gleich groß wie das hintere zu er-

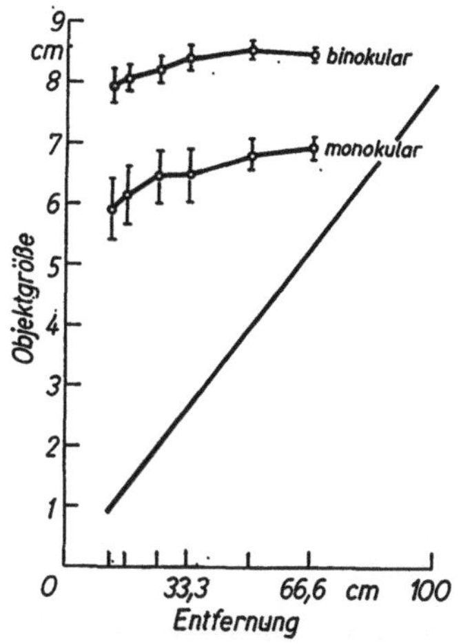

Abb. 110. Die im freien Schauen als gleichgroß eingestellten Höhen eines in Größe und Entfernung variablen Dreiecks im Vergleich mit einem kongruenten Dreieck von 8 cm Höhe in 1 m Entfernung bei binokularer und monokularer Betrachtung. Die eingetragenen Werte sind Mittelwerte mit Streuung der Mittelwerte. Die Gerade gibt die Lage der theoretisch zu erwartenden Einstellung an, wenn identische Netzhautbildgröße für den Größenvergleich entscheidend wäre. Die wirklichen Einstellungen liegen eher parallel einer Horizontalen, wie sie in Abb. 109 zur Charakterisierung idealer Größenkonstanz der optischen Wahrnehmung dargestellt ist. Entnommen aus [18], S. 229, Abb. 5).

scheinen; die Kompensation bei binokular freischauendem Größenvergleich läßt einen achtfach größeren Wert einstellen und erreicht damit die objektive Größe des Vergleichsobjekts.

In welchem Maße Akkommodation und Konvergenz an der Größenkonstanz der Wahrnehmung beteiligt sind, läßt sich z. B. mit Hilfe von vor die Augen gesetzten Lochblenden prüfen. Dadurch wird der Anreiz zur Akkommodation ausgeschaltet, denn das Objekt wird in allen Entfernungen ohne Nachregulierung scharf gesehen. Es stellte sich unter diesen Bedingungen heraus, daß die im Experiment gewonnenen Einstellungen bei den verschiedenen Entfernungen oberhalb der Geraden *b* (Abb. 109 und 110) verlaufen, d. h. die Größe des Netzhautbildes wird bei Entfernungsänderungen für die Wahrnehmung nicht kompensiert und bestimmt allein den Eindruck „gleich groß". Weiterhin ließ sich feststellen, daß der nervöse Mechanismus bei der Akkommodation die Größe des Netzhautbildes für die Wahrnehmung proportional mit der Blicknäherung kompensiert, während beim Vergleich zwischen ein- und beidäugig eingestellten Werten kein proportionaler Kompensationsanteil der Konvergenz an der Größenwahrnehmung vorhanden ist.

Im Blockschaltbild (Abb. 111) soll das Wirkungsgefüge der Größenkonstanz der optischen Wahrnehmung beim Menschen zusammenfassend dargestellt werden.

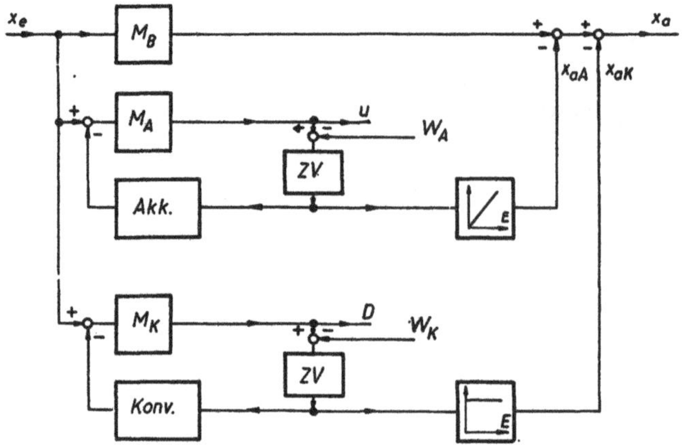

Abb. 111. Blockschaltbild zur Größenkonstanz der optischen Wahrnehmung beim Menschen. Weitere Erklärung im Text.

Die adäquate Eingangsgröße X_e ist eine Änderung der Netzhautbildgröße. Diese kann entweder auf Grund von Abstandsänderungen zwischen Gegenstand und Auge entstehen oder auf Grund tatsächlicher Objektgrößenänderungen. Im letzteren Falle wird in M_B die veränderte Bildgröße auf der Netzhaut gemessen, und diese Meldung wird dann unkompensiert zur Ausgangsgröße X_a, also zur subjektiv wahrgenommenen Änderung der Objektgröße. Aber in allen den Fällen, in denen sich die Netzhautbildgröße auf Grund von Abstandsänderungen des gesehenen Gegenstandes ändert, wird das Eingangssignal zugleich zur Regelgröße für zwei Regelkreise. In dem einen Regelkreis wird durch Meßglied M_A die auf Grund der Abstandsänderung sich ergebende Unschärfe *U*, also die Zunahme der Zerstreuungskreise auf der Netzhaut erfaßt; von der zentralen Verarbeitung *ZV* wirkt ein Stellbefehl mit umgekehrtem Vorzeichen an den Akkommodationsmuskel (*Akk*) der Unschärfe entgegen. Ein Signal X_{aA} über die Größe dieses Stellbefehls an den Akkommodationsmuskel wird der nervalen Entsprechung des Eingangssignals gegengeschaltet. Die Größe dieses Signals X_{aA} ist proportional dem Betrag der erforderlichen Akkommodationsinnervation.
In dem anderen Regelkreis wird vom Meßglied M_K das Auftreten von Doppelbildern *D* bei binokularer Fixation erfaßt. Durch die von der zentralen Verarbeitung *ZV* veranlaßten Konvergenzbewegungen der äußeren Augenmuskeln (Konv.) werden Objekte, die durch Abstandsänderung auf querdisparate Netzhautstellen geraten sind, wieder auf identische Netzhautstellen abgebildet. Wenn ein solcher korrigierender Stellbefehl bei binokularer Fixation an die äußeren Augenmuskeln erfolgt, wird ein Signal X_{aK} dem Eingangssignal gegengeschaltet. Die Größe dieses Signals ist trotz Änderung des Konvergenzbetrages praktisch konstant, solange ein binokularer Konvergenzanreiz vorhanden ist.
Die aus den beiden Regelkreisen der in M_B gemessenen Netzhautbildgröße gegengekoppelten Signale X_{aA} und X_{aK} bewirken, daß alle Fehlinformationen über

Größenänderungen eliminiert werden, die durch Abstandsänderungen entstehen können. Das im Blockschaltbild dargestellte Wirkungsgefüge kann dementsprechend auch als Filter bezeichnet werden, das nur reine Größenänderungen des Objekts durchläßt.

Die in die beiden Regelkreise eingreifenden Führungsgrößen w_A und w_K kennzeichnen die Möglichkeit, daß man willkürlich die Akkommodations- und Konvergenzstellung beeinflussen kann. Werden willkürliche Stellbefehle an das z. B. durch Pharmaka bewegungslos gemachte Auge erteilt, so wird die Größe des Netzhautbildes des soeben betrachteten Gegenstandes dadurch für die Wahrnehmung verändert, obwohl keine Änderung der Objektgröße erfolgt. Diese Erscheinung ist als Mikropsie (bei Naheinstellungstendenz) bzw. Makropsie (bei Ferneinstellungstendenz) bekannt und ergibt sich auch zwanglos aus dem Blockschaltbild.

Literatur

1. Birukow, G., K. Fischer und H. Böttcher: Die Sonnenkompaßorientierung der Eidechsen. Ergebnisse der Biologie **26** (1959), 216—234.
2. Dallos, P. J., and R. W. Jones: Learning Behavior of the Eye Fixation Control System. JEEE Trans. Automatic Control AC-8 (1963) July, No. 3, 218—227.
3. Drischel, H.: Über den fixationsregelnden Apparat des menschlichen Auges. In: Regelungsvorgänge in lebenden Wesen, R. Oldenbourg, München (1961), 141—160.
4. Fischer, M. H., und A. E. Kornmüller: Optokinetisch ausgelöste Bewegungswahrnehmungen und optokinetischer Nystagmus. J. f. Psychologie u. Neurologie **41** (1930), 279—308.
5. Frisch, K. v.: Aus dem Leben der Bienen. Springer-Verlag Berlin—Göttingen—Heidelberg 1963.
6. Hassenstein, B.: Über die Wahrnehmung der Bewegung von Figuren und unregelmäßigen Helligkeitsmustern. Z. vergl. Physiol. **40** (1958), 556—592.
7. Hassenstein, B.: Die bisherige Rolle der Kybernetik in der biologischen Forschung. II. Forschungsbeispiele aus der biologischen Kybernetik. Naturw. Rdsch. **13** (1960), 373—382.
8. Hassenstein, B.: Kybernetik und biologische Forschung. In: Handbuch der Biologie, Hrsg. F. Gessner, Lieferung 206—210, Bd. I, H. 26—30 (1966), 629—719.
9. Hassenstein, B., und W. Reichardt: Systemtheoretische Analyse der Zeit-, Reihenfolge- und Vorzeichenauswertung bei der Bewegungsperzeption des Rüsselkäfers *Chlorophanus*. Z. Naturforsch. **11b** (1956), 513.
10. Holst, E. v.: Die Beteiligung von Konvergenz und Akkommodation an der wahrgenommenen Größenkonstanz. Naturwissenschaften **15** (1955), 444.
11. Holst, E. v.: Ist der Einfluß der Akkommodation auf die gesehene Dinggröße ein „reflektorischer" Vorgang? Naturwissenschaften **15** (1955), 445.
12. Holst, E. v.: Die Tätigkeit des Statolithenapparates im Wirbeltierlabyrinth. Naturwiss. **37** (1950), 265—272.

13. Holst, E. v.: Die Arbeitsweise des Statolithenapparates bei Fischen. Z. f. vergl. Physiol. **32** (1950), 60—120.

14. Holst, E. v., und H. Mittelstaedt: Das Reafferenzprinzip. Naturwiss. **37** (1950), 464—476.

15. Jander, R.: Die optische Richtungsorientierung der Roten Waldameise (*Formica Rufa L.*) Z. f. vergl. Physiol. **40** (1957), 162—238.

16. Jander, R.: Grundleistungen der Licht- und Schwereorientierung von Insekten. Z. f. vergl. Physiol. **47** (1963), 381—430.

17. Jander, R.: Die Hauptentwicklungsstufen der Lichtorientierung bei den tierischen Organismen. Naturwiss. Rdsch. **18** (1965), 318—324.

18. Kirmse, W.: Messende Versuche über die Größenkonstanz bei der optischen Wahrnehmung. Z. f. Psychologie **170** (1964), 224—241.

19. Klix, F. (Hrsg.): The Organization of Human Information Processing. Symposiumsbericht vom XVIII. Internationalen Kongreß für Psychologie, Moskau 1966, Berlin 1967.

20. Klix, F.: Kybernetische Analysen geistiger Prozesse. Berlin 1968.

21. Kornmüller, A. E.: Eine experimentelle Anästhesie der äußeren Augenmuskeln am Menschen und ihre Auswirkungen. J. f. Psychologie u. Neurologie **41** (1930), 354—366.

22. Lässig, P.: Zur Struktur des Augenfolge- und Fixationssystems des Menschen unter regelungstechnischen Gesichtspunkten mit Berücksichtigung des Reafferenzprinzips. EIK 3 (1967), 157—170.

23. Lässig, P.: Kritische Bemerkungen zur Untersuchung des Augenfolgesystems mit nichtvorhersagbaren Bewegungen des Zielobjekts. Acta biol. med. german. **14** (1965), 618—629.

24. Lässig, P., und W. Kirmse: Beispiele für regelungstechnische Grundprinzipien der Raumorientierung bei Lebewesen. Biol. Rdsch. **6** (1968), 260—270.

25. Lorenz, K.: Über tierisches und menschliches Verhalten. Gesammelte Abhandlungen, Bd. I u. II, München 1965.

26. Mittelstaedt, H.: Telotaxis und Optomotorik von Eristalis bei Augeninversion. Naturwiss. **36** (1949), 90—91.

27. Mittelstaedt, H.: Zur Analyse physiologischer Regelungssysteme. Verh. Dtsch. Zool. Ges. Wilhelmshaven (1951), 150—157.

28. Mittelstaedt, H.: Regelung und Steuerung bei der Orientierung von Lebewesen. Regelungstechnik **2** (1954), 226—232.

29. Mittelstaedt, H.: Bikomponenten—Theorie der Orientierung. Ergebnisse d. Biologie **26** (1963), 253—258.

30. Mittelstaedt, H.: Grundprobleme der Analyse von Orientierungsleistungen. Jahrbuch 1966 der Max-Planck-Gesellschaft zur Förderung der Wissenschaften, 121—151.

31. Schober, H.: Das Sehen. Band II, Fachbuchverlag GmbH, Leipzig 1954, 463—464.

32. Stark, L., G. Vossius, and L. R. Young: Predictive Control of Eye Tracking Movements. IRE Trans. Human Factors in Electronics, HFE-2 (1962), No. 2, 52—57.

33. Tembrock, G.: Grundlagen der Tierpsychologie. WTB, Reihe Biologie und Landwirtschaftswissenschaften, Band 4, Berlin 1963.

34. Tinbergen, N.: Instinktlehre. 4. Aufl. 1966, Berlin und Hamburg.

35. Trendelenburg, W.: Der Gesichtssinn· 2. Aufl., Springer-Verlag, Berlin—Göttingen—Heidelberg, 1961, 262—268.

36. Tsien, H. S.: Technische Kybernetik. Berliner Union Suttgart, VEB Verlag Technik Berlin, 1958, 160.

37. VOSSIUS, G.: Das System der Augenbewegung. Z. Biol. **112** (1960), 27—57.
38. WHITTERIDGE, D.: Central Control of Eye Movements. Handbook of Physiology. Sect. 1: Neurophysiology. Vol. II (Editor-in Chief: J. FIELD, Section editor: H. W. MAGOUN, Executive editor: V. E. HALL), 1960 Chapter XLII, 1089—1109.
39. YOUNG, L. R.: A sampled Data Model for Eye Tracking Movements. IFAC Kongreß Basel, August **1963**, Butterworth Ltd., London (1964).
40. YOUNG, L. R. und L. STARK: Ein Abtastmodell für Augenfolgebewegungen. Regelungstechnik **11** (1963), 148—151.
41. Symposion: Psychologische Probleme kybernetischer Forschung. In: Z. f. Psychologie **171** (1965).

10

REZEPTORFUNKTIONEN: INFORMATIONSAUFNAHME UND -WEITERLEITUNG IN TIERISCHEN ORGANISMEN

10.1. Einleitung

Charakteristisch für den lebenden Organismus ist seine Eigenschaft, sich mit einer variablen Umwelt auseinanderzusetzen. Grundlage dieser Fähigkeit ist die Aufnahme von Informationen über den physikalischen Zustand der Umgebung, deren Verarbeitung letztlich zu einer auf die Umwelt rückwirkenden Reaktion des Organismus führt (Abb. 112). Auf diese Weise entsteht eine geschlossene Kreisrelation, für deren Analyse kybernetische Methoden geeignet sind.

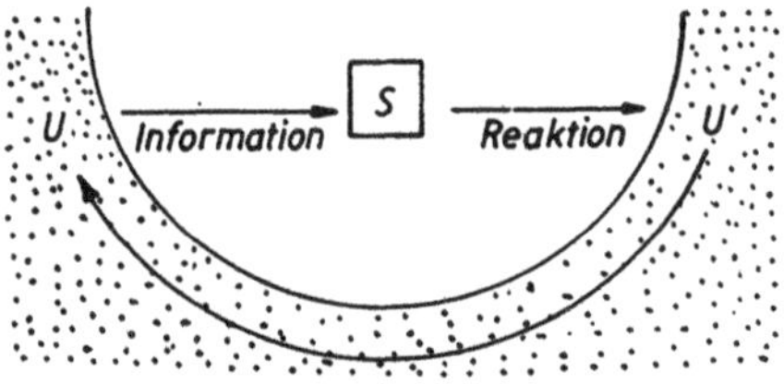

Abb. 112. Wechselbeziehungen zwischen dem System „tierischer Organismus" (S) und seiner Umgebung (U, U'). Von S werden Informationen über den physikalischen Zustand von U aufgenommen. Nach Verarbeitung dieser Information durch S kann S eine Reaktion ausführen, die den Zustand von U in U' abändert; der physikalische Zustand von U' wird zur Informationsquelle für S.

In diesem Kapitel wird nur auf einen Zweig dieser Kreisrelation eingegangen werden, auf den von der Umwelt zum Organismus hin gerichteten Informationsfluß. Zu seiner Kennzeichnung benutzen wir vier Parameter:

1. Die Art der die Information tragenden Energie (z. B. mechanische, elektromagnetische oder chemische Energie),
2. die Intensität der unter 1. aufgeführten Energieart,
3. die Abhängigkeit dieser Intensität von der Zeit,
4. die Verteilung dieser Intensität im Raum.

Führt die von der Umwelt auf den Organismus einfallende Information zu einer erkennbaren Reaktion des letzteren, so nennen wir sie „Umweltreiz" oder kurz auch „Reiz". In diesem Zusammenhang können wir die vier Parameter der

Information auch als „Reizparameter" (Reizqualität, Reizquantität oder -intensität, Abhängigkeit der Reizintensität von Zeit und Raum) bezeichnen.
Um die Übertragungseigenschaften des „Systems tierischer Organismus" kennenlernen, wird der Experimentator die auf Abb. 112 gezeigte Kreisrelation so auftrennen, daß die die Umwelt verändernde Rückwirkung des Systems vermieden wird. Die natürliche Umgebung des Systems wird durch eine künstliche ersetzt, in der die aufgeführten vier Reizparameter bekannt sind. Ist es im Experiment möglich, alle Reizparameter konstant zu halten und einen dieser Parameter in Form eines Testsignals zu variieren (s. Kap. 3.4.3.), so liefert eine Aufzeichnung der Systemreaktion auf das vorgegebene Eingangssignal Hinweise für das Verhalten der Übertragungsfunktion hinsichtlich des einen, getesteten Reizparameters. Derartige („verhaltensphysiologische") Experimente haben nicht nur Aussagen über die für den Informationsfluß notwendigen Mindestenergien („Schwellenreize") geliefert, sie erlauben vielmehr auch Aussagen über die dem System zugrundeliegenden informationsverarbeitenden Prinzipien (s. z. B. Kap. 9.).
Wenn wir uns auf denjenigen Teil des Informationsflusses beschränken, der der Informationsaufnahme und -weiterleitung bis zur ersten zentralnervösen Verarbeitungsstufe dient, so können mit den Vorstellungen der Nachrichtentechnik einzelne Teilglieder abgegrenzt werden, die in Abb. 113 unter den Bezeichnungen

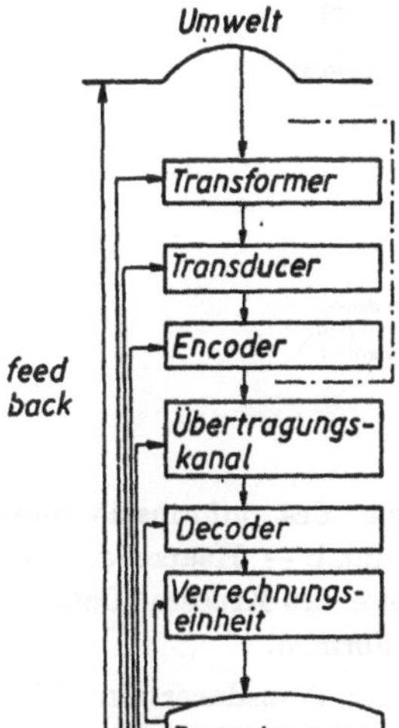

Abb. 113. Übersicht über die Anordnung der vom Informationsfluß Umwelt → Organismus (ZNS) zu durchlaufenden Glieder des biologischen informationsaufnehmenden Systems. Die mit „feed back" gekennzeichneten Pfeile symbolisieren die Rückwirkung der im ZNS verarbeiteten Information auf dieses System: Die verstellbaren Übertragungseigenschaften der Glieder ermöglichen eine Steuerung der Informationsaufnahme. (Die durch —·— zusammengefaßten Glieder bilden den Gegenstand der klassischen objektiven Sinnesphysiologie.)

Transformer, Transducer, Encoder, Übertragungskanal, Decoder und Verrechnungseinheit aufgeführt sind. Die Leistungen dieser Glieder werden mit den Methoden der sogenannten „objektiven Sinnesphysiologie" anhand von (meist elektrischen) Elementarerscheinungen beurteilt.
Abb. 114 zeigt einen ersten Versuch einer Zuordnung von Struktur und Funktion dieser Glieder. In Abb. 114 ist zu erkennen, daß Transduktion, Codierung und Informationsleitung bis zur Decodierung an besondere Zellen (Sinnes- oder Rezeptorzellen) gebunden sind, deren Zellkörper sowohl peripher dicht am Transducer (Dehnungsrezeptor des Krebses) als auch zentral in den dem Wirbelkanal benachbarten Spinalganglien gelegen sein kann (PACINIsches Körperchen). Der lange Fortsatz der Zelle, die Nervenfaser oder das Axon, ist elektrisch erregbar; er überträgt die Information oft über weite Entfernungen, nachdem

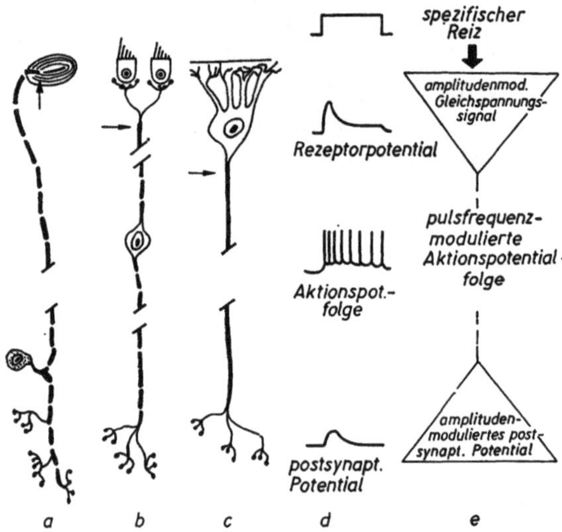

Abb. 114. Zur Morphologie und Physiologie des informationsaufnehmenden Systems. a — PACINIsches Körperchen (Tastsinn), b — Haarzellen des CORTIschen Organs (akustischer Sinn), c — Stretch-Rezeptor des Krebses (Dehnungs-Propriorezeptor), d — elektrische Signale, e — Code-Formen.

Unter dem Einfluß der Reizenergie entsteht am Transducer ein elektrisches Rezeptorpotential (*ReP*). Der Encoder wandelt das *ReP* in eine Folge von Aktionspotentialen (*AP*'s). (Der Ort der Codierung ist in *a*, *b* und *c* durch Pfeile markiert.) Die *AP*'s werden über afferente Nervenfasern (Übertragungskanal) zum *ZNS* geleitet. (Der Zellkörper der in *a*, *b* markhaltigen, in *c* marklosen Nervenfaser liegt a) im Spinalganglion, b) im Ganglion spirale der Cochlea, c) peripher am Transducer). Ist zwischen Rezeptor und Nervenfaser eine Synapse eingeschaltet (*b*), so sprechen wir von sekundären Sinneszellen. Die Nervenfaser endet mit zahlreichen Kollateralen in synaptischen Endknöpfen am nachfolgenden Neuron (Verrechnungseinheit, nicht gezeichnet), auf der dem Endknopf gegenüberliegenden Membran entstehen unter dem Einfluß afferenter *AP*'s postsynaptische Potentiale.

diese im Encoder (d. i. diejenige Stelle, an der das Signal zum ersten Male auf einen elektrisch erregbaren Membranbezirk trifft) in eine Folge von Aktionspotentialen verschlüsselt wurde. — Die Sinneszellen sind der aus der Umgebung einwirkenden Reizenergie nur selten unmittelbar zugänglich, zwischen Umwelt und Sinneszelle sind meist Hilfsstrukturen („Transformer", z. B. der schallleitende Apparat vom Trommelfell bis zu den Sinneszellen der Cochlea) vorgeschaltet, die eine optimale Energieausnutzung durch den nachfolgenden Transducer ermöglichen.

Zur Kennzeichnung des Übertragungsverhaltens der in Abb. 113 aufgezeigten Teilglieder wird man bemüht sein, diese isoliert, d. h. unabhängig voneinander zu testen. Dieses Vorhaben stößt auf erhebliche experimentelle Schwierigkeiten und konnte bisher nur in wenigen Fällen realisiert werden. Die „klassische" objektive Sinnesphysiologie beurteilt das Übertragungsverhalten des aus Transformer, Transducer und Encoder zusammengesetzten Systems, indem sie auf der informationsleitenden Nervenfaser die die Ausgangsinformation kennzeichnenden Aktionspotentiale in Abhängigkeit von der am Transformereingang vorgegebenen Information beobachtet.

Fragen wir nach der Bedeutung der oben angegebenen vier Informationsparameter, so existieren folgende allgemeine Angaben:

1. Im Test, welche Energieformen als Informationsträger zwischen Umwelt und Organismus geeignet sind, läßt sich feststellen, daß mechanische, chemische, elektromagnetische, elektrische und thermische Energien als Reiz wirksam werden können. Einige Sinneszellen benötigen eine für die Informationsaufnahme besonders niedrige „Mindestintensität" (s. u.) an „adäquater" Energie, es sind dies die „spezifischen Sinneszellen", deren Informationsaufnahme (Reizung) nach einer entsprechenden Informationsverarbeitung im Zentralnervensystem (*ZNS*) letztlich zu den für die jeweilige Energieform typischen „Sinnesqualitäten" führt (Licht-, Temperatur-, Geruchs- und Geschmackssinn, Druck-, Vibrations- und akustischer Sinn).
2. Der Organismus ist in der Lage, über den Bereich mehrerer Zehnerpotenzen variierende Reizintensitäten als Informationsträger zu verarbeiten. Wenn ein Informationsfluß zustande kommen soll, so muß die Intensität, mit der die Energie auf den Rezeptor einwirkt, einen für das jeweilige Sinnesorgan charakteristischen Minimalwert („Minimalschwelle") überschreiten. Im Vergleich zu informationsaufnehmenden „Meßfühlern" der Technik sind die an biologischen Rezeptoren für den Informationsfluß benötigten Mindestenergien äußerst gering, sie liegen teilweise an der Grenze des physikalisch Möglichen. (Die Minimalschwelle des optischen Sinnes (Photorezeptoren) entspricht der Absorption von 1 oder 2 Lichtquanten bzw. von $1{,}2 \cdot 10^{-10}$ erg, die Minimalschwelle für die akustische Wahrnehmung liegt mit $5 \cdot 10^{-11}$ erg dicht über dem thermischen Rauschen der Moleküle.)
3. Von entscheidender Bedeutung für eine optimale Reaktion des Organismus auf Veränderungen der Umwelt ist seine Fähigkeit, Informationen durch

räumliche und zeitliche Unterscheidung von Reizintensitäten aufzunehmen. Derjenige minimale Intensitätsunterschied, der gerade eben als Information aufgenommen und verarbeitet wird, heißt „Unterschiedsschwelle". (Nach dem sogenannten WEBERschen Gesetz ist das Verhältnis der Unterschiedsschwelle ΔR zur Absolutintensität R des einfallenden Reizes eine für das jeweilige Sinnesorgan charakteristische Konstante, es gilt $\Delta R/R = K$). Wir werden die Übertragungseigenschaften für die Absolutintensität durch sog. „statische" Kennlinien, diejenigen für Intensitätsunterschiede durch „dynamische" Kennlinien beschreiben (s. S. 229).

Die Übertragungseigenschaften der in Abb. 113 aufgezeigten Glieder sind keine fest vorgegebenen Größen. Der Organismus besitzt vielmehr die Fähigkeit, mit ihnen den Fluß der Information von der Umwelt zum *ZNS* zu steuern. Mit Hilfe von Rückinformationen (in Abb. 113 durch die mit „feed back" symbolisierten Pfeile gekennzeichnet) kann auf der statischen Kennline ein Arbeitspunkt eingestellt werden, in dem die für die Intensitätsunterschiedsschwelle ausschlaggebende dynamische Kennlinie am steilsten verläuft (Bereichseinstellung der Sinnesorgane über den Mechanismus der Adaptation). So können wir die Übertragungseigenschaften als Steuerkörper eines Mechanismus ansehen, der den durch Reizunterschiede getragenen Informationsfluß auf einem bei variablen absoluten Reizintensitäten unabhängigen Optimum hält. (Beispiel: Die Helligkeitsunterschiede als Träger der zu lesenden Information eines bedruckten Papiers sind sowohl bei Kerzenschein als auch bei hellem Sonnenlicht nahezu die gleichen.)

In den folgenden Abschnitten wird der Versuch unternommen, anhand dreier ausgewählter Rezeptortypen (PACINIsches Körperchen, Dehnungsrezeptor des Krebses und CORTIsches Organ) nicht nur die Übertragungseigenschaften der einzelnen Glieder des Informationsflusses zu analysieren, sondern mit Hilfe von morphologischen, biochemischen und physiologischen Befunden die Funktionsweise dieser Glieder zu deuten. Obwohl die dabei zu vermittelnden Kenntnisse meist lückenhaft sind und oft mehr oder minder gut begründeten Hypothesen weichen müssen, erscheint ein solches Unterfangen sinnvoll zu sein, da 1. das Ausfüllen der in Abb. 113 als „schwarze Kästen" aufgetragenen Glieder die Grundlage für eine weitergehende kybernetische Analyse schafft; 2. wird dazu angeregt, die technischen informationsaufnehmenden und -übertragenden Systeme mit den biologischen zu vergleichen und, wenn möglich, letztere als Vorbild für die Konstruktion neuartiger technischer Systeme zu benutzen (Bionik).

10.2. Grundlagen der Membranphysiologie

Das Innere einer jeden Zelle (Zytoplasma) wird vom Zelläußeren (Nachbarzelle, Zwischenzellflüssigkeit, Versuchslösung des Experimentators, Umgebung des Tieres, z. B. Wasser, Luft) durch eine ca. 100 Å dicke, aus Lipiden und Proteinen aufgebaute Membran abgegrenzt (Abb. 115). Mittels analytisch-chemischer Methoden (Flammenfotometrie, Potentiometrie, Verwenden ionensensitiver Glaselektroden) läßt sich zeigen, daß die intakte Zelle reich an Kalium und organischen Anionen (Phosphate, Eiweiße), jedoch arm an Natrium und Chlorid ist; im Gegensatz hierzu enthält die extrazelluläre Flüssigkeit viel Na^+ und Cl^-, jedoch nur wenig K^+ und von Cl^- verschiedene Anionen (Abb. 116). Wie kommt nun diese Ionen-

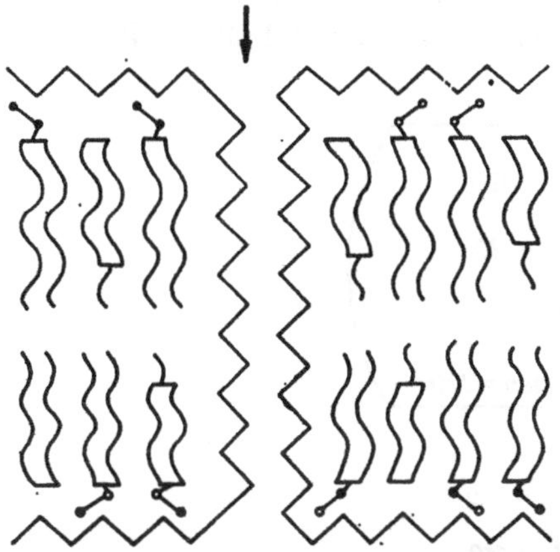

Abb. 115. Membranmodell nach DAVSON und DANIELLI (aus KAVANAU, J. L.: Structure and function in biological membranes, San Francisco 1965). Die Membranproteine (Zickzacklinien) bilden je eine hydrophile Phase, die die zentrale hydrophobe Phase (Doppelschicht aus Phosphatiden und Cholesterin) von beiden Seiten her bedeckt. In der Bildmitte durchzieht eine hydrophile Pore (↓) die Membran.

verteilung zustande? Wir können zunächst feststellen, daß die Zelle eine für die verschiedenen Ionen unterschiedliche Durchlässigkeit („selektive Ionenpermeabilität") besitzt. An der ruhenden Zellmembran hat die Kaliumpermeabilität p_K einen Wert von ca. 10^{-6} cm/s, und für das Verhältnis von p_K zu der Natrium- und Chloridpermeabilität läßt sich angeben $p_K : p_{Na} : p_{Cl} = 1 : 0{,}04 : 0{,}4$ (diese Werte wurden an der Riesennervenfaser des Tintenfisches ermittelt). Mit radioaktiven Isotopen ließ sich nachweisen, daß der entlang des elektrischen (s. u.) und des Konzentrationsgefälles zu beobachtende „passive" Einstrom von Na^+-Ionen gering ist (4 pmol · cm^{-2} min^{-1}). Über längere Zeit würde auch ein derart kleiner Na^+-Einstrom zu einem Ansteigen der intrazellulären Natriumkonzentration führen, ihm ist jedoch ein zweiter, aktiver Prozeß entgegengerichtet: Die Leistungen der in der Zellmembran lokalisierten Fermente (Na^+-K^+-aktivierte Transport-ATP-ase) transportieren unter Verbrauch von Stoffwechselenergie Na^+-Ionen „aktiv", d. h. dem elektrochemischen Gradienten entgegengerichtet, aus der Zelle hinaus (für eine energiereiche Phosphatbindung können 3 Na^+-Ionen transportiert werden). Das Ausmaß der Stoffwechselleistung wird sowohl durch die intrazelluläre Natriumkonzentration als auch durch die Höhe des Membranpotentials (s. u.) so reguliert,

daß trotz des ständigen Ionenaustausches zwischen dem Zellinneren und Zelläußeren die auf Abb. 116 gezeigte Bilanz konstant bleibt (stationäres Fließgleichgewicht).
Auch für nichtgeladene Moleküle besitzt die Membran mitunter eine hohe Permeabilität. Es läßt sich beobachten, daß Stoffe mit einem Moleküldurchmesser von weniger als 4 Å (z. B. Wasser, Äthanol, Harnstoff, Glukose) die Membran relativ rasch durchdringen, solche mit größeren Molekülradien jedoch nur schwer permeieren können (z. B. Saccharose, Raffinose, Inulin). Dies hat zu der Modellvorstellung geführt, daß die Lipidschicht der Membran von wasserhaltigen Poren („Kanälen")

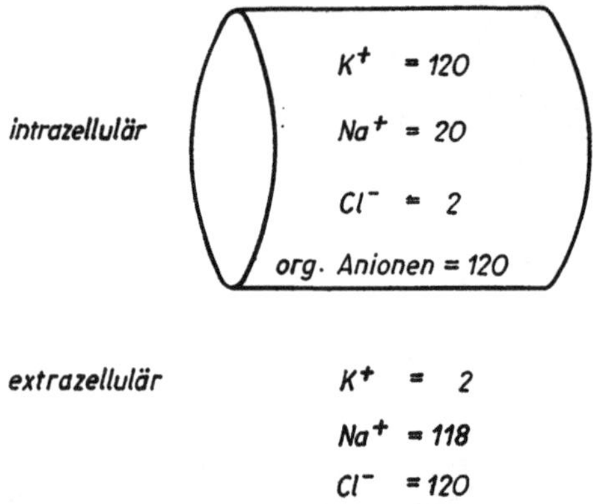

Abb. 116. Übersicht über die intra- und extrazellulären Ionenkonzentrationen. Angaben in mval/l. (Eigene Bestimmungen am Froschmuskel).

durchzogen sei, deren wirksamer Radius bei 2 Å liegt. Die selektive Kaliumpermeabilität der Membran läßt sich dann damit erklären, daß der Radius des hydratisierten Kaliumions mit 1,86 Å unter dem Wert des effektiven Porenradius liegt, während das Na^+ mit 2,25 Å für die Poren „zu groß" ist.
Die organischen Anionen des Zellinneren vermögen die Zellmembran auf Grund ihrer Größe nicht zu durchdringen. Strömen die gut permeablen, positiv geladenen Kaliumionen entlang ihres Konzentrationsgefälles aus der Zelle aus, so wird sich an der Zellmembran ein Potential ausbilden: Durch die im Zellinneren zurückbleibenden organischen Anionen entsteht an der Membraninnenseite ein Überschuß negativer Ladungen, der seinerseits bereits ausgetretene K^+-Ionen auf der Membranaußenseite elektrostatisch „festhält" (DONNAN-Potential).
Der Ladungszustand der Zellmembran läßt sich mit einer geeigneten Versuchsanordnung nachweisen (s. Abb. 117): Bewegt man Mikroelektroden, deren 0,5 μm dicke Spitzen auf eine Distanz von ca. 2 μm eingestellt sind, auf die Zelle zu, so springt beim Einstechen der vorderen Elektrode in das Zellinnere das zwischen beiden Elektroden zu messende Potential auf −90 mV. Sticht nachfolgend auch die zweite Elektrodenspitze in das Zellinnere ein, so ist keine Potentialdifferenz mehr nachweisbar, alle Stellen des Zellinneren besitzen gleiches Potential.

An einigen Zellen (0,5 mm dicke und mehrere Zentimeter lange Riesennervenfasern des Tintenfisches) ist es möglich, das Zellplasma auszuquetschen und den verbleibenden Membranschlauch zu perfundieren. Besitzt die Perfusionslösung eine dem Zellplasma entsprechende ionale Zusammensetzung, so ist die gleiche Potentialdifferenz über der Membran nachweisbar wie an der intakten Zelle. Wird der Kaliumgehalt der intra- oder extrazellulären Flüssigkeit abgeändert, so variiert hierbei das Membranpotential. Diese Abhängigkeit des Potentials E_m von der Kaliuminnen-

a

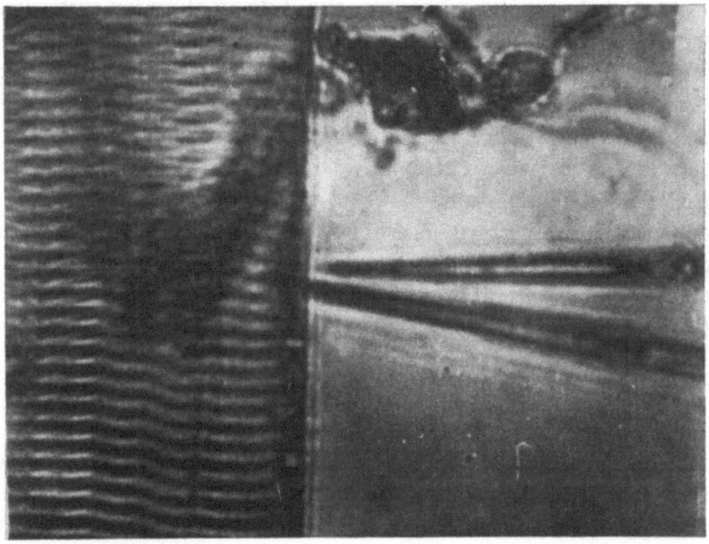

b

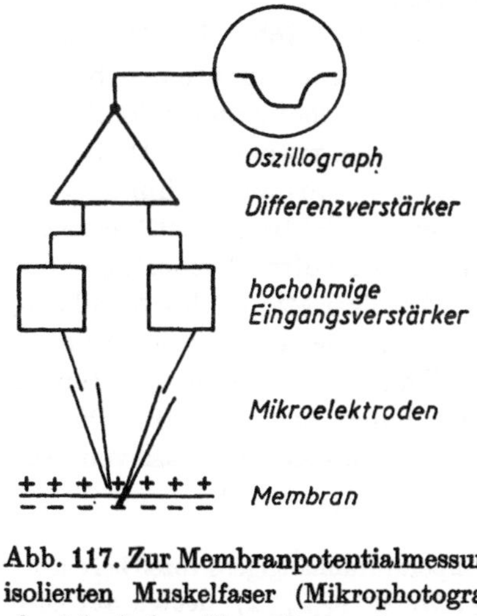

Abb. 117. Zur Membranpotentialmessung. a — Zwei Glas-Mikroelektroden an einer isolierten Muskelfaser (Mikrophotographie). b — Prinzipschaltung der elektrophysiologischen Versuchsanordnung.

konzentration $[K]_i$ und der Kaliumaußenkonzentration $[K]_a$ läßt sich in erster Näherung (für den Fall, daß die Membran allein für K^+ permeabel ist) nach der Formel

$$E_K = \frac{RT}{F} \ln \frac{[K^+]_a}{[K^+]_i} \approx -110 \text{ mV} \qquad (1)$$

berechnen. („NERNSTsche Gleichung"; ihre Gültigkeit wurde an zahlreichen tierischen Zellarten nachgewiesen.) Ist das Membranpotential E_m negativer als das in (1) ermittelte Potential E_K, so überwiegt in dem auf das Kaliumion einwirkenden elektrochemischen Gradienten der elektrische Anteil, durch elektrische Kräfte werden mehr K^+-Ionen von der Membranaußenseite nach der Innenseite „gezogen" als durch Diffusion von innen nach außen gelangen (für E_m positiver als E_K liegen die Verhältnisse gerade umgekehrt). Falls E_m mit E_K übereinstimmt, ist der (passive) K^+-Einstrom dem K^+-Ausstrom gleichzusetzen, aus diesem Grunde nennen wir E_K das Kalium-Gleichgewichtspotential.

Mit den Konzentrationsangaben aus Abb. 116 läßt sich auch für die Natriumionen ein Gleichgewichtspotential errechnen, es liegt bei +30 mV. An vielen tierischen Zellen werden Membranpotentiale zwischen −70 und −90 mV gemessen. E_m liegt zwischen E_{Na} und E_K. Die Beziehung (GOLDMANsche Gleichung)

$$E_m = \frac{RT}{F} \ln \frac{p_K[K^+]_a + p_{Na}[Na^+]_a + p_{Cl}[Cl^-]_i}{p_K[K^+]_i + p_{Na}[Na^+]_i + p_{Cl}[Cl^-]_a} \approx -90 \text{ mV} \qquad (2)$$

berücksichtigt den Einfluß von K^+, Na^+ und Cl^- und gibt die tatsächlichen Potentialverhältnisse annähernd quantitativ wieder. Für die meisten tierischen Zellen gilt $p_K \approx 20\, p_{Na}$ (s. o.), der Anteil des Kalium-Gleichgewichtspotentials am Membranpotential überwiegt denjenigen des Natrium-Gleichgewichtspotentials, und E_m wird in der Nähe von E_K gemessen.

Auch die Stoffwechselaktivität beeinflußt die Höhe des Membranpotentials: Über die Regulation der intrazellulären Ionenkonzentrationen bestimmt sie die chemischen Gradienten und damit die Gleichgewichtspotentiale. Zusätzlich ist ein „direkter" Einfluß auf die Potentialverhältnisse vorhanden: Da durch die Transport-ATP-ase meist mehr Na^+ aus der Zelle hinaus als K^+ hinein geschafft wird, negativiert aktiver Transport das Zellinnere („Elektrogenität" des aktiven Transports). Wird der Stoffwechsel einer Zelle durch Gifte blockiert, so verringert sich ihr elektrischer Polarisationszustand („Depolarisation" des Membranpotentials) in zwei zeitlich aufeinanderfolgenden Phasen: Die erste Phase ist auf den Fortfall der elektrogenen Wirkung des aktiven Transports zurückzuführen, sie verläuft innerhalb einer Minute und besitzt einen hohen Q_{10} von 2,0[1]). Die zweite Phase verläuft langsamer (Stunden) und hat ihre Ursache im passiven Ausgleich der Konzentrationsunterschiede durch Diffusion ($Q_{10} = 1{,}5$).

---

[1]) Der Q_{10} gibt an, um wieviel schneller ein temperaturabhängiger Prozeß bei einer um 10° C gesteigerten Temperatur verläuft. Hohe Q_{10}-Werte ($Q_{10} \geqq 2$) deuten auf chemische bzw. stoffwechselabhängige Prozesse.

Das passiv-elektrische Verhalten der Zelle

Wird durch eine geeignete experimentelle Anordnung (s. Abb. 118) zwischen dem Zellinneren und -äußeren ein Strompuls vorgegeben, so entsteht bei dessen Fluß durch die Zellmembran (Membranstrom I_m in μA pro cm² Membranfläche) ein Spannungsabfall, den wir Elektrotonus (V_m) nennen. Wenn der Strom positive Ladungen vom Zelläußeren ins -innere hineintransportiert, heißt er Einwärtsstrom, der aus ihm resultierende Elektrotonus steigert den Polarisationszustand der Membran: Hyperpolarisation durch Anelektrotonus. Umgekehrt führt der Auswärtsstrom zur Positivierung des Zellinneren (Depolarisation durch Katelektrotonus z. B. von −90 auf −60 mV).
Gibt man den Strom I_m als Testsignal in Form einer Sprungfunktion vor, so kann aus der abgeleiteten Potentialantwort (Abb. 118 b) gefolgertwerden, daß die Zell-

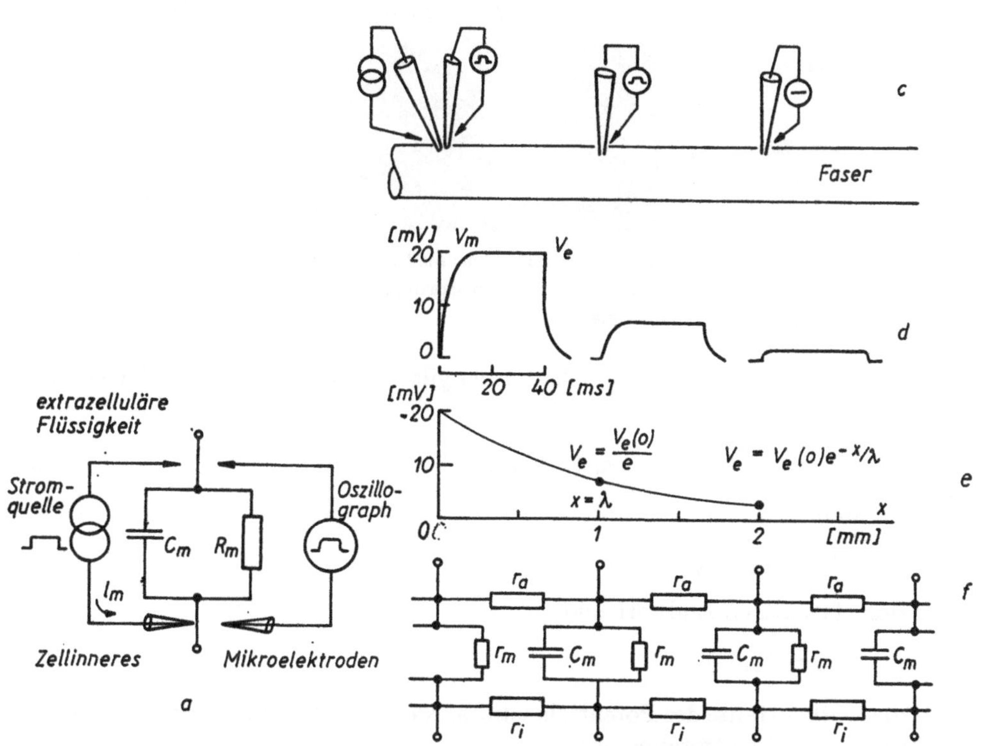

Abb. 118. Zum passiv-elektrischen Verhalten der Zelle. a — Prinzipschaltbild. c — Versuchsaufbau zum Ermitteln der die Verluste charakterisierenden Abklingkonstante λ. d — Elektrotonus in verschieden großen Abständen x zur Stromquelle registriert. e — Endwert des Elektrotonus V_e über x aufgetragen. f — elektrisches Ersatzschaltbild für die Kabeleigenschaften der Faser (r_a = äußerer Längswiderstand der Versuchslösung, r_i = innerer Faserlängswiderstand, r_m = Membranwiderstand, C_m = Membrankapazität).

membran sowohl resistive (Membranwiderstand R_m, meist um 3 kOhm · cm²) als auch kapazitive (Membrankapazität C_m, oft um 2 μF/cm²) Eigenschaften enthält. In erster Näherung läßt sich das passiv-elektrische Verhalten eines umschriebenen Membranbezirks durch das in Abb. 118 gezeigte Ersatzschaltbild beschreiben.

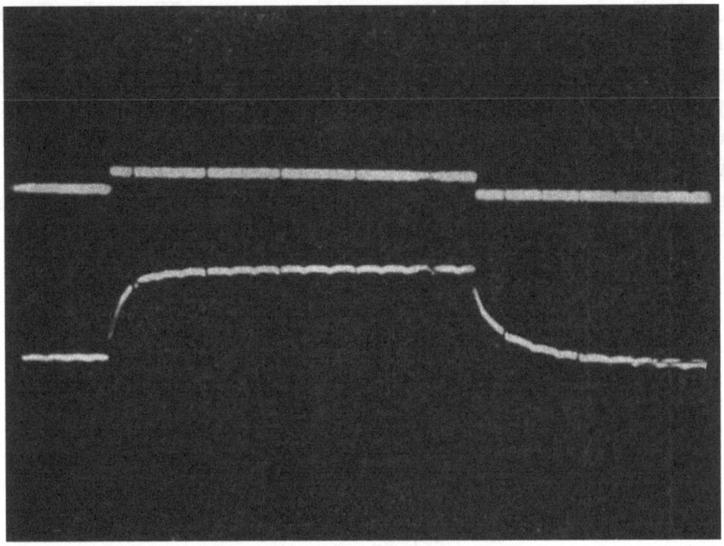

Abb. 118. b. Zeitverlauf des Elektrotonus (unten), wie er zu beobachten ist, wenn der Membranstrom (oben) als zeitliche Sprungfunktion vorgegeben wird (eigene Versuche an Skelettmuskelfasern).

Wird I_m zur Zeit $t = 0$ eingeschaltet, so gilt für das Potential im Augenblick t (ansteigender Elektrotonus)

$$V_m(t) = V_e \cdot \left(1 - \exp(-t/\tau_m)\right), \quad (3a)$$

hierbei steht

$$V_e = I_m \cdot R_m \quad (4a)$$

für den stationären Endwert und

$$\tau_m = C_m \cdot R_m \quad (4b)$$

für die Zeitkonstante des Potentialanstiegs. Nach Abschalten des Strompulses verschwindet der Elektrotonus mit

$$V_m(t) = V_e \cdot \exp(-t/\tau_m). \quad (3b)$$

Wird — wie in Abb. 118b aufgezeigt — die Spitze der Ableitelektrode in einiger Entfernung (z. B. 1 mm) von der den Strom zuführenden Elektrode in das Zellinnere eingestochen. so läßt sich auch dort der durch (3) beschriebene Elektrotonus beobachten. Abb. 118 zeigt, daß jedoch seine durch V_e charakterisierte Amplitude mit zunehmendem Abstand x vom Ort der Stromzuführung ($x = 0$) abnimmt, der Elektrotonus wird auf der Zelloberfläche mit Verlust weitergeleitet. Diese Amplitudendämpfung erinnert an die Übertragungseigenschaften eines technischen Kabels und führt auf das in Abb. 118f. gezeigte elektrische Ersatzschaltbild. Mit ihm können wir nach

$$V_e(x) = V_e(0) \cdot \exp(-x/\lambda) \tag{5}$$

berechnen, daß im Abstand von $x = \lambda$ (λ liegt oft in der Größenordnung von 1 mm) die Amplitude V_e auf den Wert $1/e$ abgesunken ist. Die für die Dämpfung charakteristische Abklingkonstante λ hängt nach

$$\lambda = \sqrt{\frac{r_m}{r_i}} \tag{6}$$

von dem zwischen den beiden Punkten 0 und x herrschenden Verhältnis von Membranwiderstand r_m zu innerem Längswiderstand r_i ab. Für den Fall einer zylindrischen Zelle (z. B. Nervenfaser) ist dieses Verhältnis konstant; sinkt der Faserdurchmesser (z. B. in den vom Zellkörper fortführenden Dendriten eines Neurons), so fällt λ auf kleinere Werte ab, und wird die Zellgeometrie schließlich so unübersichtlich wie in den feinsten dendritischen Aufspaltungen des auf Abb. 125 gezeigten Stretch-Rezeptors, so ist eine einfache mathematische Behandlung ähnlich der Beziehung (5) nicht mehr durchführbar.

Entsteht zur Zeit $t = t_1$ an der Membran ein Elektrotonus, solange ein seit der Zeit $t = t_0$ abklingender Elektrotonus noch nicht völlig verschwunden ist, so summieren sich beide zu einem Potential V_Σ; für den Zeitpunkt $t = t'$ gilt

$$V_\Sigma(t') = V_1 \cdot \left[1 - \exp\left(-\frac{t' - t_1}{\tau_m}\right)\right] + V_2 \cdot \exp\left(-\frac{t' - t_0}{\tau_m}\right) \tag{7a}$$

(zeitliche Summation). Die in (7a) auftretenden Exponentialfaktoren bewerten die Summanden V_1 und V_2 so, daß die aus V_1 und V_2 zur Zeit t' resultierende Amplitude $V_\Sigma(t')$ um so größer wird, je enger alle Zeitpunkte beeinander liegen (s. auch Abb. 127 c).

Ähnlich läßt sich (unter der Voraussetzung $\lambda = \text{const}$) berechnen, daß ein im Punkt x_1 aufgebrachter Elektrotonus sich mit einem im Ort x_0 applizierten so überlagert, daß im Punkte x' die Gesamtamplitude

$$V_\Sigma(x') = V_1 \cdot \exp\left(-\frac{x' - x_1}{\lambda}\right) + V_2 \cdot \exp\left(-\frac{x' - x_2}{\lambda}\right) \tag{7b}$$

resultiert (räumliche Summation).

Werden die Auswirkungen des Membranstromes in einer chloridfreien Versuchslösung untersucht (das Chlorid wird hierbei durch ein geeignetes impermeables

Anion ersetzt, z. B. durch Propionat), so führen gleichstarke Einwärtsströme zu einer höheren Membranhyperpolarisation. Analoge Resultate werden bei geeigneter Substitution von K^+ oder Na^+ oder nach Behandlung der Membran mit bestimmten Pharmaka (z. B. Tetrodotoxin, „Nervengift" des Kugelfisches, es blockiert selektiv den Na^+-Kanal des Aktionspotentialmechanismus) erhalten. Diese Befunde legen nahe, den Gesamtwiderstand R_m in mehrere Teilkomponenten R_K, R_{Na}, R_{Cl} (und eine Restkomponente für „sonstige" Ionen) aufzuspalten. Unter der Annahme, daß K^+, Na^+ und Cl^- voneinander unabhängig durch die Membran permeieren, gelangen wir zu der in Abb. 119 gezeigten Modellvorstellung, die gleichzeitig den Beitrag dieser Ionen zum Membranpotential berücksichtigt.
(Zur rechnerisch einfacheren Handhabung werden wir statt der Widerstandskomponenten oft deren Kehrwerte, die Membranleitfähigkeiten g_i in Ohm^{-1} cm^{-2} verwenden.) Nach der Membrantheorie stehen Membranleitfähigkeiten und -permeabilitäten in einem eindeutigen Zusammenhang; sie lassen sich ineinander umrechnen, und für die Beschreibung des elektrischen Verhaltens der Zellmembran sind diese beiden Größen gleichwertig.

Elektrische Erregbarkeit und Aktionspotential

Die Membranleitfähigkeiten g_i sind keine Konstanten, sondern Funktionen von Membranpotential V und Zeit t. Bei Verwenden der Versuchsanordnung von Abb. 118 werden zeitlich rasch ablaufende Leitfähigkeitsänderungen nach (3) von den kapazitiven Membraneigenschaften überlagert. Eine Abgrenzung der kapazitiven

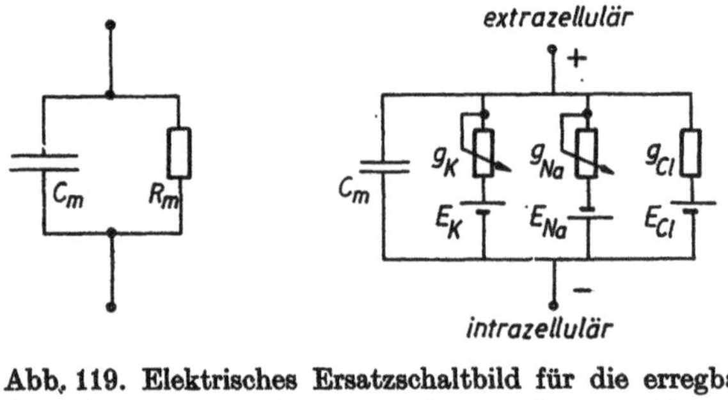

Abb. 119. Elektrisches Ersatzschaltbild für die erregbare Membran. (Angegeben für die Riesennervenfaser des Tintenfisches von Hodgkin, A. L., und Huxley, A. F., J. Physiol. 117, 500 (1952).)

Anteile ist möglich, wenn unter Anwendung elektronischer Hilfsmittel die Membranpolarisation V als unabhängige Variable vorgegeben werden kann (Sprungfunktion der Zeit); der in Abhängigkeit von V und t zu beobachtende Membranstrom I_m enthält die kapazitiven Anteile dann lediglich in den ersten 50 μs (Methode der Spannungsklemme oder „voltage clamp"). Mit einer solchen Versuchsanordnung wird es möglich, die Membranleitfähigkeit quantitativ zu analysieren. Bei Kenntnis der Beziehung $g(V, t)$ ist es möglich, nahezu alle an der Membran ablaufenden elektrischen Erscheinungen zu beschreiben.

Der analytische Zusammenhang $g(V, t)$ wurde von HODGKIN und HUXLEY in einem nach ihnen benannten Differentialgleichungssystem modelliert, dieses Modell wurde mit Erfolg an den verschiedensten Zellmembranen angewendet.

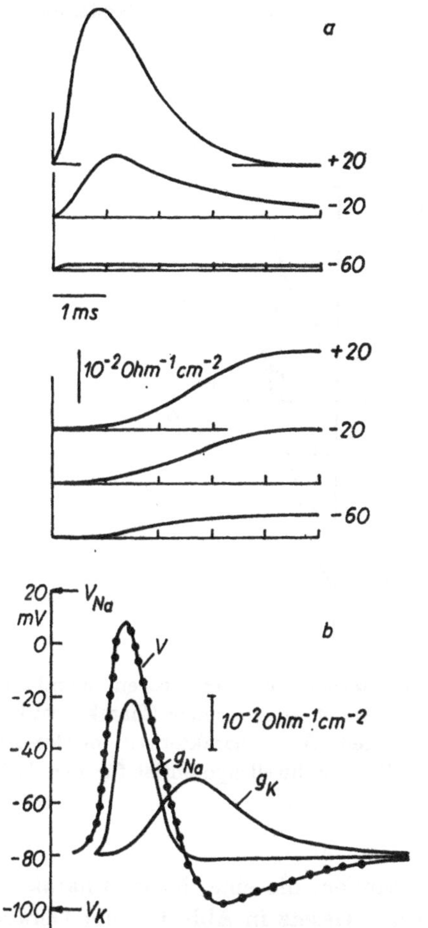

Abb. 120. a — Zeitverhalten der Natriumleitfähigkeit (oben) und der Kaliumleitfähigkeit (unten), wenn im voltage-clamp-Experiment das Membranpotential von −80 mV in Form einer Sprungfunktion auf −60 bzw. −20 oder +20 mV depolarisiert wurde (Abszisse Zeit, Ordinate Leitfähigkeit, nach HODGKIN, A. L., und HUXLEY, A. F., J. Physiol. **117**, 500 (1952)).

b — Verhalten der Natrium- und der Kaliumleitfähigkeit während des Aktionspotentials (V). (Abszisse Zeit, Ordinate Membranpotential bzw. Membranleitfähigkeit. Nach HODGKIN, A. L. [5]).

Zur Veranschaulichung wird $g(V, t)$ meist graphisch dargestellt. Da g die Funktion zweier Argumente ist, besteht einmal die Möglichkeit, die Membranleitfähigkeit für verschiedene V-Werte als Zeitfunktion aufzutragen (Abb. 120). Andererseits kann man einen bestimmten Zeitpunkt t (etwa den stationären Endwert oder den Zeitpunkt maximaler Natriumleitfähigkeit) herausgreifen und für ihn I_m als Funktion von V auftragen (Strom-Spannungscharakteristik, Abb. 121). Die Leitfähigkeitswerte erhält man aus dieser Darstellung, indem man $I_m(V)$ durch V dividiert.

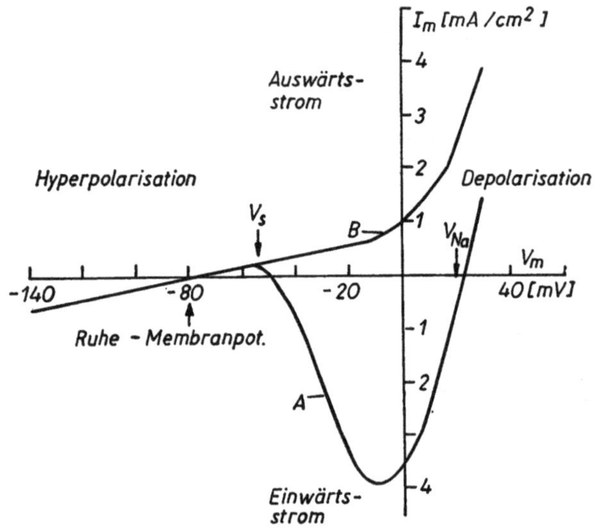

Abb. 121. Strom-Spannungscharakteristik der erregbaren Membran (Frosch-Skelettmuskelfaser, eigene Versuche). A — N-förmige Charakteristik zum Zeitpunkt maximaler Natriumleitfähigkeit. B — Charakteristik im stationären Endzustand (1 s Polarisationsdauer). V_s = Schwellenpotential für den Aktionspotentialmechanismus.

Im Gegensatz zu technischen Widerständen, die eine lineare Charakteristik besitzen (mit R = const liefert das Ohmsche Gesetz in Abb. 121 eine Gerade), ist die Charakteristik der Zellmembran meist nicht-linear. Oft ist der Widerstand für die unter Depolarisation auftretenden Auswärtsströme geringer als für Einwärtsströme (die Kurve steigt im rechten oberen Quadranten der Abb. 121 steiler an).
Im fallenden Anteil der N-förmigen Charakteristik von Abb. 121 nimmt die differentielle Leitfähigkeit $dI(V)/dV$ negative Werte an. Diese bildet die Grundlage für eine elektrische Erregbarkeit bestimmter Membranbezirke (z. B. der Nervenfaser) und führen zum Auftreten von Aktionspotentialen (AP's). Bei einer Depolarisation des Membranpotentials über das Schwellenpotential V_s wird der elektrische Zustand auf der fallenden Kennlinie instabil, und das Potential kippt von V_s auf positive Werte (Aktionspotential, s. Abb. 122).

Mit Abb. 120 kann das Wesen des Erregungsvorganges in einer zeitlich begrenzten Leitfähigkeitssteigerung für Na^+ begründet werden. Mit g_{Na} ändert sich auch p_{Na} (Anstieg auf das etwa 100fache). Da p_K zunächst konstant bleibt, resultiert ein verändertes $p_K : p_{Na}$ Verhältnis (statt 1:20 im Ruhezustand der Membran 10:1 unter der Erregung). Setzen wir dieses Verhältnis in Gleichung (2) ein, so verschiebt sich E_m in die Nähe des Natrium-Gleichgewichtspotentials, die Membran polarisiert um (Overshoot auf +20 mV in Abb. 122). Mit fortschreitender Zeit

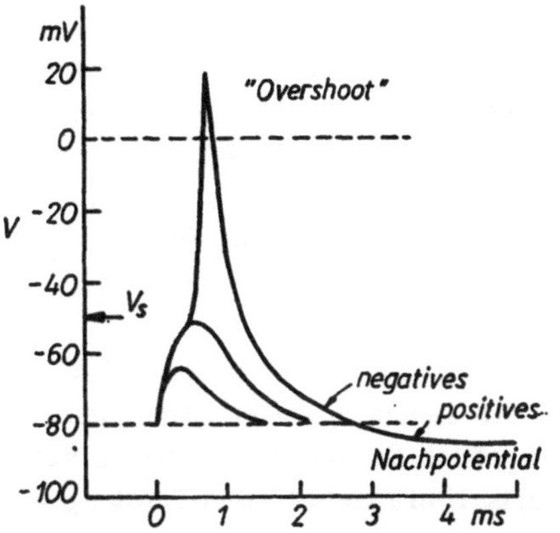

Abb. 122. Aktionspotential und lokale Antwort bei Reizung mit kurzdauernden Strömen (nach eigenen Versuchen an der Frosch-Skelettmuskelfaser). Erreicht die Depolarisation des Schwellenpotential V_s nicht, so entstehen lokale Antworten (gestrichelte Kurven), diese sind in ihrer Amplitude abstufbar. Überschwellige Depolarisationen lösen ein nach dem Alles-oder-Nichts-Gesetz ablaufendes Aktionspotential aus.

nimmt g_{Na} wieder ab, gleichzeitig steigt g_K (Abb. 120). Hierdurch überwiegt p_K über p_{Na}, und die Membran polarisiert in die Nähe des Kalium-Gleichgewichtspotentiales (abfallende Phase des Aktionspotentials = Repolarisation). Bisweilen übersteigt das $p_K : p_{Na}$-Verhältnis im Anschluß an das abgelaufene Aktionspotential den Ruhewert, es kommt dann zu einer Nach-Hyperpolarisation.

Fassen wir den Inhalt der Abb. 120 und 121 zusammen, so gewinnen wir folgende Vorstellung über den Mechanismus des Aktionspotentials: Wird die elektrisch erregbare Membran über den Schwellenwert V_s depolarisiert, so resultiert eine erhöhte Natrium-Permeabilität, und es kommt zu einem Einstrom von Na^+ entlang des elektrochemischen Gradienten. Unter dem Einstrom positiver Ladungen vergrößert sich die Depolarisation, die ihrerseits eine weitere Zunahme der Natriumpermeabilität hervorruft. Der Erregungsvorgang verstärkt sich nach Art einer Kettenreaktion, bis das Membranpotential die Nähe des Natrium-Gleichgewichtspotentials erreicht und kein Na^+-Strom durch die Membran fließt. — Die Rückkehr des Potentials vom Overshoot auf den Ruhewert liegt einmal darin begründet,

daß die Natrium-Permeabilitätssteigerung nur zeitlich vorübergehender Natur ist, zum anderen steigt unter der Depolarisation (zeitlich später als p_{Na}) die Kaliumpermeabilität (Abb. 120), mit dem normalen $p_K : p_{Na}$-Verhältnis wird die Membran auf den Ruhewert repolarisiert.
Der sich selbst verstärkende Erregungsprozeß muß, wenn er einmal ausgelöst worden ist, bis zum Ende ablaufen, unabhängig davon, ob der auslösende Elektrotonus V_m die Schwelle V_s nur wenig oder aber stark überschreitet. Stets ist ein Aktionspotential gleicher Amplitude zu beobachten (Alles-oder-Nichts-Gesetz).
Läuft auf der Zellmembran ein AP ab, so bleibt die Membran für den Zeitraum des Overshoots unerregbar, weitere, im Ruhezustand der Membran überschwellige Depolarisationen können kein neues AP auslösen. Das Schwellenpotential V_s ist in diesem „absoluten Refraktärstadium" auf stark positive Werte verschoben. Im Verlauf der Repolarisation kehrt auch V_s — allerdings langsamer als das Membranpotential — auf den Ruhewert zurück, die Membran befindet sich in einem relativen Refraktärstadium, in dem nur stark überschwellige Depolarisationen (auf den Ruheschwellenwert bezogen) ein neues AP hervorrufen können (s. Abb. 132).
Erreicht der depolarisierende Elektrotonus das Schwellenpotential nicht (unterschwelliger Reiz), so löst der begrenzte Leitfähigkeitsanstieg kein AP aus, die Antwort bleibt „lokal". Nach (4b) ist jedoch die Zeitkonstante τ_m verkürzt, unter der lokalen Antwort läuft die Depolarisation rascher ab, als mit τ_m = const nach (3) zu erwarten wäre.
Die lokale Antwort ist abstufbar, sie gehorcht nicht dem Alles- oder Nichts-Gesetz. Die Wirkungen mehrerer in genügend kurzem Zeitabstand und hinreichend kleinen Entfernungen an der Membran auftretenden lokalen Antworten können summiert (Formel (7a) und (7b)) und damit überschwellig werden.

10.3. Transformation der Reizenergie

Die Transducerstrukturen der Sinneszelle liegen in vielen Fällen vor schädigenden Einflüssen der Umgebung geschützt tief im Inneren des tierischen Organismus. Wenn die die Information tragende spezifische Energie den Transducer ohne größere Verluste erreichen soll, muß sie mit geeigneten Hilfsstrukturen von der Kontaktstelle zwischen Organismus und Umgebung zum Transducer weitergeleitet werden. In Anlehnung an die Technik haben wir auf Seite 203 diese Hilfsstrukturen mit dem Namen Transformer belegt.
Die Konstruktion des Transformers (d. h. sein morphologisch-histologischer Aufbau) und damit sein Wirkungsprinzip variieren sowohl mit den physikalischen Eigenschaften der Energieform des spezifischen Reizes (z. B. mechanischer Druck, Licht) als auch mit den speziellen Umweltbedingungen (Unterschiede zwischen land- und wasserlebenden Tieren). Einzelheiten sind in morphologischen und physiologischen Lehrbüchern nachzulesen. Oft wurde die Transformerkonstruktion

im Laufe einer langen phylogenetischen Entwicklung erworben (z. B. schalleitender Apparat des Hörorgans in der Wirbeltierreihe) und an die jeweiligen Lebensbedingungen des Organismus optimiert. Dabei ist es nicht verwunderlich, daß gleiche oder ähnliche Übertragungseigenschaften durch völlig verschiedene Transformerprinzipien in der Natur realisiert wurden.

So wird z. B. das Problem, Gegenstände aus ungleich großer Entfernung auf die Photorezeptoren scharf abzubilden, von Transformerstrukturen wie folgt gelöst: Effekt der Tiefenschärfe nach dem Prinzip der Lochkamera (Grubenauge von *Haliotes*); Verschieben zweier unterschiedlich stark brechender Medien senkrecht zur optischen Achse des Tintenfischauges; Verschieben einer Linse auf der optischen Achse des Fischauges in unterschiedliche Abstände zum Photorezeptor; veränderter Krümmungsradius der Linse des Säugetierauges.
Die Transformerstrukturen des labyrinthären und des Cortischen Organs transformieren Beschleunigungen des Körpers bzw. mechanische Longitudinalwellen des Schalls so, daß die Cilien der in diesem Organe enthaltenen Sinneszellen durch Scherkräfte ausgelenkt werden. Auf Einzelheiten dieser Organe kann im Rahmen der Darstellung nicht eingegangen werden; wir verweisen auf die spezielle physiologische Literatur.

Wir wollen in diesem Abschnitt an zwei Beispielen — den Pacinischen Körperchen und den Stretch-Rezeptoren des Krebses — die Bedeutung der Übertragungseigenschaften des Transformers für den Informationsfluß herausstellen und die Grundprinzipien ihrer Funktionsweise angeben.

1. Das Pacinische Körperchen (s. Abb. 123) ist ein in das Unterhautbindegewebe der Säugetiere eingebettetes Tastsinnesorgan. Seine etwa 1 mm lange Kapsel besteht aus zahlreichen mit visköser Flüssigkeit angefüllten Lamellen, die gegeneinander verschieblich sind. Der Transducer des Körperchens befindet sich im innersten Zentrum der Kapsel, es ist dies die terminale Endigung einer afferenten Nervenfaser, die im Kapselinneren ihre Markscheide verloren hat.

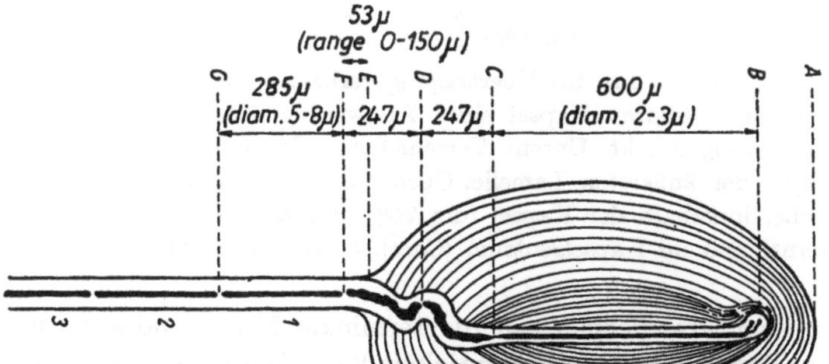

Abb. 123. Morphologie eines Pacinischen Körperchens. Im Inneren der lamellären Kapsel (Transformer) verliert die terminale Nervenfaser (Transducer) ihre Markscheide. (Aus Quilliam, T. A., und Sato, M.: J. Physiol. **129**, 167 (1955)).

Wird der adäquate Reiz (mechanischer Druck) am intakten Rezeptor, d. h. auf die Kapseloberfläche des Körperchens appliziert, so lassen die dynamischen Übertragungseigenschaften des aus Transformer und Transducer zusammengesetzten Systems D-Eigenschaften erkennen: ein auf den Transformereingang vorgegebener Rechteckstimulus löst am Transducerausgang allein während seiner zeitlichen Änderung (d. h. im Augenblick des Ein- oder Ausschaltens) eine Potentialantwort aus (Abb. 127c). Die Analyse von Abb. 124 zeigt folgendes: durch den auf die Kapseloberfläche applizierten Druck P_0 verkleinert sich der Kapseldurchmesser D,

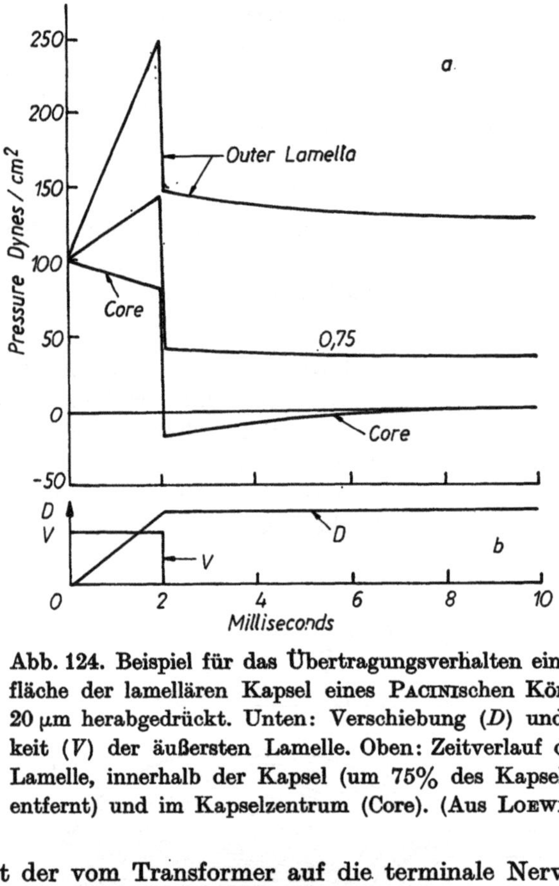

Abb. 124. Beispiel für das Übertragungsverhalten eines Transformers. Die Oberfläche der lamellären Kapsel eines Pacinischen Körperchens wird in 2 ms um 20 µm herabgedrückt. Unten: Verschiebung (D) und Verschiebungsgeschwindigkeit (V) der äußersten Lamelle. Oben: Zeitverlauf des Drucks in der äußersten Lamelle, innerhalb der Kapsel (um 75% des Kapselradius vom Kapselzentrum entfernt) und im Kapselzentrum (Core). (Aus Loewenstein, W. R., in [1]).

dabei ist der vom Transformer auf die terminale Nervenendigung übertragene intrakapsuläre Druck P_c zur Geschwindigkeit V der Durchmesseränderung proportional. Die differenzierenden Eigenschaften des Transformers kommen dadurch zustande, daß sich bei Druckanstieg die Lamellen der viskös-elastischen Kapsel des Körperchens gegeneinander verschieben, durch die dabei auftretende Reibung steigt während der Verschiebung der Druck im Kapselinneren an. Bleibt der äußere Druck zeitlich konstant, so wird die gesamte mechanische Energie von den elastischen Lamellen der Kapsel aufgenommen.

Es ist möglich, unter dem Mikroskop die Nervenfaser aus der lamellären Kapsel herauszupräparieren. Wird unter diesen Bedingungen der mechanische Reiz direkt auf den Transducereingang appliziert, so ist am Transducerausgang ein *P*-Verhalten des Systems zu erkennen. Wird umgekehrt die freipräparierte Nervenendigung wieder in elastisches Bindegewebe eingebettet und auf dieses zusammengesetzte System gedrückt, so ist das *D*-Verhalten wieder hergestellt. Die Befunde erlauben den Schluß, daß die Transformerstrukturen des PACINIschen Körperchens differenzierende Übertragungseigenschaften besitzen.

2. Der Stretch-Rezeptor des Krebses (Abb. 125) übermittelt — ähnlich wie die Muskelspindel des Säugetiermuskels — Informationen über den durch die Gelenkstellung bedingten Dehnungszustand bestimmter Muskelfasern (Propriorezeptor). Auch für diesen Mechanorezeptor kann angenommen werden, daß der für den Transduktionsvorgang adäquate Reiz in einer mechanischen Kompression der terminalen dendritischen Endigungen der Rezeptorzelle besteht; diese zahlreichen Endverzweigungen liegen relativ locker eingebettet zwischen den Fasern des zum Rezeptor gehörigen Muskels (Abb. 125b). Der Rezeptormuskel ist mit der Innenseite des Chitinpanzers verwachsen; bewegt sich das Tier, so wird der über ein Gelenk ziehende Rezeptormuskel passiv gedehnt. Die dabei entstehende mechanische Spannung ist in guter Näherung eine logarithmische Funktion der Längenänderung.
Die statischen Übertragungseigenschaften des aus Transformer und Transducer zusammengesetzten Systems lassen sich mit einer logarithmischen Funktion beschreiben; diese Nichtlinearität muß nach dem oben Gesagten dem Transformer zugeordnet werden.
Aus Abb. 125 geht hervor, daß zwei Rezeptorzellen paarig nebeneinander angeordnet sind. Die beiden Rezeptoren unterscheiden sich in ihren zeitlichen Übertragungsverhalten: der rasch adaptierende oder „phasische" Rezeptor zeigt ausgeprägtes *D*-Verhalten, beim langsam adaptierenden oder „tonischen" Rezeptor sind neben *D*-Anteilen *P*-Anteile vorhanden. Die Unterschiede im zeitlichen Übertragungsverhalten sind (teilweise) auf die in den beiden zugehörigen Rezeptormuskeln verschiedenartigen elastischen Eigenschaften zurückzuführen. Es liegt auf der Hand, daß Rezeptoren mit *D*-Verhalten Informationen allein über die zeitliche Änderung der Gelenkstellung übermitteln („Bewegungsrezeptoren"), während durch *P*-Anteile Aussagen über die jeweilige Position möglich sind („Lagerezeptoren").
Zur Rezeptormuskulatur ziehen vom ZNS motorische Nervenfasern, die den Spannungszustand der Muskelfaser beeinflussen. Werden diese Nervenfasern gereizt, so kontrahiert sich der Rezeptormuskel, und der Spannungszustand steigt. Mit der veränderten Grundspannung ist ein neuer Arbeitspunkt eingestellt worden. Die verstellbaren Eigenschaften des Transformers stehen im Dienste eines Regelmechanismus, der gewährleisten soll, daß der dem Transformer nachgeschaltete Transducer im Gebiet optimaler Kennliniensteilheit arbeitet. Bei dieser distalsten „Einflußgradänderung am Steuerkörper" biologischer informationsaufnehmender

a

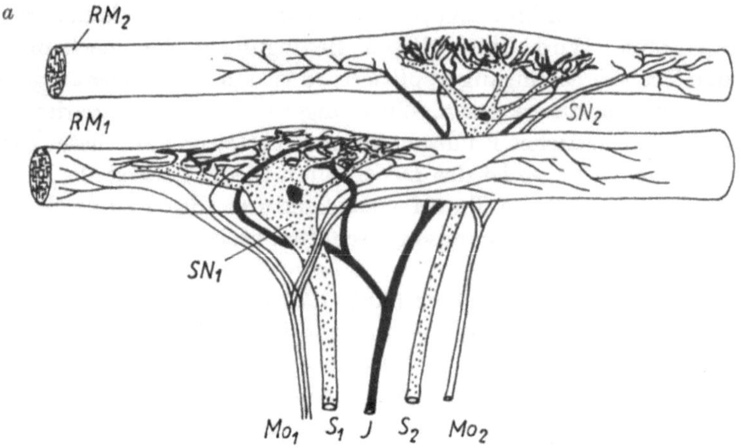

Abb. 125. Morphologie des abdominalen Stretch-Rezeptors vom Krebs.

a — SN_1 tonischer, SN_2 phasischer Rezeptor S_1, S_2 zugehörige afferente Nervenfasern. RM_1, RM_2 tonischer bzw. phasischer Rezeptormuskel mit den motorischen Nervenfasern Mo_1, Mo_2. Vom *ZNS* ziehen hemmende Nervenfasern (*J*) zum Rezeptor. (Aus Burkhardt, D., Erg. Biol. 20, 1958, 27).

b

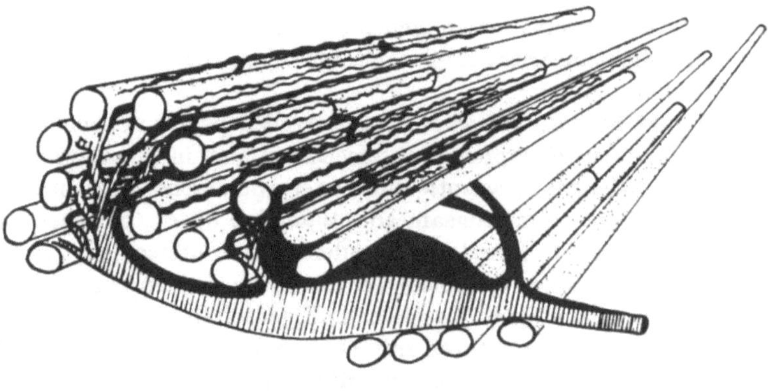

b — Die feinsten dendritischen Endigungen der Rezeptorzelle (schwarz) sind zwischen die Fasern des Rezeptormuskels eingelagert. (Aus Florey, E., und Florey, E., J. gen. Physiol. 39, 69 (1955)).

Systeme verarbeiten zentralnervöse Stellen („Regler") die vom Transducer („Meßglied") gemeldete Information („Istwert") dahingehend, daß über nervale Rückinformationen (mit feed back gekennzeichnete Pfeile in Abb. 113) die Übertragungseigenschaften des Transformers verstellt werden („Stellglied") und so die am Transducer zu wandelnde Energiemenge („Regelstrecke") in das Gebiet optimaler Kennliniensteilheit („Sollwert") zurückgeführt wird.

10.4. Transduktion der Reizenergie

Wir wenden uns nun dem Transducer zu, derjenigen Stelle in der Kette des Informationsflusses, an der die informationstragende Reizenergie eine qualitative Änderung erfährt und in ein elektrisches Signal (Rezeptorpotential) „gewandelt“ wird. Der Vorgang der Transduktion läuft in Rezeptorzellen ab. Es ist in der Literatur üblich, diese Rezeptorzellen nach morphologischen Kriterien in zwei unterschiedliche Gruppen, in cilientragende und cilienfreie Rezeptoren zu unterglie-

a

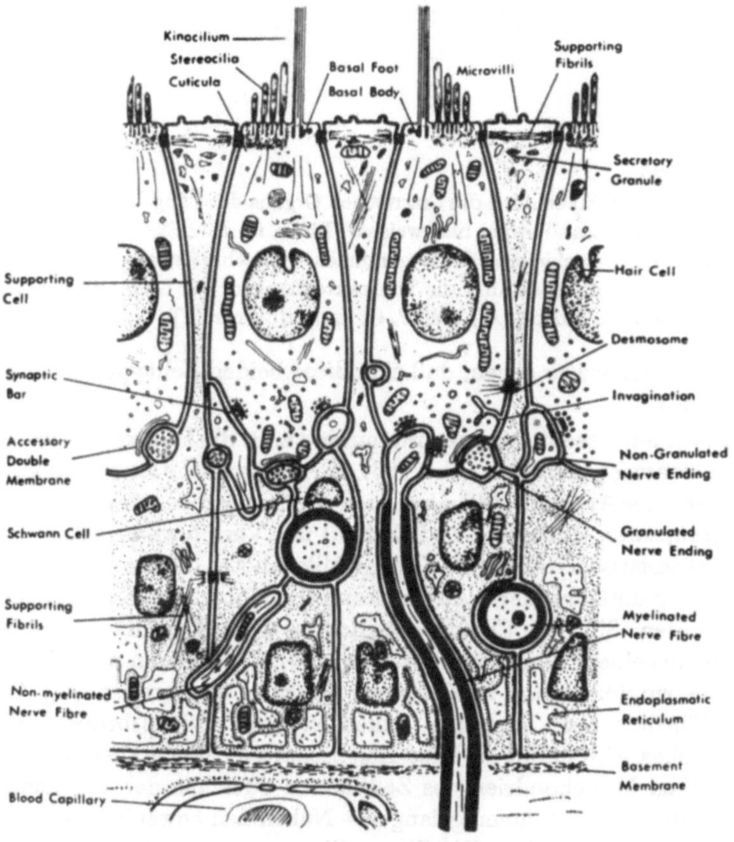

Abb. 126. Morphologie haartragender Rezeptorzellen.
a — Haarzellen aus dem Seitenlinienorgan des Fisches. Die Zellen enthalten (ebenso wie die Haarzellen des labyrinthären Organs höherer Tiere) ein Kinocilium und zahlreiche Stereocilien. An der Zellbasis enden zahlreiche Nervenendigungen („nichtgranulierte“ Endigung = Synapse der markhaltigen afferenten Faser; granulierte Nervenendigung mit akzessorischer Doppelmembran = Synapse der marklosen, efferenten, vom ZNS kommenden Faser). (Aus Wersäll, J., Flock, Å, und P.-G. Lundquist in [1]).

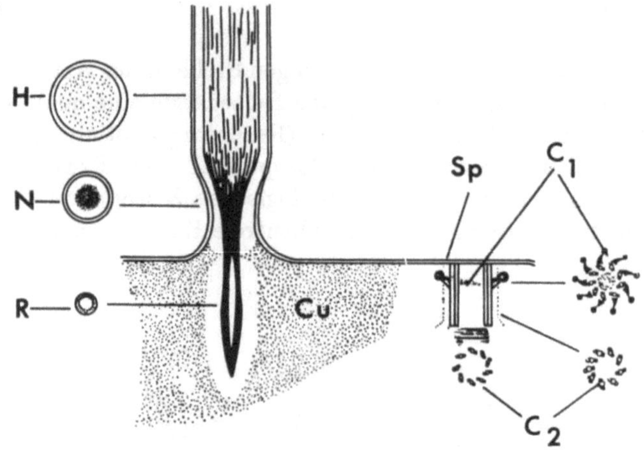

Abb. 126.
b — An den Haarzellen des CORTIschen Organs der Säugetiere ist vom Kinocilium lediglich der Basalkörper nachweisbar. Links im Bild Stereocilie, rechts Basalkörper. Die in verschiedener Höhe geführten Querschnitte lassen den fibrillären Aufbau des Basalkörpers und die kompakte Struktur der Stereocilien erkennen. (Aus WERSÄLL, J., FLOCK, Å., und P.-G. LUNDQUIST in [1]).

dern. (Wir werden später sehen, daß sich diese beiden Zelltypen auch funktionell unterscheiden.)

1. Cilientragenden Rezeptoren zuzuordnen sind z. B. die Haarzellen des labyrinthären und des CORTIschen Organs (Abb. 126), die mechanische Reize wandelnden Chordotonalorgane der Avertebraten, aber auch die Sinneszellen des Riechepithels oder die Photorezeptoren (Stäbchen und Zapfen) der Vertebratenretina. Die für diese Zellen charakteristischen Cilien sind einige Mikrometer lang und etwa 0,2 µm dick, ihre Anordnung und ihr innerer Aufbau kann erst unter dem Elektronenmikroskop beurteilt werden. Sind die Cilien beweglich, so heißen sie Kinocilien. Kinocilien entspringen aus einem Basalkörper (s. Abb. 126). Sie besitzen neun Paar periphere Fibrillen, die ringförmig um zwei zentrale Fibrillen angeordnet sind. Oft sind die zentralen Fibrillen kurz, bisweilen fehlen sie auch. Die Fibrillen enthalten ein myosinähnliches Eiweiß mit ATPase-Eigenschaften. Sie verkürzen sich, wenn aus den zahlreichen Mitochondrien des Zellinneren oder aus der Versuchslösung des Experimentators ATP zu ihnen gelangt. — Neben den beweglichen Kinocilien gibt es unbewegliche Stereocilien. Die Stereocilien enthalten dichtes fibrilläres Material ohne kennzeichnende Organisation. — An zahlreichen cilientragenden Zellen kommen beide Cilienarten nebeneinander vor. In den Haarzellen des labyrinthären bzw. des Seitenlinienorgans ist ein Kinocilium einer großen Zahl von Stereocilien gegenübergestellt (Abb. 126), ebenso an den Haarzellen des CORTIschen Organs der Vögel. An den Haarzellen des CORTIschen Organs der Säuger werden die Kinocilien im Laufe der Embryonalentwicklung zurückgebildet, im reifen Organismus ist lediglich der Basalkörper nachweisbar.

2. Zu der Gruppe nicht-cilientragender Rezeptorzellen werden u. a. die Pacinischen Körperchen, Dehnungsrezeptoren (Stretch-Rezeptoren der Avertebraten, Muskelspindeln der Vertebraten), aber auch die Photorezeptoren des Insektenauges gezählt. Ihre morphologische Transducerstruktur erscheint (soweit sie zur Zeit bekannt ist) beim Vergleich mit cilientragenden Zellen relativ einfach zu sein: Im Falle des Pacinischen Körperchens liegt die nackte, d. h. markscheidenfreie Nervenendigung in der Transformerkapsel, am Stretch-Rezeptor sind es die dendritischen, zu 0,5 μm dünnen Fäden ausgezogenen Endverzweigungen, denen die Aufgabe der Transduktion zukommt. Cilienähnliche Organellen sind im Inneren dieser Fäden nicht nachweisbar.

Die zytoplasmatische Membran bildet an beiden Zellgruppen die den Elektrophysiologen interessierende Grundstruktur. Sind die Rezeptorzellen genügend groß (Zelldurchmesser über 40 μm, z. B. Stretch-Rezeptor des Krebses), so kann das über dieser Membran liegende Potential mittels einer in das Zellinnere eingeführten Mikroelektrode gemessen werden. Unter Absorption adäquater Reizenergie lassen sich so an der Rezeptorzelle Veränderungen des Membranpotentials nachweisen. Können diese ersten elektrischen Erscheinungen der absorbierten Reizenergie zugeordnet werden, so nennen wir diese Membranpotentialschwankungen Rezeptorpotentiale (RePs). In vielen Fällen depolarisieren die RePs das Ruhe-Membranpotential, es sind jedoch auch hyperpolarisierende RePs bekannt.

Häufig sind die Rezeptorzellen derart klein, daß Messungen mit intrazellulären Elektroden nicht durchgeführt werden können. Mit Hilfe extrazellulärer Ab-

a

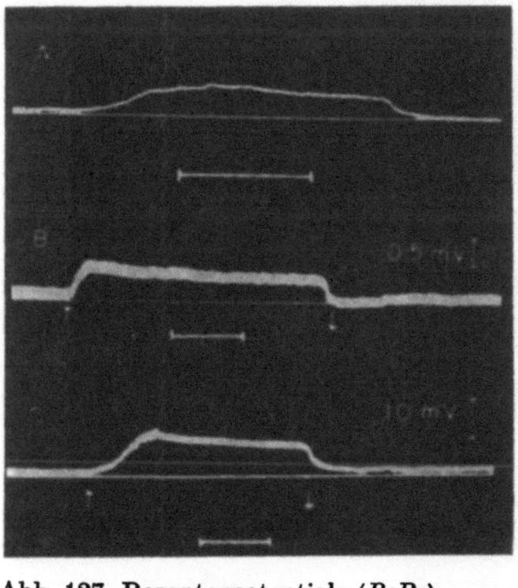

Abb. 127. Rezeptorpotentiale (*RePs*).

a — Ableitungen vom Stretch-Rezeptor des Krebses (Eyzaguirre, C., und S. W. Kuffler, J. gen. Physiol. **39**, 87 (1955)). Intrazellulär gemessene *RePs* am tonischen (*A*) und phasischen (*C*) Rezeptor im Vergleich mit extrazellulär abgeleiteten *RePs* vom tonischen Rezeptor (*B*). (Beachte den veränderten Potentialmaßstab!). Zeitmarkierung 1 s

b

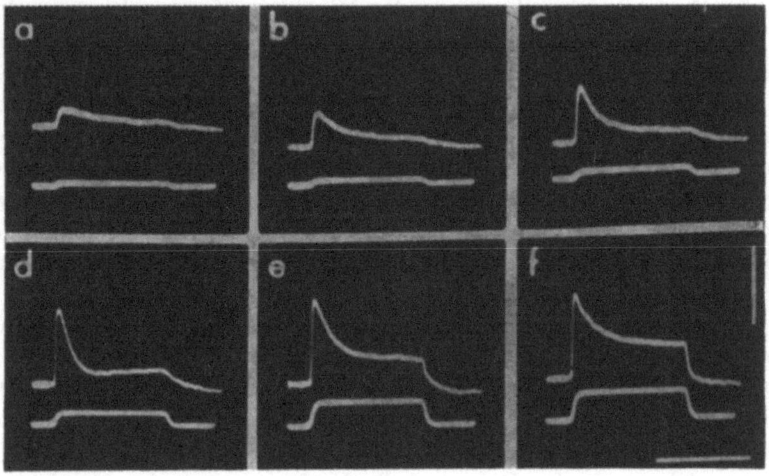

Abb. 127.

b — Extrazellulär gemessene *ReP*s vom Stretch-Rezeptor des Frosches (OTTOSON, O., und G. M. SHEPHERD in [1]). Effekt einer steigenden Reizamplitude auf den dynamischen und statischen Anteil der *ReP*s. (Eichung vertikal 1 mV, horizontal 50 ms).

c

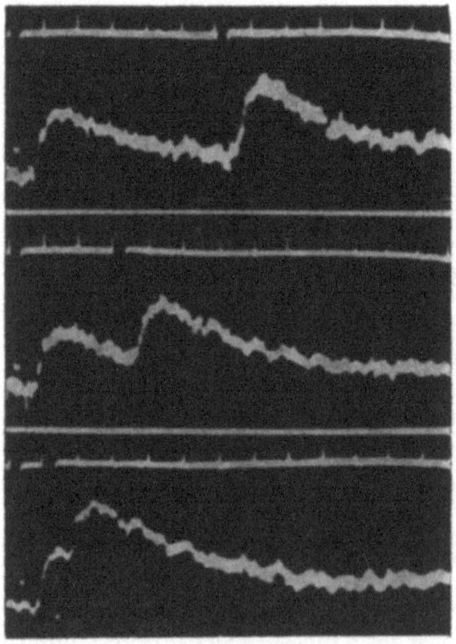

c — Zeitliche Summation der *ReP*s am PACINIschen Körperchen. (Extrazelluläre Ableitungen nach GRAY, J. A. B., und SATO, M., J. Pysiol. 122, 610 (1953)). Wenn der zeitliche Abstand zweier aufeinanderfolgender Reize (obere Kurven) verkürzt wird, summieren sich die Amplituden der *ReP*s. Zeitmaßstab: 1 ms.

leitelektroden lassen sich auch dann noch Aussagen über die Beziehungen des RePs zur einwirkenden Reizenergie erhalten, die einen Aufschluß über die Wirkungsweise des Transducers gestatten (z. B. sind alle Messungen an PACINIschen Körperchen mit extrazellulären Ableitmethoden gewonnen).
Die extrazellulär abgeleiteten Potentialschwankungen zeigen nur einen Bruchteil des an der Zellmembran liegenden RePs, unter geeigneten Versuchsbedingungen bleiben Amplituden- und Phasenbeziehungen des RePs jedoch erhalten.
Führt man die Spitze einer Mikroelektrode in die Endolymphe des Bogengangsystems ein, so kann gegen eine zweite Elektrode in der Perilympfe oder gegen den Schädelknochen ein Gleichspannungspotential abgeleitet werden. Bei der Auslenkung der Cilien aus ihrer Gleichgewichtslage ändert sich dieses Gleichgewichtspotential in charakteristischer Weise: werden die Stereocilien in Richtung auf das eine Kinocilium verbogen, so resultiert eine Depolarisation, im umgekehrten Falle eine Hyperpolarisation (Abb. 128). (In neuester Zeit konnten in den Haarzellen des Seitenlinienorgans RePs auch intrazellulär abgeleitet werden.) Ein Ausbiegen der Cilien senkrecht zu dieser Achse beeinflußt das Gleichspannungspotential nicht. Die Befunde legen die Annahme nahe, daß die anisotrope Transduktion der Scherkräfte mit der polaren Cilienanordnung korreliert ist.
Auch zwischen Endo- und Perilymphe der Cochlea lassen sich Potentiale ableiten (endochochleares Gleichspannungspotential unter Ruhebedingungen). Bei Beschallung des Ohres treten mit der Schallfrequenz synchrone Wechselspannungen (cochleare Mikrophonpotentiale, „microphonics“) auf, die sich (zumindestens am Innenohr von Vögeln) in eine positive und eine negative Teilkomponente aufspalten lassen. Der negativen Komponente scheint eine Hyperpolarisation durch elektrogenen aktiven Transport zugrunde zu liegen (s. Seite 210); sie verlischt unter Anoxie in 40 s, und besitzt einen Q_{10} von 2,0. Die positive Komponente besitzt

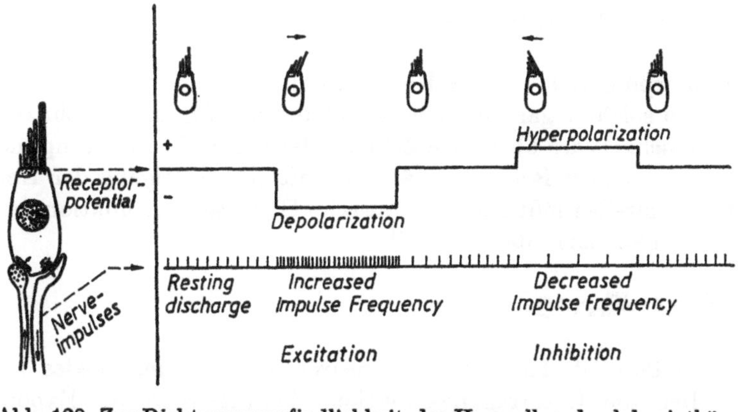

Abb. 128. Zur Richtungsempfindlichkeit der Haarzellen des labyrinthären Organs (FLOCK, A. in [1]). Für die verschieden gerichtete Auslenkung der Cilien aus der Ruhelage (oben) ist das Verhalten des *RePs* (Mitte) und das der Aktionspotentialdichte (unten) aufgetragen.

ein Q_{10} von 1,5 und verschwindet unter Anoxie oder unter dem Einfluß von Stoffwechselgiften nur langsam, ihr liegt wahrscheinlich eine („passive“) Depolarisation zugrunde. Nach dieser Vorstellung wären die cochlearen Mikrophonpotentiale als Modulationen des Ruhe-Membranpotentials der Haarzellen aufzufassen.

Interessieren wir uns für das Übertragungsverhalten des Transducers, so besteht die Schwierigkeit, aus den Beobachtungen des aus Transformer und Transducer zusammengesetzten Systems das Verhalten des Transduceranteils abzusondern. Hinsichtlich der zeitabhängigen Übertragungseigenschaften des Transducers werden in der Literatur Strukturen mit D-Verhalten (Pacinisches Körperchen, Chordotonalorgane), P-Verhalten (Stretch-Rezeptoren, Chordotonalorgane) sowie PD-Verhalten (Stretch-Rezeptoren, Photorezeptoren) angegeben. — In einigen Fällen sind Rezeptorzellen mit P- mit solchen von D-Eigenschaften zu funktionellen Einheiten zusammengeschaltet. (Beispiel: Sensillen aus Chordotonalorganen bei Artropoden. Es ist nicht ausgeschlossen, daß das verschiedenartige Verhalten von Chordotonalorganen ähnlich wie dasjenige der Stretch-Rezeptoren auf die Transformer-Eigenschaften zurückgeführt werden kann.) Am Stretch-Rezeptor des Krebses konnte an dem aus Transformer, Transducer und Encoder zusammengesetzten System die Übertragungsfunktion für Sinusreize quantitativ bestimmt werden. Unter nur wenig einschränkenden Voraussetzungen ist es möglich, die Übertragungsfunktion des Transducers auszusondern. Die wichtigsten speziellen Eigenschaften dieser Funktion werden durch ein Halteglied 2. Ordnung charakterisiert.
Für die statischen Übertragungsfunktionen lassen sich keine allgemeingültigen Gesetzmäßigkeiten angeben. Häufig hängt die Amplitude logarithmisch vom Betrag der absorbierten Reizenergie E_{abs} ab (sog. Weber-Fechnersches Gesetz, s. Abb. 128):

$$V = c + \ln E_{abs} = \ln (E_{abs}/E_0) \tag{8a}$$

(V = Rezeptorpotential, c, E_0 = Konstanten).
Meist gilt eine solche logarithmische Beziehung nur für einen mehr oder minder schmalen Ausschnitt des über viele Zehnerpotenzen reichenden Empfindlichkeitsbereiches, unter hohen Reizintensitäten ist oft eine Sättigung der Kennlinie zu beobachten. Bisweilen läßt sich die statische Übertragungsfunktion besser durch das nach Stevens benannte „Gesetz“

$$V = c \cdot E^n_{abs} \; (n \lesseqgtr 1) \tag{8b}$$

annähern, in ihm ist der Fall des linearen Übertragungsgliedes mit $n = 1$ enthalten. Der die Übertragungsfunktion charakterisierende Exponent n ist meist nicht über den gesamten Intensitätsbereich konstant; er kann abhängen 1. von der Energie E_{abs} oder 2. von Rückmeldungen aus dem ZNS (mit feed-back gekennzeichneter Pfeil in Abb. 113). So kann die Kennliniensteilheit der

Übertragungsfunktion und damit die Unterschiedsschwelle trotz variabler einfallender Energiemengen auf einem Maximum gehalten werden.
Das Auftreten eines Gliedes mit logarithmischen Übertragungseigenschaften in der Kette des Informationsflusses ist wichtig, es gestattet dem Organismus, Reizintensitäten als Informationsträger zu verarbeiten, die viele Zehnerpotenzen überstreichen (CORTIsches Organ des Ohres: Schallintensitäten zwischen 10^{-16} und 10^{-4} W/cm^2). Ob diese Eigenschaften durch den Transformer, den Transducer oder den Einfluß der den Informationsfluß steuernden Rückmeldungen zustande kommen, ist hierbei von zweitrangiger Bedeutung.
Wir wollen nun versuchen, den Vorgang der Transduktion auf die ihm zugrunde liegenden biophysikalischen Phänomene zurückzuführen. Dabei muß festgehalten werden, daß der biologische Transducer kein passiver Transducer ist, in dem (etwa nach Art des Piezo-Effektes) die mechanische Energie in elektrische Energie unter den Bedingungen des Energiehaltungssatzes umgesetzt wird. Der biologische Transducer ist vielmehr ein „aktiver" Transducer, in dem die (z. B. mechanische) Reizenergie zur Modulation der (ständig ablaufenden) Umsetzung von Stoffwechselenergie in elektrische Energie herangezogen wird.
Wir beginnen mit der Transduktion cilienfreier Mechanorezeptoren, von denen das PACINIsche Körperchen und der Stretch-Rezeptor eingehend untersucht worden sind.
Mit elektrophysiologischen Methoden läßt sich zeigen, daß die Membranleitfähigkeit unter der Absorption von Reizenergie zunimmt. Diese Leitfähigkeits-

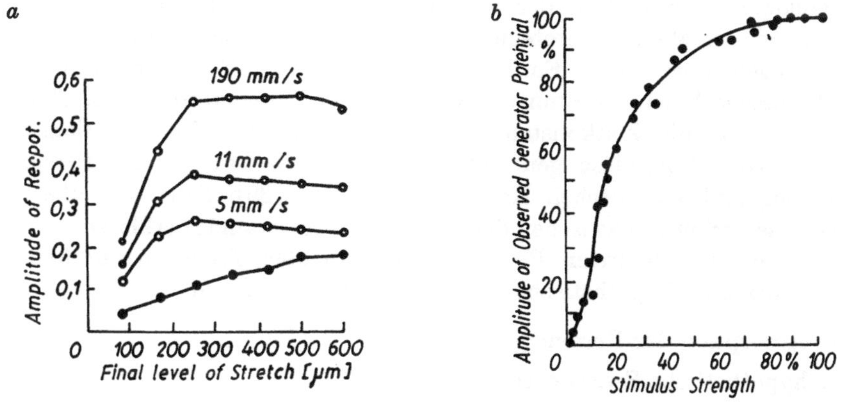

Abb. 129. Abhängigkeit des Rezeptorpotentials von der Reizstärke, an folgenden Rezeptoren gemessen:

a — Stretch-Rezeptor des Frosches (OTTOSON, O., und G. M. SHEPHERD in [1]). Die gefüllten Kreise geben die Werte der statischen Antwort (*P*-Anteil), die offenen Kreise die der dynamischen Antwort (*D*-Anteil) bei unterschiedlichen Dehnungsgeschwindigkeiten an.

b — PACINIsches Körperchen (LOEWENSTEIN, W. R., Ann. N. Y. Acad. Sci. **94**, 510 (1961)).

steigerung ist (bei den meisten Transducer-Membranen) eine weitgehend unspezifische, d. h. sie betrifft alle durch die Membran permeierenden Stoffe. In Übereinstimmung hiermit konnte am Stretch-Rezeptor des Krebses mittels radioaktiv markierter Substanzen abgestufter Molekülgröße eine Vergrößerung des effektiven Porenradius (s. S. 208) an der Dendriten-Membran beobachtet werden. Nach den Vorstellungen von Seite 210 sollte sich hierbei die Kaliumpermeabilität nur wenig ändern, die Natriumpermeabilität sollte von geringen Werten auf den Wert von p_K ansteigen. Über die GOLDMANsche Gleichung (Formel (2) von Seite 210) sollte eine Membrandepolarisation resultieren, die im Falle des Stretch-Rezeptors mit Mikroelektroden als Rezeptorpotential zu beobachten ist.
Daß der Einwärtsstrom von Natriumionen für das Zustandekommen depolarisierender Rezeptorpotentiale notwendig ist, konnte für das PACINIsche Körperchen und dem Stretch-Rezeptor (sowie eine große Zahl anderer Rezeptoren) bestätigt werden: in Natrium-freier Versuchslösung ist die Amplitude des RePs auf etwa 20% reduziert, jedoch nicht völlig verschwunden. Die unter dem Einfluß der Reizenergie in der Transducermembran zu beobachtende erhöhte Natriumpermeabilität ist von der auf S. 217 für das Aktionspotential beschriebenen Permeabilitätssteigerung grundlegend verschieden; so besitzt das den „Natrium-Kanal" des APs selektiv blockierende TTX auf den Vorgang der Transduktion bzw. auf die Höhe des RePs keinen Einfluß.
Wie es unter dem Einfluß der an der Transducermembran absorbierten Energie letztlich zur Permeabilitätsänderung kommt, ist zur Zeit ungeklärt. Es mehren sich jedoch Hinweise dafür, daß die Permeabilität von in der Membran vorgebildeten Poren (d. h. der effektive Porenradius) durch den Konformationszustand der Membranproteine bestimmt wird. Schon geringste Energiemengen vermögen über ihren Einfluß auf hydrophobe, Wasserstoff- und VAN-DER-WAALSsche Wechselwirkungen zwischen den Proteinketten deren Konformation zu ändern; die Zeitkonstanten, mit denen solche Konformationsänderungen (in nativen Proteinlösungen) ablaufen, liegen zwischen 10^{-8} und 10^{-4} s. Die Form der sigmoiden statischen Kennlinie von Abb. 129b ließe sich über induzierte Wechselwirkungen zwischen den Teilmolekülen zwanglos erklären.
Für den an cilienfreien Rezeptoren ablaufenden Transducermechanismus läßt sich folgendes hypothetisches Reaktionsschema angeben:

1. Absorption der Reizenergie
2. hypothetische Zwischenstufe
3. unspezifische Permeabilitätserhöhung
4. erhöhter Einwärtsstrom (Na^+)
5. Depolarisation (ReP).

Das *ReP* breitet sich als Elektrotonus passiv-elektrisch über die an den Transducerbezirk angrenzenden Membranabschnitte aus (Formel (5) von S. 213). Wird ein elektrisch erregbarer Membranbezirk erreicht, so laufen die auf S. 237 unter „Codierung" beschriebenen Vorgänge ab.

Die bisherige Theorie wurde von DAVIS für die Haarzellen des CORTIschen Organs dahingehend erweitert, daß das zwischen Endo- und Perilymphe nachweisbare Gleichspannungspotential im Gebiet der Haarzellen einen stationären „Leckstrom" verursacht. Durch schallsynchrone Auslenkung der Cilien würde mit dem Widerstand dieser Zellen der Leckstrom moduliert. Nach den auf S. 228 geschilderten Befunden ist der Entstehungsmechanismus der cochlearen Mikrophonpotentiale für De- und Hyperpolarisation unterschiedlich (passiver Einstrom, aktiver Ausstrom).
Der Transducermechanismus scheint an cilientragenden Rezeptorzellen eng mit dem Zellstoffwechsel verkoppelt zu sein. Von biochemischer Seite wurde folgende Hypothese für die Transduktion vorgeschlagen: Die mechanische Bewegung der Cilien steuert die Kinetik der in der Rezeptorzelle ablaufenden enzymatischen Reaktionen — z. B. die Synthese oder Degradation von Acetylcholin (ACh). Die Cilie stellt in dieser Theorie eine sensorische „Organelle" dar, die die Information aus der Umgebung in das Zellinnere hineinleitet. Ursache der veränderten intrazellulären Fermentaktivität könnte eine durch den mechanischen Reiz bedingte räumliche Verschiebung allosterischer Gruppen sein. Die Konzentration des Reaktionsproduktes ACh ist der absorbierten Reizenergie und damit der Information proportional, sie beeinflußt Membranpermeabilität und Membranpotential der Rezeptorzelle (ACh führt zu einer unspezifischen Permeabilitätssteigerung). Für den Fall der sekundären Sinneszelle (s. z. B. die Haarzelle in Abb. 114) dient das Reaktionsprodukt (ACh) gleichzeitig als „Transmitter", der die Information von der informationsaufnehmenden Rezeptorzelle über eine elektrisch entkoppelnde Synapse (s. S. 244) zur nachfolgenden informationsleitenden Zelle (Nervenfaser) überträgt. Nach dieser Theorie käme dem ReP in der Kette des Informationsflusses keine eigene Bedeutung zu, es wäre als „Epiphänomen" anzusehen.
Die Funktion eines derart eng mit dem Zellstoffwechsel verbundenen Transducers ist nicht nur durch die allgemeine Stoffwechsellage, sondern auch durch körpereigene Hormone (oder durch im Experiment zugesetzte Pharmaka) beeinflußbar. Damit wird deutlich, daß auch an cilientragenden Rezeptoren der Transduktionsvorgang bzw. die diesen kennzeichnenden Übertragungsfunktionen verstellt werden können. Zusätzlich enden an vielen cilientragenden Rezeptorzellen efferente Nervenfasern. An den Haarzellen des vestibulären und CORTIschen Organs sind zahlreiche Synapsen zu erkennen (Abb. 126), die vom ZNS Informationen zum Rezeptor zurückführen und die Transducerfunktion im Dienste der schon mehrmals beschriebenen Einflußgradänderung am Steuerkörper des Informationsflusses modulieren.

10.5. Codierung der Eingangsinformation

Wir hatten im vorangegangenen Abschnitt festgestellt, daß am Transducerausgang die Information in Form von Potentialschwankungen (*ReP*s) oder in Form von Konzentrationsänderungen chemischer Transmittersubstanzen wieder-

zufinden ist. Der informationstragende Code ist (wie derjenige der einfallenden Reizenergie) ein analog-kontinuierlicher, der die Information als Funktion von Amplitude und Zeit enthält (amplitudenmodulierter Gleichspannungscode = AMG-Code). Meist sind Transducer- und Encoderbezirk nicht unmittelbar benachbart, sondern durch ein mehr oder minder ausgedehntes Gebiet getrennt (s. Abb. 114), in dem die Membran sowohl elektrisch unerregbar als auch unempfindlich gegen den für den Transducer spezifischen Reiz ist. Auf diesem Membranbezirk werden die im Transduceranteil gebildeten Potentialschwankungen als Elektrotonus mit Verlust weitergeleitet (Formel (5) von S. 213).
Bevor die Information den Ort der Codierung erreicht, laufen auf der distal zum Encoder liegenden elektrisch unerregbaren Membran (d. h. auf dem zellulären Niveau des Rezeptors) informationsverarbeitende Prozesse nach den Prinzipien der zeitlichen und räumlichen Summation ab (siehe hierzu auch S. 226). Das im Rahmen einer solchen Informationsverarbeitung im Encoder wirksame Potential nennen wir Generatorpotential, da es bei Depolarisation der elektrisch erregbaren Encodermembran über das Schwellenpotential hinaus ein Aktionspotential „generiert".

1. Räumliche Summation. An vielen Rezeptorzellen läuft der Transducervorgang in räumlich getrennten Strukturen ab, die in ihrer Funktion voneinander unabhängig sind. Am PACINIschen Körperchen konnte durch stückweises Abtragen von Teilen der terminalen Nervenendigungen gezeigt werden (Abb. 130), daß die Funktionsweise der zentralwärts liegenden Anteile hiervon unbetroffen

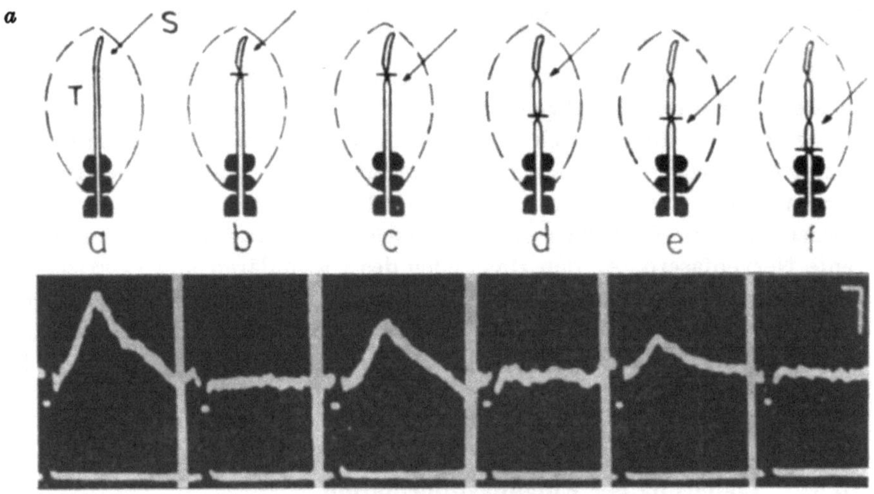

Abb. 130. Zur räumlichen Summation (PACINIsches Körperchen).

a — werden Teile der terminalen Nervenendigung (Transducer) abgetragen, so nimmt die Amplitude des RePs ab. (LOEWENSTEIN, W. R., und RATHKAMP, R., J. gen. Physiol. 41, 1245 (1958)).

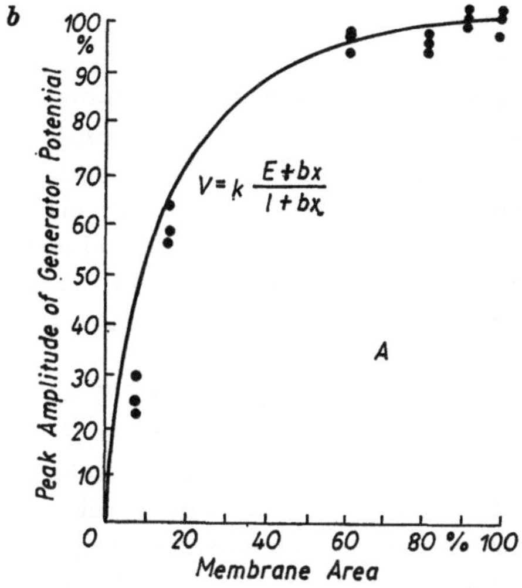

Abb. 130.

b — Maximalamplitude des RePs gegen den Anteil unzerstörter Transducerfläche aufgetragen (Loewenstein, W. R., Ann. N. Y. Acad. Sci. 94, 510 (1961)).

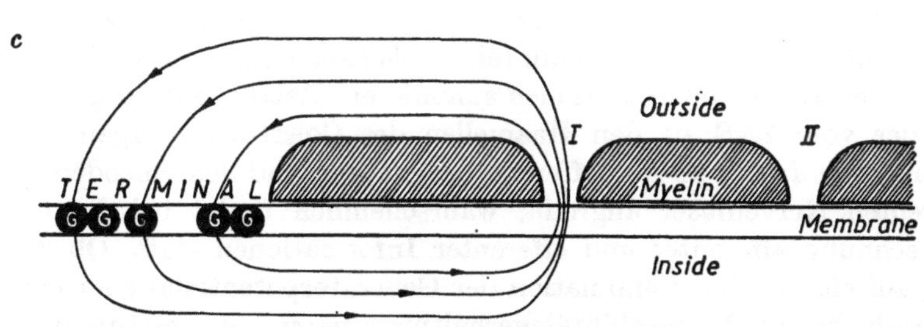

c — Zwischen elektrisch unerregbaren Membranbezirken sollen Transducerstrukturen in diskreten, voneinander unabhängigen Einheiten (*G*) vorhanden sein. Sinkt bei einwirkender Reizenergie der elektrische Widerstand von *G*, so bilden sich zwischen der depolarisierten Transducerregion und dem Encoder (1. Ranvierscher Schnürring) Kreisströme aus. (Loewenstein, W. R., J. gen. Physiol. 41, 825 (1958)).

bleibt; die Peak-Amplitude des ReP nimmt allerdings mit Verkleinerung der Transducerfläche ab. Dies führte zu der Vorstellung, daß längs der terminalen Nervenfaser zwischen elektrisch unerregbaren Membranbezirken mehrere voneinander unabhängig arbeitende Transducereinheiten vorhanden sind. — Am Stretch-Rezeptor (Abb. 125) stellt jeder der zwischen den Fasern des Rezeptormuskels endenden Fäden einen eigenen Transducer dar, der über die elektrisch unerregbare Membran der kleineren und großen Dendriten sowie derjenigen des Zellsomas mit dem Encoder verbunden ist. — Entstehen RePs in zwei Transducereinheiten gleichzeitig, so werden sich ihre Amplituden auf der elektrisch unerregbaren Membran summieren (im Falle des Stretchrezeptors dort, wo die Dendriten in einem gemeinsamen Stamm übergehen). Das Konvergieren der zunächst räumlich getrennten RePs gehorcht der räumlichen Summation (siehe S. 213). Die Summation verläuft grundsätzlich nach dem Superpositionsprinzip linearer Übertragungsglieder (siehe Kap. 3.4.2.). Dabei ist allerdings zu berücksichtigen, daß die einzelnen Summanden mit einem (nach Formel (7b) von S. 213 zu errechnenden) „Gewichtsfaktor" in die Gesamtsumme eingehen; bedeutet n die Anzahl der zu summierenden RePs, so resultiert aus der räumlichen Summation letztlich ein Generatorpotential, das kleiner als das n-fache der Einzelantwort eines Transducers ist.

Bisweilen greifen auf der Somamembran von Rezeptorzellen (z. B. am Stretch-Rezeptor) sog. inhibitorische (d. h. hemmende) Synapsen an, deren Erregung zu einer Hyperpolarisation des unter ihnen befindlichen Membranabschnitts führt (siehe S. 244). Auch diese Potentialschwankungen werden auf der elektrisch unerregbaren Membran des Zellsomas zum Ort des Encoders weitergeleitet und dabei mit den (depolarisierenden) Potentialschwankungen der RePs nach dem Superpositionsprinzip zum Generatorpotential verrechnet.

Über die räumliche Summation in einzelnen cilientragenden Rezeptorzellen liegen keine genauen Angaben vor. Es ist jedoch vorstellbar, daß jede der Cilien unabhängig von den übrigen ein „lokales" Transmittergleichgewicht steuert, die für die Informationsweitergabe ausschlaggebende Gesamtkonzentration an Transmittersubstanz würde sich dann (ebenfalls nach dem Superpositionsprinzip) aus den lokalen Einzelkonzentrationen summieren. Relativ gut ist gesichert, daß ein Teil der vom ZNS zu den Haarzellen des Cortischen Organs ziehenden efferenten Nervenfasern an den afferenten Synapsen und den Encoderstrukturen der afferenten Nervenfaser angreift; wahrscheinlich findet bei der Codierung eine Verrechnung afferenter und efferenter Informationen statt. Ob diese Verrechnung auf elektrischer (Summation der Generatorpotentiale) oder chemischer Basis (Verschieben der Permeabilitätsverhältnisse $p_K : p_{Na} : p_{Cl}$, aus denen sekundär nach Formel (2) das Generatorpotential resultiert) erfolgt, ist unklar.

2. Zeitliche Summation. Das unter Absorption von Reizenergie im Transducerausgang nachzuweisende Signal (ReP, Transmitterkonzentration) fällt beim Abschalten des Reizes nicht sprungartig, sondern mit einer endlichen Zeitkonstanten auf den Ruhewert ab. Der Wert dieser Zeitkonstanten ist für das ReP durch den Wert von Membrankapazität und -widerstand festgelegt, im Falle der Transmitterkonzentration ist sie auf die reaktionskinetische Geschwindigkeitskonstante zurückzuführen, mit der der Transmitter abgebaut wird. Wird ein zweiter Reiz auf den Transducereingang gegeben, bevor das vom ersten Reiz hervorgerufene Ausgangssignal völig abgeklungen ist, summiert sich das zweite Ausgangssignal auf das erste auf (zeitliche Summation, Formel (7a) von S. 213, Abb. 127c).

Nach S. 213 ist die passiv-elektrische Ausbreitung der Potentialschwankungen über die Zelloberfläche mit Verlusten verbunden. Soll Information über längere Strecken weitergegeben werden, so muß der Übertragungskanal (die Nervenfaser)

„Verstärkerelemente“ enthalten, die diese Verluste ausgleichen. Da die Verluste frequenzabhängig sind, die Verstärkerelemente stark nichtlineare Übertragungsfunktionen besitzen und überdies ihr Verstärkungsfaktor von der Stoffwechsellage abhängt, würde das analog-kontinuierliche Gleichspannungssignal in einem solchen Kanal schon nach einer kurzen Strecke in Amplitude und Phase falsch wiedergegeben sein. Zur Informationsleitung von der Rezeptorzelle zum Neuron (und von Neuron zu Neuron) wird daher innerhalb des gesamten Organismus eine andersartige Codeform — ein pulsfrequenzmodulierter Code (PFM-Code) — verwendet, er enthält die Information im zeitlichen Intervall zwischen aufeinanderfolgenden Pulsen (Aktionspotentialen). Die Wandlung der Information von der einen in die andere Form nennen wir Codierung.

Bei der Übertragung des PFM-Code im informationsleitenden Kanal haben die Verstärkerelemente lediglich die Aufgabe, gedämpft einlaufende Signale zum Einheitssignal (dem Aktionspotential) zu regenerieren: unabhängig von der Dämpfung ruft ein überschwelliges Eingangssignal an der erregbaren Membran (z. B. am Schnürring der markhaltigen Nervenfaser) stets ein normiertes Ausgangssignal hervor. Der Sicherheitsfaktor dieser Übertragung liegt bei 5, d. h. die Amplitude des Eingangssignals darf durch Dämpfung bis auf 20% des Eingangssignales abgefallen sein, ohne daß hierdurch der Informationsfluß beeinträchtigt wird.

Die Codierung läuft an der Stelle ab, wo die Schwankungen des Membranpotentials (ReP, PSP) nach passiver Ausbreitung über eine nichterregbare Membran als Generatorpotential auf den ersten elektrisch erregbaren Membranbezirk treffen. Der Ort der Codierung kann nur selten anhand rein morphologischer Kriterien angegeben werden, da sich die elektrisch erregbare und elektrisch unerregbare Membran auch im elektronenoptischen Bild nicht voneinander unterscheiden lassen. Soll der Encoder mit elektrophysiologischen Ableitmethoden lokalisiert werden, so ist zu beachten, daß ein im Encoder generiertes Aktionspotential auch antidrom (d. h. in Richtung auf dem Transducer hin) über die elektrisch unerregbare Membran mit Dämpfung fortgeleitet wird. Ist die Ableitelektrode am Ort des Encoders lokalisiert, wird (im Vergleich zu anderen Ableitstellen) das Aktionspotential am frühesten registriert (Abb. 131). An sekundären Sinneszellen ist der Encoder von der Transducerzelle durch einen synaptischen Spalt getrennt, der Encoder ist auf der postsynaptischen, zum ZNS ziehenden (afferenten) Nervenfaser lokalisiert. — Für die informationsverarbeitenden Neurone des ZNS wird der Ursprungshügel des fortführenden Axons (in Abb. 134 „Initialsegment“) als Encoderregion angesehen.

Die Codierung des Generatorpotentials in eine Folge von Aktionspotentialen gehorcht den Grundeigenschaften der elektrisch erregbaren Membran (S. 217).

Sind die Schwankungen des Generatorpotentials gering (kleiner als das Schwellenpotential V_{gr} in Abb. 132b), so führen hyper- und depolarisierende Generatorpotentiale zu gleich hohen, zeitlich exponentiell ansteigenden Membranpolarisationen (linearer Teil der Strom-Spannungscharakteristik von Abb. 120), diese werden mit Verlust über nur kurze Distanzen weitergeleitet.

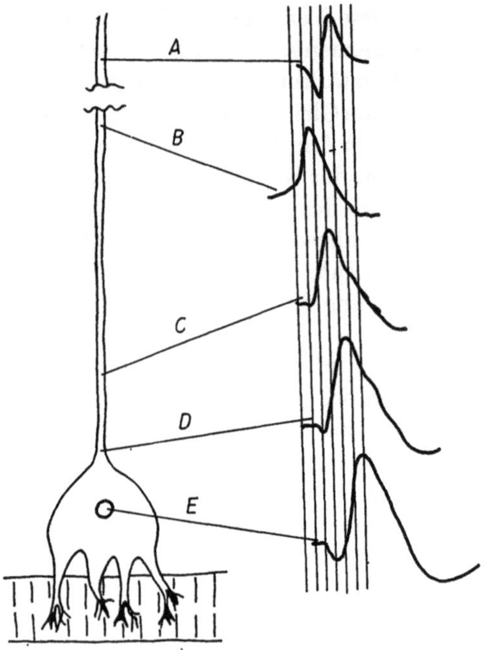

Abb. 131. Lokalisation der Encoderregion am Stretch-Rezeptor des Krebses (aus EDWARDS, C., und OTTOSON, D., J. Physiol. **143**, 138 (1958)). Unter der bei *B* aufgesetzten Ableitelektrode setzt die Depolarisation des Aktionspotentials zeitlich früher ein als unter den Elektroden *A, C, D, E*. Im Gegensatz zu *A, D, E* ist das in *B* abgeleitete Aktionspotential monophasisch.

Überschreiten stark depolarisierende Generatorpotentiale das Schwellenpotential V_{gr} (ohne das für die Generierung eines Aktionspotentials charakteristische Schwellenpotential V_s zu erreichen), so entsteht an der Encodermembran eine lokale Antwort. (V_{gr} ist das Schwellenpotential der lokalen Antwort und fällt mit der beginnenden Nicht-Linearität der Strom-Spannungscharakteristik zusammen.)

Depolarisiert das Generatorpotential das Potential der Encoderregion so stark, daß die lokale Antwort das Schwellenpotential V_s überschreitet, so startet vom Encoder ein Aktionspotential (Abb. 122, 132, 136).

Das zeitliche Intervall zwischen aufeinanderfolgenden Aktionspotentialen und damit die Pulsdichte wird durch folgende Eigenschaften des Encoders bestimmt:

1. Mit zunehmend stärkerer Depolarisation des Encoders durch das Generatorpotential steigt die Anstiegsgeschwindigkeit der lokalen Antwort; dadurch wird das Potential V_s schneller erreicht und ein fortgeleitetes Aktionspotential zeitlich früher ausgelöst (Verkürzung der „Latenzzeit", Abb. 132a).

a

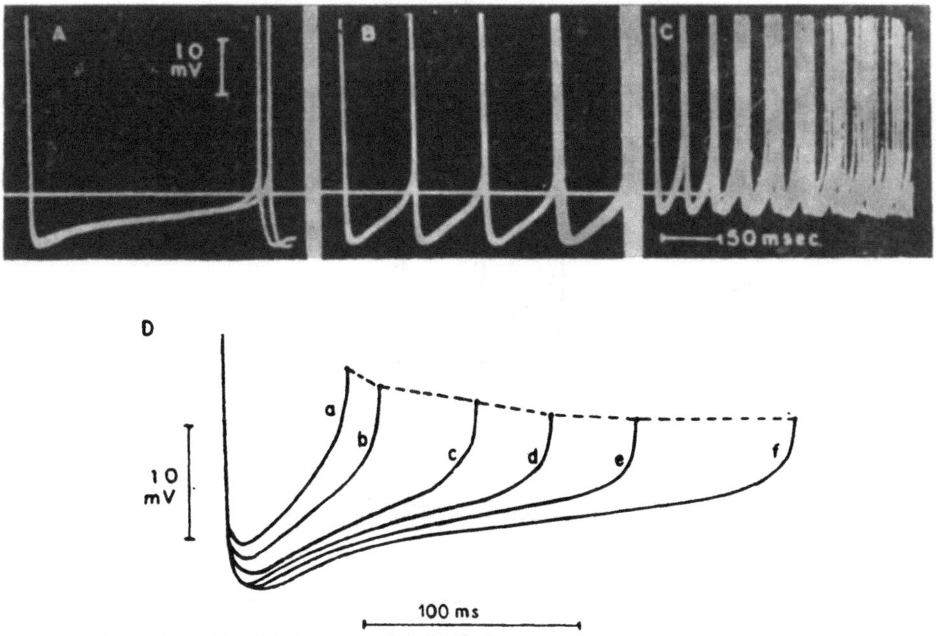

Abb. 132a. Zur Wirkungsweise des Encoders.

Intrazelluläre Messungen vom tonischen Stretch-Rezeptor des Krebses (Eyzaguirre, C., und Kuffler, S. W., J. gen. Physiol. **39**, 87 (1955)). Mit steigender Amplitude des Generatorpotentials wird die Schwelle V_s (horizontale Linie in a bis c) durch die lokale Antwort zunehmend schneller erreicht. *d* zeigt das Ansteigen der Schwelle V_s bei hohen Aktionspotentialdichten (gestrichelte Linie).

2. Die in der relativen Refraktärperiode erhöhte Schwelle V_s wird in immer kürzerem Abstand zum vorausgegangenen Aktionspotential überschritten (und damit ein zweites Aktionspotential generiert), je stärker die Depolarisation durch das Generatorpotential ist (Abb. 132b).
3. Das absolute Refraktärstadium begrenzt die Zahl der pro Zeiteinheit im Encoder generierbaren Aktionspotentiale (auf weniger als 1000 pro Sekunde).

Trägt man die Pulsdichte (Anzahl der Aktionspotentiale pro Zeiteinheit) über der Amplitude des depolarisierenden Generatorpotentials auf (Abb. 133), so erhält man für nahezu alle untersuchten Encoderstrukturen eine Gerade mit Begrenzung. Dieses Verhalten entspricht hinsichtlich der statischen Kennlinie einem linearen Übertragungsglied, das für stark depolarisierende Generatorpotentiale Sättigung zeigt. — Die dynamischen Übertragungseigenschaften des Encoders sind meist *P*-Eigenschaften. Andererseits sind Encoder bekannt, an denen das Schwellenpotential V_s und damit die Dauer des relativen Refraktärstadiums nach jedem Aktionspotential nicht gleichmäßig auf den Ruhewert abklingt, sondern mit der

b

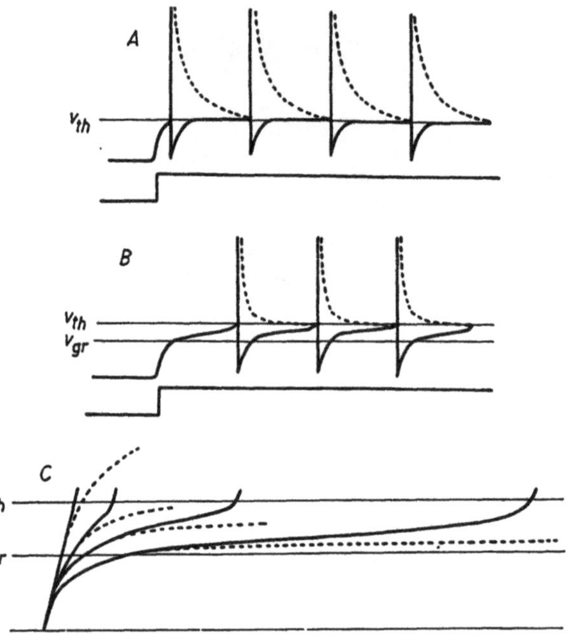

Abb. 132 b. Zur Wirkungsweise des Encoders.

A — Codierung ohne lokales Potential. Wenn die durch den Polarisationsstrom (untere Kurve) verursachte exponentiell ansteigende Depolarisation (ausgezogene Linie) die nach dem AP exponentiell fallende Schwelle V_s (gestrichelt, in der Abb. V_{th}) erreicht, wird ein AP abgegeben. B, C — Einfluß der lokalen Antwort. Nach Überschreiten des Potentials V_{gr} steigt die lokale Antwort (ausgezogen) rascher an als der passive Elektrotonus (in C gestrichelt). Nach FUORTES, M. G. F., und MANTEGAZZINI, F., J. gen. Physiol. 45, 1163 (1962)).

Zahl der vom Encoder abgegebenen Aktionspotentiale ansteigt. Encoder mit einem derartigen Übertragungsverhalten wandeln Generatorpotentiale so, daß die Aktionspotentialdichte unter andauernder, konstanter Depolarisation absinkt (Übertragungsverhalten eines D-Gliedes, am Encoder des phasischen Stretch-Rezeptors sowie an zentralnervösen Neuronen nachgewiesen). — Unter langandauernden Erregungsperioden sind am Encoder bisweilen „akkumulierte Refraktärität“ sowie „Akkumulation“ zu beobachten. Dabei verstehen wir unter akkumulierter Refraktärität ein (im Vergleich zum *D*-Verhalten) langsames Ansteigen der Schwelle V_s über den Ruhewert; sie kommt immer dann zustande, wenn vom Encoder über lange Zeiträume hohe Pulsdichten abgegeben werden. — Von Akkumulation wird gesprochen, wenn während langdauernder Aktionspotential-„Salven“ die Anstiegsgeschwindigkeit der lokalen Potentiale verlangsamt ist.

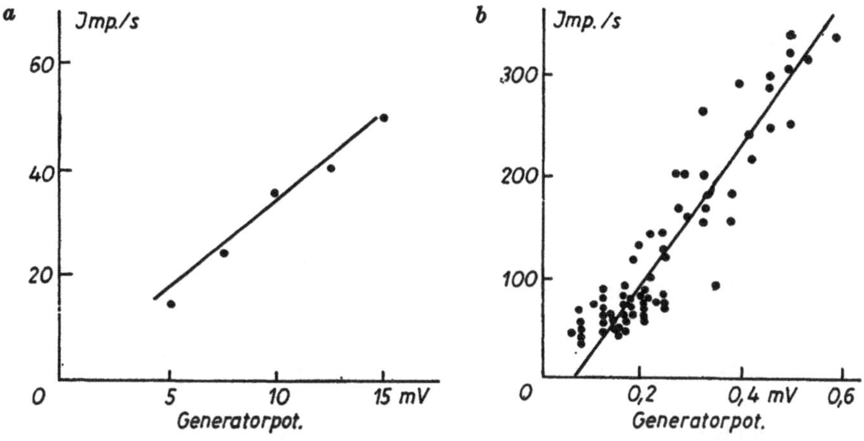

Abb. 133. Zahl der vom Encoder pro Sekunde abgegebenen Aktionspotentiale gegen die Höhe des Generatorpotentials aufgetragen.

a — Stretch-Rezeptor des Krebses, intrazellulär gemessenes Generatorpotential (TERZUOLO, C. A., und WASHIZU, Y., J. Neurophysiol. **25**, 56 (1962)).

b — Stretch-Rezeptor des Frosches, Generatorpotential extrazellulär gemessen (KATZ, B., J. Physiol. **111**, 248 (1950)).

Die Übertragungseigenschaften des Encoders sind somit keine starr vorgegebenen Größen, sondern variable Glieder im Gesamtgeschehen des Informationsflusses. Abhängig von der Einwirkung „äußerer“ Faktoren (Ionenmilieu, Hormone, Pharmaka) und der Aktivität des Zellstoffwechsels verändern sich Ruhemembranpotential und die beiden Schwellenpotentiale V_s und V_{gr} (s. Abb. 132 b).

In einigen Fällen (z. B. Haarzellen des labyrinthären Organs, Abb. 128) zeigt der Encoder Spontantätigkeit: auch ohne Einfluß des Generatorpotentials werden (mit einer mittleren Pulsdichte) Aktionspotentiale abgegeben. Depolarisierende Generatorpotentiale steigern die Pulsdichte, indem sie den Abstand des Membranpotentials vom Schwellenpotential V_s verringern, hyperpolarisierende Generatorpotentiale wirken gegenteilig. Mit diesem Prinzip (es ist der Trägerfrequenzmodulation der Technik ähnlich) kann Information nicht nur über das Ausmaß eines Ereignisses (in Abb. 128: ob und in welchem Ausmaß die Cilien ausgelenkt werden), sondern zusätzlich auch über dessen Richtung (im Beispiel: nach welcher von zwei möglichen Richtungen die Cilien ausgelenkt werden) codiert werden.

Im zeitlichen Abstand zweier aufeinanderfolgender Aktionspotentiale oder in der Aktionspotentialdichte einer einzelnen, vom Encoder fortführenden Nervenfaser ist nur ein Teil der Eingangsinformation wiederzufinden. Zusätzliche Information läuft über benachbarte Rezeptoren und Nervenfasern zum *ZNS*, und wir müssen das Frequenzprofil eines Faserkollektivs in Betracht ziehen. Neuere Untersuchungen mittels elektronischer Auswerteverfahren haben gezeigt, daß nicht nur in der mittleren Pulsdichte, sondern auch in der inneren Struktur (dem „Muster") des PFM-Codes Informationen enthalten sind, so in der Form der Verteilungsfunktion (Streuung, Symmetrie, Mehrgipfligkeit), in der Koinzidenz der von verschiedenen Rezeptorgruppen einlaufenden Information oder in der Autokorrelation zeitlich aufeinanderfolgender Pulsintervalle. Zur Zeit stehen wir erst am Anfang eines Verständnisses für diese Codeformen.

10.6. Informationsleitung

Die vom Transducer gewandelte und vom Encoder im PFM-Code verschlüsselte Information gelangt über spezielle Leitungsbahnen („Kanäle") zum informationsverarbeitenden Zentralnervensystem. Morphologisches Substrat der Informationsleitung ist die periphere Nervenfaser (Axon). Die Nervenfaser entspringt dem Zellkörper eines Neurons (siehe Abb. 134), mit dem sie auch dann, wenn die Faser über Entfernungen von vielen Zentimetern läuft, hinsichtlich des Stoffwechsels eine funktionelle Einheit bildet. Wird die Kontinuität unterbrochen und die Faser durchgetrennt, so degenerieren die peripher der Schnittstelle gelegenen Anteile; ein intraaxonaler Stofftransport steuert die biochemischen Leistungen des Axons und damit dessen Funktionsfähigkeit.
Es ist möglich, die Nervenfasern nach morphologischen Kriterien in markhaltige und marklose (bzw. markarme) Fasern einzuteilen. Markhaltige Fasern sind von einer aus SCHWANNschen Zellen aufgebauten Markscheide umgeben. Die Scheide ist reich an Lipiden und besitzt einen hohen elektrischen Widerstand. In Abständen von 2—3 mm wird die Markscheide durch sog. RANVIERsche Schnürringe unterbrochen (s. Abb. 123), nur an ihnen gewinnt die erregbare Membran der Nervenfaser unmittelbaren Kontakt zum extrazellulären Raum. Der Durchmesser markhaltiger Fasern liegt zwischen 3 und 20 μm. Marklose Nervenfasern besitzen keine (oder nur eine äußerst dünne) Markscheide, die Fasern liegen in ihrer gesamten Ausdehnung „nackt" in der extrazellulären Flüssigkeit. Marklose Nervenfasern von Wirbellosen können sehr dick werden (der Durchmesser der Riesennervenfaser des Tintenfisches beträgt 500 μm).
Die informationsübertragenden Eigenschaften der Nervenfaser liegen in ihrer elektrischen Erregbarkeit begründet. Wird auf einem elektrisch erregbaren Membranbezirk ein Aktionspotential generiert, so verhält sich der erregte Bezirk einem noch unerregten gegenüber so, daß sein Zellinneres positiver ist. Die zwischen schon erregter und noch unerregter Membran bestehende Potentialdifferenz verursacht ausgleichende „Kreisströme", mit denen die nicht erregte Membran depolarisiert und die erregte Membran repolarisiert wird. Auf Grund der kabelähnlichen Fasereigenschaften nimmt die pro Membranfläche zu messende Stromdichte mit der Entfernung vom schon erregten Membranbezirk exponentiell ab (s. Seite 213), die Kreisströme breiten sich mit Verlust aus. In nicht zu großer Entfernung vom erregten Membranbezirk ist die Stromdichte so hoch, daß eine

überschwellige Depolarisation der noch nicht erregten Membran herbeigeführt und damit der Aktionspotentialmechanismus ausgelöst werden kann.
Im Gegensatz zu dieser „kontinuierlichen“ Leitung markloser Nervenfasern kann der Ausgleichsstrom die Membran markhaltiger Fasern nur im Gebiet der RANVIERschen Schnürringe durchsetzen, da die internodale Markscheide als Isolator wirkt. Die Erregung pflanzt sich in den nachfolgenden RANVIERschen Schnürringen „saltatorisch“ fort, in dem sie den dazwischenliegenden internodalen Bezirk überspringt. Der auf S. 235 angegebene Sicherheitsfaktor von 5 bringt zum Ausdruck, daß die Amplitude des mit Verlust geleiteten Aktionspotentials bzw. die Stärke des ausgleichenden Kreisstroms bis auf 20% des Ausgangswertes absinken kann, ohne daß die Fähigkeit zur Erregung erlischt. So können einige möglicherweise funktionsuntüchtige, nicht erregbare RANVIERsche Schnürringe übersprungen werden, ohne daß der Informationsfluß unterbrochen wird.
Nach der auf Abb. 118 gezeigten Modellvorstellung enthält die Fasermembran Kapazitäten, die der Kreisstrom umladen muß, wenn eine Depolarisation des noch unerregten Membranbezirkes entstehen soll. Dadurch hinkt die Potentialänderung dem erzeugenden Kreisstrom hinterher, zwischen Strom und Spannung ist eine Phasenverschiebung vorhanden. Die zeitliche Verzögerung, mit der die Potentialänderung auf die benachbarte Membran übergreift, steigt mit der Größe der Membrankapazität und mit der Höhe des Widerstandes, den der Kreisstrom im Faserinneren überwinden muß ($t \sim c_m r_i$, s. Abb. 118). Demnach kann sich ein Signal (Aktionspotential) auf der Nervenfaser nur mit einer endlichen Leitungsgeschwindigkeit ausbreiten. Hohe Leitungsgeschwindigkeiten werden auf zweierlei Art realisiert:

1. Geringer Faserinnenwiderstand r_i. Mit der ionalen Zusammensetzung des Zellinneren liegt auch der spezifische Widerstand fest, r_i kann nur durch Vergrößerung des Faserquerschnitts herabgesetzt werden; dicke Fasern sind (unter sonst gleichen Bedingungen) schneller leitend als dünne Fasern. (Am 500 µm dicken Riesenaxon des Tintenfisches beträgt die Leitungsgeschwindigkeit 20 m/s).
2. Geringe Membrankapazität c_m. An der markhaltigen Nervenfaser wird der die Membran durchdringende Kreisstrom durch die isolierende Markscheide auf das Gebiet der Schnürringe begrenzt, nur die Kapazitäten der Schnürringmembran gehen in die Phasenverzögerung ein. So liegen die Sprungzeiten bei 1 ms, die Leitungsgeschwindigkeit einer 10 µm dicken markhaltigen Faser (Säugetiere) beträgt trotz des hohen Faserinnenwiderstandes ca. 60 m/s.

10.7. Decodierung und Verrechnung der Information am Neuron

Die im Rezeptor gewandelte und codierte Information gelangt auf afferenten Nervenfasern zum ZNS. Das Axon spaltet sich hier in zahlreiche Kollateralen auf, jede dieser Kollateralen endet mit einem synaptischen Endkopf auf der Oberfläche eines Neurons oder dessen Verzweigungen (Abb. 134). Dabei gelangt die von einer einzelnen Rezeptorzelle aufgenommene Information zu vielen zentralnervösen Neuronen („Divergenzprinzip" der Informationsleitung). Umgekehrt konvergiert auf der Oberfläche eines Neurons die Information von oft zahlreichen Rezeptoren (Konvergenzprinzip der Informationsleitung).

Die funktionelle Verbindung des Endknopfes mit dem nachfolgenden Neuron heißt Synapse. Der afferenten Faser ist die präsynaptische Membran zugehörig, diese ist durch einen 200—300 Å schmalen Spalt von der subsynaptischen Membran des Neurons getrennt (Abb. 134). Der synaptische Spalt verursacht (in den meisten

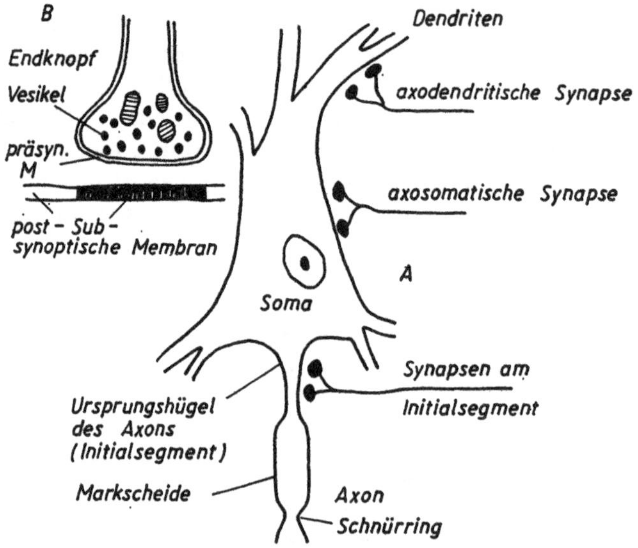

Abb. 134. A — Terminologie des Neurons und seiner synaptischen Verbindungen. B — Feinstruktur einer Synapse. (Aus Eccles, J. C. [2]).

Fällen) auf Grund seines hohen elektrischen Widerstandes eine elektrische Entkoppelung von prä- und subsynaptischer Membran: auf der afferenten Faser einlaufende Signale des PFM-Codes können auf elektrischem Wege nicht an das nachfolgende Neuron weitergegeben werden.

Die Informationsübertragung durch die Synapse ist chemischer Natur: laufen auf der präsynaptischen Faser Aktionspotentiale ein, so setzen sie aus dem Endknopf eine in Vesikeln gespeicherte Transmittersubstanz in den synaptischen Spalt hinein frei. Die Transmittermoleküle gelangen durch Diffusion zur subsynaptischen Membran, dort werden sie von umschriebenen Stellen gebunden. Als Folge wird die subsynaptische Membran in ihren Permeabilitätseigenschaften verändert, und es kommt zu Verschiebungen des Membranpotentials. Die Synthese des Transmitters (z. B. Acetylcholin) im präsynaptischen Endknopf läuft unter aktiver Stoffwechselleistung ab (Cholinacetylaseaktivität), sie steht mit entgegengerichteten Degradationsvorgängen (Acetylcholinesteraseaktivität) im Gleichgewicht. An der subsynaptischen Membran wird der Transmitter enzymatisch abgebaut (ACh-Esteraseaktivität), die Zeitkonstante des Abbauprozesses bestimmt die Wirkungsdauer, die das Transmittermolekül auf die Membranpermeabilität besitzt. Die subsynaptische Membran und die Somamembran des Neurons sind elektrisch unerregbar, daher breiten sich die unter Transmitterwirkung entstehenden Potentiale zu der Synapse benachbarten Membranbezirken mit Verlust aus, sie lassen sich hier mit einer ins Zellsoma eingeführten Mikroelektrode als postsynaptische Potentiale (PSPs) nachweisen. Gehen PSPs von mehreren subsynaptischen Membranbezirken gleichzeitig aus, so überlagern sich ihre Amplituden (räumliche Summation, siehe S. 213, 234); laufen auf einer afferenten Faser mehrere Aktionspotentiale zeitlich aufeinanderfolgend in einem Endknopf ein, so setzt jedes Aktionspotential gleiche Mengen von Transmittersubstanz frei. Wird durch das zweite Aktionspotential Transmitter mobilisiert, bevor der vom vorausgegangenen Aktionspotential ausgeschütteten Transmitter restlos abgebaut wurde, so erhöht sich mit der wirksamen Transmitterkonzentration die Amplitude des PSP (Abb. 136, zeitliche Summation, siehe auch S. 213, 235). Die an der subsynaptischen Membran wirksame Transmitterkonzentration und damit die Amplitude des PSPs sind dem Zeitabstand der einlaufenden Aktionspotentiale umgekehrt proportional, sie liefern ein „kontinuierlich-amplitudenmoduliertes" Abbild der im PFM-Code präsynaptisch einlaufenden Information; die Synapse wirkt als „Decoder".

Kommt unter dem Einfluß der präsynaptisch einlaufenden Erregungen an der subsynaptischen Membran eine Depolarisation zustande, so nennen wir das zugehörige postsynaptische Potential erregendes (exzitatorisches) PSP (EPSP). Als Transmitter des EPSPs konnte in vielen Fällen Acetylcholin identifiziert werden. Unter seiner Wirkung wird die subsynaptische Membran unspezifisch (d. h. für alle Ionen) durchlässiger, hierbei verschiebt sich das PSP in Richtung auf das Natrium-Gleichgewichtspotential (s. Abb. 135).

Neben den erregenden sind hemmende Synapsen bekannt, die zur Hyperpolarisation der subsynaptischen Membran und zu hemmenden (inhibitorischen) PSPs (IPSPs) führen (Abb. 136). Über die chemische Natur des hemmenden Transmitters herrscht keine endgültige Klarheit (in einigen Fällen Gamma-amino-Buttersäure). Es steht jedoch fest, daß unter seinem Einfluß die Membranpermeabilität selektiv für Kalium und/oder Chlorid (jedoch nicht für Natrium) ansteigt, die Hyperpolarisation des IPSPs liegt im allgemeinen zwischen dem Kalium- und dem Chlorid-Gleichgewichtspotential.

Es wurde nachgewiesen, daß alle Kollateralen einer Nervenfaser an der präsynaptischen Membran den gleichen Transmitter freisetzen. Gleiche Transmittersubstanzen führen an der subsynaptischen Membran stets zu gleichgerichteten Permeabilitäts- bzw. Potentialänderungen (Regel von Dale). Die das Neuron hemmenden Afferenzen entstehen über Einschaltung von Zwischenneuronen aus ursprünglich erregend wirkenden Informationen. Eines dieser Prinzipien ist das der „Vorwärts-(feed-forward-)Hemmung“: die vom Rezeptor ausgehende Information wird von der afferenten Nervenfaser dem Neuron nicht nur direkt zugeführt; Kollateralen dieser Nervenfaser enden an Schaltzellen, deren Axone wiederum mit inhibitorischen Synapsen auf das Neuron zurückführen (Abb. 136 C). Werden die Schaltzellen über Kollateralen des vom Neuron fortführenden

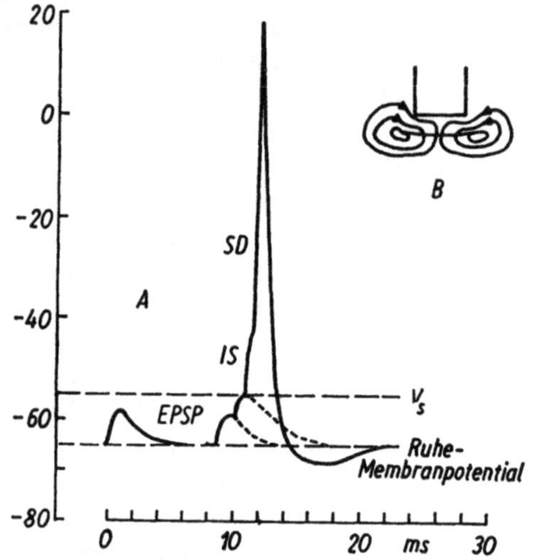

Abb. 135. Erregende Wirkung der EPSPs. A — Durch Summation mehrerer EPSPs wird das Schwellenpotential V_s erreicht und ein AP ausgelöst. Das AP startet im Initialsegment des Axons (Encoder: IS-Komponente des APs) und greift von hier auf die Soma- und Dendritenmembran über (*SD*-Komponente des APs).

B — Kreisströme zwischen der sub- und postsynaptischen Membran einer erregenden Synapse. (Aus Eccles, J. C. [2]).

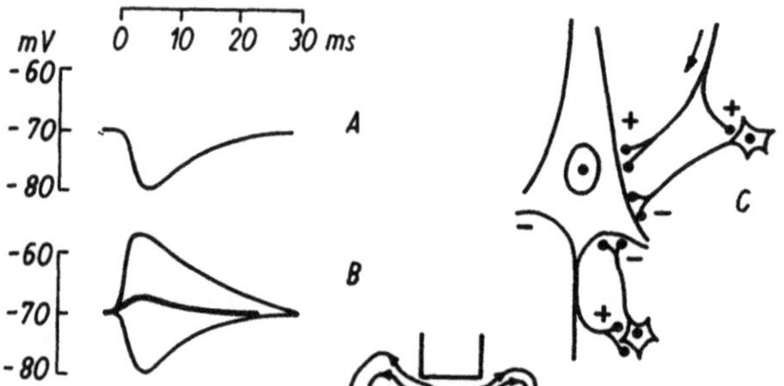

Abb. 136. Hemmende Wirkung der IPSPs. A — Zeitverlauf eines IPSPs. B — Durch Summation mit einem IPSP wird die erregende Wirkung des EPSP herabgesetzt. C — Schaltprinzip der Vorwärtshemmung (oben rechts) und der Rückwärtshemmung (unten links). D — Kreisströme zwischen sub- und postsynaptischer Membran einer hemmenden Synapse. (Aus Eccles, J. C. in [2]).

Axons erregt, und wird die Information mit negativen Vorzeichen auf die Ursprungzelle zurückgeführt, so sprechen wir von „Rückwärts-Hemmung" (Renshow-Hemmung). Die hemmende Information durchläuft im Vergleich zur erregenden eine Synapse zusätzlich, die IPSPs sind den EPSPs zeitlich zurückgesetzt (ca. 0,8 ms).
Auf der Membran eines Neurons können mehrere hundert Synapsen enden. Da die postsynaptischen Potentialschwankungen mit Verlust über die Dendriten- und Somamembran zur Encoderregion geleitet werden, ist der Einfluß eines PSPs auf das Generatorpotential der Encoderregion von der räumlichen Entfernung zwischen der Synapse und dem Ursprungshügel des Axons abhängig. Damit scheint der Einfluß von im Dendritengebiet des Neurons entstehenden PSPs auf das Ergebnis der Informationsverarbeitung gering zu sein.
Es ist jedoch denkbar, daß Permeabilität und Polarisationszustand der dendritischen Zellmembran über aktiven und passiven Ionentransport (siehe S. 210) die intrazelluläre Ionenkonzentration des Neurons steuern. Damit wären über die Höhe der Gleichgewichtspotentiale die Amplitude der PSPs und auch die Übertragungseigenschaften von Synapse und Encoder unter den Einfluß des Zellstoffwechsels gestellt; den Dendriten könnte eine langsam ablaufende „Modulatorentätigkeit" zugeschrieben werden. Meist wird eine Vielzahl erregender PSPs benötigt, bis durch zeitliche und räumliche Summation das Generatorpotential überschwellig wird und im Encoder ein Ausgangssignal entsteht. Die konvergierend einlaufende Information wird vom Neuron nach der Verrechnung mit einem „Untersetzer"-Verhalten weitergegeben. Angesichts der Tatsache, daß vom Neuron über eine große Zahl synaptischer Kontakte und in zeitlich dichter Folge einlaufende Informationen verarbeitet werden, werden die Übertragungseigenschaften des Neurons in der Literatur oft durch ein zeitlich und räumlich integrierendes Schwellenwertelement beschrieben (integraler Pulsfrequenz-Modulator). Diese Modellvorstellung über die „integrativen Leistungen des Neurons" sind jedoch nur eine grobe Näherung, eine große Anzahl experimenteller Befunde bleibt unberücksichtigt. Wir müssen feststellen, daß wir von einer wirklichen Kenntnis von Übertragungseigenschaften und Funktionsweise des Neurons sowie seiner Bedeutung für den Informationsfluß noch weit entfernt sind.

Literatur

Dem interessierten Leser werden folgende zusammenfassende Darstellungen empfohlen (in diesen sind auch umfangreiche Quellenangaben über die Originalliteratur enthalten):

[1] Cold Spring Harbor Symp. Quant. Biol. **30** (1965). Für die vorliegende Darstellung wurden insbesondere die Beiträge von W. R. LOEWENSTEIN (S. 29ff.), H. DAVIS (S. 181ff.), J. WERSÄLL, Å. FLOCK und P.-G. LUNDQUIST (S. 115ff.), Å. FLOCK (S. 133ff.) und J. A. VINNIKOV (S. 232ff.) verwendet.

[2] ECCLES, J. C.: The physiology of synapses. Springer, Berlin—Göttingen—Heidelberg 1964.

[3] FELDTKELLER, R. (Hrsg.): Aufnahme und Verarbeitung von Nachrichten durch Organismen. Hirzel, Stuttgart 1961.

[4] FRANK, H. (Hrsg.): Kybernetik, Brücke zwischen den Wissenschaften. Umschau, Darmstadt 1965.

[5] HODGKIN, A. L.: The conduction of the nervous impulse. Liverpool 1964.

[6] KEIDEL, W. D. (Hrsg.): Kurzgefaßtes Lehrbuch der Physiologie. Thieme, Stuttgart 1970. (Insbesondere die Kapitel 14: Peripherer Nerv von H. LULLIES, 16: Informationsverarbeitung von W. D. KEIDEL).

[7] MELLON, D. jr.: The physiology of sense organs. Oliver & Boyd, Edinburgh and London 1968.

11

AUSBLICK

Wir haben an verschiedenen Beispielen die Prinzipien der Modellierung biologischer Systeme und der Simulierung biologischer Prozesse darzustellen versucht. Da dieses Vorgehen eines der zentralen Kennzeichen der biokybernetischen Analyse darstellt, seien noch einige Ausführungen allgemeiner Art angeschlossen, die außerdem die Stellung der Biokybernetik im Bereiche der klassischen biologischen Experimentaldisziplinen verdeutlichen sollen.
Im allgemeinen beginnt die Analyse mit der versuchsweisen Aufstellung eines Blockschaltbildes oder Signalflußdiagramms, welches die durch entsprechende Experimente erhaltenen Ergebnisse zusammenzufassen versucht. Ein Blockschaltbild dient zunächst zur anschaulichen Darstellung komplexer Funktionsstrukturen und Wirkungszusammenhänge und besitzt einen erheblichen didaktischen und selbstvergegenwärtigenden Wert. Darüber hinaus kann es bei der Planung und Weiterführung von Experimenten eingesetzt und damit ein heuristisches Hilfsmittel werden. Man entwirft zunächst auf Grund gewisser Kenntnisse über das Systemverhalten (der input-output-Relationen) einen versuchsweisen Schaltplan, denkt und rechnet diesen dann in allen seinen Konsequenzen durch und stellt erneut Experimente am biologischen Objekt an. Dies führt entweder zu einer Verwerfung oder zu einer Unterstützung der durch das Blockschaltbild formulierten und präzisierten Arbeitshypothese sowie zu weiteren Korrekturen am Schaltplan.
Natürlich befindet sich der Biologe in folgendem Dilemma: Erstens lassen sich a priori meist mehrere, etwa äquivalente Blockschaltbilder angeben, welche das Verhalten des Systems annähernd gleich gut beschreiben. Zum anderen *muß* in biologischen Systemen nicht immer die „einfachst mögliche" Funktionsstruktur vorliegen, wie sie der Techniker zur Erreichung eines bestimmten Zwecks durch Optimierung und Minimalisierung des Schaltaufwandes anstrebt. Ebenso wie die Entwicklung der tierischen „Gestalt" (Morphe) ist auch diejenige der Leistungen des Organismus (Funktion), insbesondere die organische Regelung, in der Stammesentwicklung oft verschlungene Wege gegangen und hat in einem nur historisch verständlichen, keineswegs immer geradlinigen Entwicklungsprozeß ihre heutige Ausprägung erhalten. Denken wir z. B. nur an die verschiedenen Möglichkeiten, durch welche das Problem der Akkommodation, d. h. das Nah- und Fernsehen in dem betreffenden optischen Apparat verschiedener Vertreter der Tierreihe, realisiert ist. Diese Sachlage ist jedoch kein Grund zur Resignation

des Forschers: Nach dem geschilderten Vorgehen kann jeweils eine angenommene Hypothese über die zugrundeliegende Funktionsstruktur durch neue Experimentalergebnisse verworfen und die Prüfung einer anderen gefordert werden. Durch sukzessiven Ausschluß wird man sich so allmählich dem gültigen Blockschaltbild annähern können.

Das letzte Ziel bei der Benutzung von Blockschemata im Verlaufe der kybernetisch-experimentellen Untersuchung biologischer Systeme besteht darin, die zunächst „leeren" Blöcke des Schemas mit quantitativen, die Dynamik des betreffenden Subsystems oder Bauglieds charakterisierenden Daten auszufüllen. Damit sind wir bei einem mathematischen Modell, welches auf einem Elektronenrechner programmiert werden kann. Die Simulation biologischer Systeme und Prozesse ist an sich die Domäne der Analogrechner; in vielen Fällen können aber auch Digitalrechner mit Erfolg eingesetzt werden. Vermutlich werden sich in der Zukunft Hybridrechner immer stärker bei der Bio-Modellierung durchsetzen, da sie dem „hybriden" Charakter vieler biologischer Systeme, z. B. des Zentralnervensystems, prinzipiell entgegenkommen.

Mit dem am Rechner aufgebauten Modell läßt sich rasch, bequem, überschaubar und umfassend „experimentieren"; man kann biologische Systeme nach„bilden" und Prozesse nach„spielen". Besonderen Vorteil bietet die rasche und einfache Veränderbarkeit der Parameter in den Untersystemen des Computermodells, beim Analogrechner einfach durch Drehen an Potentiometern. Mit konventionellen Methoden wären für die Variation der bestimmenden Größen umfangreiche und zeitraubende Untersuchungen notwendig. Auch können dadurch dem Biologen umständliche Experimente am lebenden Objekt in einer bestimmten Richtung erspart und solche auf andere Wege gelenkt werden. Durch den ständigen Vergleich zwischen Objekt- und Modellverhalten erhält so der Forscher Hinweise, wo Verbesserungen am Modell vorzunehmen sind, andererseits aber auch Anregungen, in welcher Richtung weitere biologische Experimente angestellt werden müssen und welches weitere Datenmaterial zu gewinnen ist.

Schließlich lassen sich durch Probieren und Vergleichen manche gesuchte Parameter des biologischen Systems quantitativ festlegen. Vor allem aber ermöglicht ein gut gewähltes Modell „Prognosen": Beim Spielen mit diesem entdeckt man u. U. unerwartete Eigenschaften des Modells, die der Entwerfer nicht explizit in dasselbe hineingelegt hat. Diese Eigenschaft sucht man dann am biologischen Vorbild auch, und falls man sie findet, ist dies der schönste Beweis für die Richtigkeit des gewählten Modells; sein heuristischer Wert ist damit besonders augenfällig geworden.

Die Modelle, die wir heute für bestimmte Organe und Organsysteme sowie ihre Regelungen entwerfen, sind sämtlich noch viel zu stark simplifiziert. Die vielen Faktoren, welche in unüberschaubarer gegenseitiger Verkettung und Vernetzung das Verhalten z. B. des kardiovaskulären Systems oder des hormonalen Apparates des Körpers beeinflussen, können erfolgreich wahrscheinlich nur durch Computersimulation erfaßt werden. Grundsätzlich ist bei der biologischen Modellierung ferner zu beachten, daß nicht nur eine rein formale Erfassung des Gesamtsystems angestrebt wird; eine solche allein führt nicht weiter. Vielmehr muß versucht werden, von vorhandenen und aufgeklärten Substrukturen auszugehen, diese einzeln zu modellieren und dergestalt allmählich mit der zunehmenden Analyse auch zu einer aussagekräftigen Synthese des biologischen Systemverhaltens zu gelangen. Wir haben diesen Gedankengang am Beispiel der Modellierung des Pupillenapparates des Menschen (s. Kap. 8.1.5.) zu illustrieren versucht.

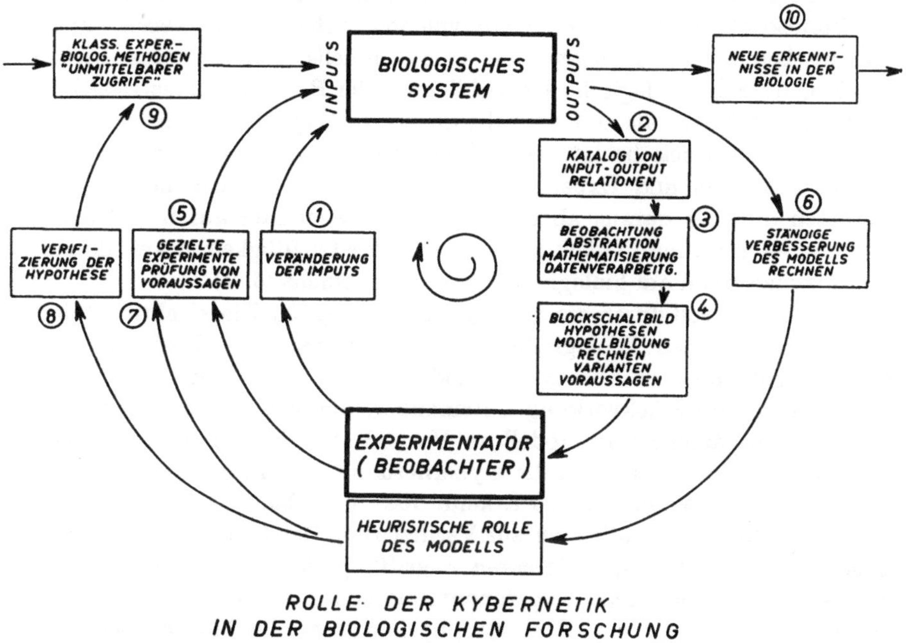

Abb. 137

Da über die Rolle und Bedeutung der Kybernetik in der biologischen Forschung — über das, was sie kann und was sie nicht kann — nicht immer zutreffende Vorstellungen existieren, seien die eben besprochenen Zusammenhänge anhand eines Schemas (Abb. 137) zusammenfassend dargestellt. Insbesondere soll dabei das Verhältnis der kybernetischen Betrachtungsweise und Forschungsstrategie zur klassischen experimentellen Biologie und deren letzthin entscheidenden empirischen Aussagen deutlich gemacht werden.

Das Studienobjekt der biologischen Forschung (das biologische System) und der Experimentator (der biologische Forscher) bilden einen Rückkoppelungskreis; das biologische System wird als black box verstanden. Auf den einen oder anderen input derselben wirkt der Experimentator ein und beobachtet und registriert die Antworten des Systems. Durch systematische Variation der input-Zeitfunktionen (1) wird der Forscher allmählich zu einem Katalog der Reiz-Reaktions-(input-output-)Beziehungen gelangen (2). Über die Darstellung der gemessenen output-

Zeitverlaufskurven führt dann die weitere Verarbeitung zur mathematischen Formulierung und Abstraktion sowie Idealisierung der gefundenen Relationen (3). Dies geschieht meist unter Einsatz elektronischer Datenverarbeitung. Man gelangt durch eine Synopsis der Ergebnisse verschiedener input-Zeitfunktionen allmählich zu einem ziemlich vollständigen Bild des dynamischen Verhaltens des untersuchten Systems. Diese Kenntnisse erlauben schließlich (4) die Aufstellung eines Blockschaltbildes für das Wirkungsgefüge des Systems, a priori unter Berücksichtigung mehrerer äquivalenter Schaltbilder. Dieses Vorgehen entspricht bereits der Konstruktion eines Modells, welches eine bestimmte Vorstellung über die biologische Verwirklichung der Reiz-Reaktions-Beziehungen, in vielen Fällen besser als eine verbal formulierte Hypothese, präzise und nachprüfbar zum Ausdruck bringt. Wie oben ausgeführt, lassen sich durch systematisches Probieren und Experimentieren mit diesem Modell die aufgestellten Hypothesen und die daraus abzuleitenden Konsequenzen auf ihre Richtigkeit prüfen und — wenn man Glück hat — neue Gesetzmäßigkeiten am Modell auffinden, die man dann am biologischen Vorbild aufsucht (5, 7).

In diesem Schema soll durch die spiralige Anordnung der Einzelschritte folgendes versinnbildlicht werden: Biologische Experimentalforschung klassischer Prägung einerseits, kybernetischer Ansatz und Modellanalyse andererseits stehen in ständiger Wechsel- und Rückwirkung miteinander, die sich mit der immer weiter schreitenden Anpassung von Modell an Vorbild ständig verfeinert und vervollkommnet. Auf diese Weise wird die Kybernetik zu einem wichtigen heuristischen Werkzeug für die Gewinnung neuer Erkenntnisse in der biologischen Forschung.

Über (6) und (8) wird schließlich zur Verifizierung der Hypothese, des Modells, vorgeschritten, die im „unmittelbaren Zugriff“ gipfelt (9); dieser ist oft nicht leicht, denn durch klassische Experimentalmethoden — es kommen nur wenige entscheidende in Frage, wie z. B. elektrophysiologische oder biochemische — muß in direkter Beobachtung und Erfassung der Einzelprozesse für die Richtigkeit des entworfenen Modells der unmittelbare Beweis angetreten werden. Nur dieser führt schließlich zur Gewinnung gesicherter neuer Erkenntnisse in der Biologie. Die Anwendung der Kybernetik ist dabei nicht Selbstzweck, sondern sie stellt ein wichtiges intellektuelles und forschungsmethodisches Instrumentarium zur Verfügung. Wir sind bei der Entwicklung und Aufstellung dieses Schemas sehr bemerkenswerten Ausführungen des Freiburger Zoologen Hassenstein gefolgt.

Auf diese Weise wird die Kybernetik dazu beitragen, aus der Wissenschaft vom Leben das zu machen, was sie heute noch nicht ist: eine „theoretische“ Disziplin. Die *theoretische Biologie* der Zukunft wird sich damit dem eigentlichen Ziel jeder wahren Naturwissenschaft annähern, nämlich durch die quantitative Fassung der Naturgesetzlichkeiten zu einer vertieften Erkenntnis der Zusammenhänge, zu einer Prognose der Erscheinungen und schließlich zu einer konsequenten Beeinflussung der Naturprozesse zu gelangen.

Davon wird vor allem die *Medizin* als angewandte biologische Wissenschaft profitieren. Gerade die feineren individuellen Unterschiede in der Regulationsdynamik, insbesondere in der vegetativen Sphäre des Organismus, finden das hervorragende Interesse des Klinikers, weil er wichtige prognostische und therapeutische Konsequenzen daran knüpft. Intaktheit, Stabilität und Optimalität der vegetativen Regelsysteme spielen bei Krankheiten und Belastungen — gewissermaßen als Adaptationshintergrund und -kapazität des Organismus — eine oft lebensentscheidende Rolle. Wenn wir ferner daran denken, daß im Zeitalter der wissenschaftlich-technischen Revolution gerade die Regulationskrankheiten an Bedeutung und Verbreitung zunehmen, so muß eine vertiefte Kenntnis über die dynamischen Verhaltensweisen des Organismus besonders vordringlich erscheinen. Über die richtige Einschätzung des Regulationsverhaltens hinausgehend, wird in Zukunft auch einmal eine gezielte „kybernetische" Therapie möglich sein. Neben der dynamischen Normierung fehlgesteuerter Regelsysteme des Körpers durch Pharmaka, physikalische Maßnahmen usw. wird der Ersatz und die Schaffung künstlicher Organe (aktive Prothesen, künstliche Nieren, Ersatzsinnesorgane usw.) eine zunehmende Bedeutung gewinnen.

Andererseits wird als weiterer Abnehmer biokybernetischer Erkenntnisse die *Technik* selbst fungieren. In reziproker Beziehung zur Biokybernetik ist die Bionik zu sehen, die sich zur Aufgabe setzt, die bei der Untersuchung biologischer Prozesse und Mechanismen gewonnenen Erkenntnisse für die Vervollkommnung bekannter und die Konstruktion neuer technischer Bauelemente, Anlagen, Geräte, Schaltpläne usw. anzuwenden. Hier werden große Hoffnungen hinsichtlich einer Rückwirkung der fortschreitenden biologischen Forschung auf die Technik damit verbunden. Wir haben im Kapitel „Rezeptorfunktionen" beispielhaft auf diese Beziehungen hingeweisen: Die Sinnesempfänger oder Sensoren des Körpers sind als Transducer zu interpretieren, die eine für den Techniker oft erstaunliche Empfindlichkeit und Meßgenauigkeit zeigen. Letzterer wäre froh, wenn er heute so empfindliche Chemosensoren, wie sie im Körper als Geschmacks- und Geruchsrezeptoren vorhanden sind, konstruieren könnte. Auch die neuronalen Schaltschemata, wie z. B. für die laterale Inhibition, für adaptive Gedächtnisspeicher u. a. Funktionssysteme, gewinnen für den Bau von Elektronenrechnern mit adaptivem und Lernverhalten größtes Interesse. Allerdings befindet sich die Bionik erst in den Anfängen der Entwicklung, und eklatante Beispiele für die erfolgreiche Übertragung biologischer Struktur- und Funktionsprinzipien auf die Technik sind noch selten.

So gesehen, erscheint die Biokybernetik als eine fachverbindende Disziplin, die sowohl in erkenntnistheoretischer Hinsicht als auch in bezug auf ihre praktische Verwendbarkeit zu großen Zukunftshoffnungen berechtigt. Mit Aussicht auf Erfolg können wir uns dem Ziel einer mathematisierten theoretischen Biologie aber nur nähern, wenn sich Wissenschaftler verschiedener Disziplinen zu einer echten Kollektivarbeit assoziieren: Biologen, Physiologen, Biochemiker, Mediziner, Psychologen, Techniker und Mathematiker. Diese sind dabei, eine gemeinsame Sprache zu finden und zusammen diesen Weg zu beschreiten.

12

SACHREGISTER

Bei Fragen zur Produktsicherheit wenden Sie sich bitte an:
If you have any questions regarding product safety,
please contact:

Walter de Gruyter GmbH
Genthiner Straße 13
10785 Berlin
productsafety@degruyterbrill.com